数据要素丛书

A COMPREHENSIVE GUIDE TO CROSS-BORDER DATA FLOWS

一本书讲透数据跨境流动

林梓瀚 ◎著

图书在版编目（CIP）数据

一本书讲透数据跨境流动 / 林梓瀚著. -- 北京 ： 机械工业出版社，2025. 4. --（数据要素丛书）.
ISBN 978-7-111-77758-8

Ⅰ. TP274

中国国家版本馆 CIP 数据核字第 2025UY9639 号

机械工业出版社（北京市百万庄大街 22 号　邮政编码 100037）
策划编辑：杨福川　　　　　　　　　　　责任编辑：杨福川　李　艺
责任校对：王　捷　杨　霞　景　飞　　　责任印制：刘　媛
三河市宏达印刷有限公司印刷
2025 年 5 月第 1 版第 1 次印刷
170mm×230mm・20.25 印张・3 插页・306 千字
标准书号：ISBN 978-7-111-77758-8
定价：99.00 元

电话服务　　　　　　　　　　网络服务
客服电话：010-88361066　机　工　官　网：www.cmpbook.com
　　　　　010-88379833　机　工　官　博：weibo.com/cmp1952
　　　　　010-68326294　金　　书　　网：www.golden-book.com
封底无防伪标均为盗版　　机工教育服务网：www.cmpedu.com

赞誉

（按姓氏拼音排序）

这本书构建了全面的数据跨境流动知识图谱，深入剖析了其基本概念、价值意义、政策支持、合规体系以及技术路径等核心要素，揭示了它对数据要素市场建设和国内外双循环格局的影响，并探讨了其未来发展趋势，极具阅读价值。

——安筱鹏　中国信息化百人会执委

这本书以循序渐进的方式阐述了数据跨境流动的关键知识，从数据跨境流动的基本定义到对其价值、政策支持、合规体系等的解析，从经济形态、应用框架和底层技术等方面的研判到对其未来发展趋势的预判，全面覆盖各个流程。该书不仅提供了丰富的实战经验和操作宝典，还帮助专家、学者和企业家更加深刻地理解数据跨境流动的最新动向及规范，以便他们精准把握行业发展的节奏。强烈推荐给所有从事或关注跨境流通领域的朋友。

——陈希　广东省数据要素产业协会秘书长，
中电工业互联网有限公司数据资产事业部部长

这本书从数据主权及数据贸易两个视角对数据跨境流动进行解读，阐述了我国数据跨境流动的政策体系、法律合规体系，以及技术安全路径。同时，全面总结了金融、健康医疗、工业和信息化、汽车、自然资源等具体行业的数据安全立法，以及全球主要经济体、各种国际组织、多边协定下的数据跨境流动规则，为读者理解数据跨境提供了全面的、多层次的视角，值得一读。

——杜国臣　商务部国际贸易经济合作研究院电子商务研究所所长

这本书对数据跨境流动的属性、操作程序以及规则体系进行了系统介绍，为开展数据跨境流动工作的人员提供了通俗易懂的实践指南。

——高飞　教授，外交学院副院长

这是一部极具洞察力的著作，全面剖析了数据跨境流动的核心概念和实践操作。作者以其深厚的法律和技术背景，系统地分析了全球数据跨境流动的政策、法律和技术环境，帮助读者理解如何在保障安全与隐私的前提下，实现高效的数据跨境流动。书中不仅深入探讨了数据跨境流动的定义、数据出境的合规要求，还从多个视角揭示了全球主要经济体在数据流动领域的规则和趋势。特别是对中国数据出境合规体系的梳理和技术保障手段的阐释，具有极强的实操性，为企业高管、法律从业者和技术人员等提供了切实可行的指引。此外，这本书不仅关注当前数据跨境流动的挑战，也前瞻性地展望了未来数字经济和数据贸易的发展趋势，以便读者把握全球数据治理的脉搏。这本书无论是对新手还是对资深专业人士，都是一本不可多得的参考书，值得推荐。

——洪延青　北京理工大学法学院教授

这本书构建了完整的数据跨境知识体系，全面剖析了其定义、价值、支持政策、合规体系等关键要素，系统探讨了数据跨境流动的发展过程、现状与未来趋势。作为从一线实务部门成长起来的学者型专家，作者不仅深入浅出地阐释了数据跨境的本质，还使读者能产生共鸣，这有助于启发读者的业务灵感。

——侯鹏　金杜律师事务所合伙人，中国国际私法研究会理事、在线争议解决专题研究委员会执行委员

数据跨境流动是实现数据要素市场国内外双循环的关键，在确保国家数据主权、保护企业核心数据资产、尊重个人隐私的前提下，让全球数据合规地流动，为全球经济增长带来贡献是各国政府都在寻找的平衡点。这本书涉及数据跨境流动的各个方面，包括定义、理解的视角、驱动的原因、面临的挑战、涉及的法律体系和合规要点、可利用的技术工具、域外立法，以及发展趋势等。总体而言，这本书是数据跨境流动领域近年来难得的非常全面的著作，可以为从业人员尤其是企业管理层提供宝贵的启示和参考。

——江玮　德勤中国网络安全战略与转型合伙人

这本书细致地呈现了数据跨境流动和数据要素市场的多元关系，求证和确认了数据跨境流动的价值基础。书中以数据跨境流动为主线，以核心规则体系和实务操作指引为横、纵坐标展开，实现了规范、理论、实践的有效平衡。这本书还难得地对金融、健康医疗、汽车、零售四大重点行业的数据进行纵深观察，为这些领域的企业实践提供了宝贵指引，可谓数据出境的“通关手册”。

——金晶　中国政法大学教授

数据跨境流动已经成为推动全球数字经济发展的重要引擎。这本书从经济、法律、技术、管理等多个维度，全面系统地解析了数据跨境流动的核心规则与实操方法，不仅内容严谨翔实，而且具备极强的实践指导意义。这本书结合作者丰富的研究经验与行业前瞻视野，精准把握数据治理的时代脉搏，为企业高效合规地参与全球数据经济提供了权威指南，值得数据治理从业者和决策者认真研读与收藏。

——林建兴　全球数据资产理事会（DAC）总干事

数据跨境流动已成为全球创新与合作的关键，其规则将深刻地影响未来全球数字经济的治理格局。这本书通过对数据跨境流动法律和实践的全面剖析，结合翔实案例与逻辑论证，帮助读者更透彻地理解这一复杂领域。必读之作，诚挚推荐！

——麻策　垦丁律师事务所创始合伙人

这本书从基础概念、合规路径、技术路径等视角切入，基于作者在数据跨境流动领域多年的理论研究、政策研究、立法研究和流通实践经验，分析数据跨境流动当前的关键问题，并系统地介绍了国际组织、国际协定和主要经济体的相关规则，为我国制定数据跨境流动的规则提供了参考。这本书堪称数据跨境流动领域的代表作，强烈推荐对该领域有兴趣的朋友细细品读。

——韦志林　博士，上海数据交易所党总支书记、副总经理、研究院院长

数据跨境流动是数据治理领域的重大核心议题，这本书以战略的认知、开阔的视野和务实的思路为我们清晰地呈现了跨境数据治理的政策要旨、规则要点和实践要领，体现了作者长期的深度洞察、专业认知和实务心得，具有高度的理论意义和实操价值。

——吴沈括　北京师范大学法学院博士生导师，中国互联网协会研究中心副主任，联合国网络安全与网络犯罪问题高级顾问

作者深入浅出地剖析了数据跨境的复杂规则和实践挑战，为读者揭示了数据流动背后的经济价值和安全考量。这本书是 IT 专家、法律顾问、企业管理者的实用指南，也是任何对数据世界好奇的读者的启蒙读本。随着数据成为全球经济的新“石油”，这本书将带你驶入数据跨境流动的快车道，是数字时代该领域的必读之作！

——许多奇　教授，复旦大学数字经济法治研究中心主任

作者长期深耕数据跨境流动、数据要素市场化的政策与实务研究，这本书是他多年研究与实践的结晶，是兼具理论深度与实务指导意义的重要著作。这本书不仅深入解读了国内外数据跨境流动的政策体系和规则体系，还提供了丰富的数据出境场景和具体的合规指引，对从事数据要素工作的学术研究、法律实务、技术开发、企业管理相关人员具有极高的参考价值。

——张春飞　中国信息通信研究院政策与经济研究所副所长、数字治理与法律领域主席，工业和信息化部信息通信科学技术委员会委员

作者在数据跨境流动领域有多年的政策研究积累和政策起草经历，他的这本书不仅介绍了数据跨境流动的概念和规则，还提供了实操指引，引入了国外动态，探讨了最新趋势，内容丰富，图文并茂，有助于读者了解数据跨境流动的前世、今生和未来。

——郑磊　教授，复旦大学数字与移动治理实验室主任

数据跨境流动是数据治理乃至数字经济治理的关键问题。这本书对数据跨境流动的概念及时代价值进行了充分论证，对我国数据跨境监管体系及业务合规操作给出了详细指引，还对数据跨境流动的国际规则及发展趋势做出了及时研判。这本书内容丰富，观点务实，是作者多年从事数据治理理论研究和实践工作的经验总结，可为数据治理相关人员提供借鉴和参考。

——周念利　博士生导师，对外经济贸易大学中国 WTO 研究院研究员

序言

随着全球化的不断深入和数字经济的迅速发展，数据跨境流动作为推动全球经济一体化的重要驱动力，已经成为国家、社会和企业高度关注的焦点议题。如何平衡数据跨境流动中的安全与效率、合规与创新，如何规范数据要素国内外市场的联动发展，正成为全球法律、政策和技术领域的重要研究课题，这本书正是在这一背景下应运而生的。这本书从理论和实践两个层面提供了深入的探讨与分析，为读者打开了理解数据跨境流动的全新视角，深刻地体现出了梓瀚的理论功底和战略视野。

我在担任中国电子信息产业集团总法律顾问期间与梓瀚相识，当时他加入中国电子信息产业集团开展数据要素领域的研究工作。在共同工作的这段时间里，梓瀚展现出对数据法律和政策的深刻洞察力。他在探索数据跨境流动和数据要素市场的过程中，始终保持对学术研究的严谨态度和对实践操作的敏锐触角。其间，我们常常借阅和交流彼此的书籍，共同探讨数据要素的定义、数据合规体系的构建、数据跨境流动的监管体系以及数据要素市场未来的发展趋势。梓瀚不仅阅读了大量专业书籍，还参加了中国电子信息产业集团在数据要素产业的大量落地实践工作，将理论与实务紧密结合，为后续的研究奠定了坚实基础。

后续，梓瀚转入上海数据交易所工作，进一步拓展其研究的广度和深度，致力于探索数据要素的法律框架以及数据跨境流动的政策规范。他在这一领域积累了丰富的实践经验，并发表了大量高质量的学术论文。这些研究不仅包括跨境数据流动的法律保障与政策支持，还涉及数据在金融、健康医疗、汽车等不同行业中的具体应用，为国内外研究者提供了宝贵的借鉴和参考。

说回这本书，作为一本理论与实践结合的优秀参考书，它的价值体现在多个层面。首先，从理论角度出发，这本书明确了数据跨境流动的核心概念与价值基础，并通过分析国际与国内的法律框架，为研究者提供了清晰的思考路径。其次，从实用角度出发，这本书汇集了大量操作指南和案例研究，为企业合规管理和跨境数据流动的实践提供了重要的参考。最后，梓瀚对未来数据跨境流动的趋势预判，使得本书不仅对当前的研究具有参考价值，也为未来的研究和实践提供了可持续发展的方向。

总的来说，这本书不仅是一本关于数据跨境流动的学术著作，更是一部兼具理论深度和实务价值的研究指南。对于从事数据要素研究的学者、企业家、政策制定者以及数据要素领域的从业者来说，这本书无疑是一部难得的参考资料。

与梓瀚的相处经历让我深刻感受到，他不仅是一位理论扎实、实践经验丰富的研究者，更是一位致力于推动数据要素市场发展的实践者。这本书凝聚了他的研究经验和实践积淀，必将对相关领域的研究和实践产生长远的影响。我相信，读者通过阅读这本书，一定能够获得启发，在未来的数据经济浪潮中找到属于自己的方向。

这本书的出版，既是对梓瀚研究成果的充分肯定，也是推动数据跨境流动与数据要素市场发展的重要一步。我由衷希望这本书能够帮助更多人理解和掌握数据跨境流动的核心要义，在数据时代的浪潮中创造更多价值。

——张福　中国电子信息产业集团原总法律顾问

前言

为何写作本书

随着数据被确定为新型生产要素，国家层面逐步加大了对数据要素市场构建的部署力度。在数据要素市场的建设过程中，数据跨境流动（Cross-border Data Flows）是统筹我国国内外两大数据要素市场，塑造数据要素领域国内国际双循环相互促进的新发展格局的关键。

从全球经济发展形势来看，全球数据流动对全球经济增长的贡献度显著增长。根据国际数据公司（International Data Corporation，IDC）的预测，预计到2025年，全球数据总量将从2018年的33ZB[㊀]增至2025年的175ZB，而中国产生的数据总量将达到48.6ZB，占全球数据总量的27.8%，对GDP增长的贡献率将达年均1.5%～1.8%。数据作为关键生产要素，正在重新定义经济全球化，推动国际经贸合作、产业分工格局、资源配置方式等方面发生重大变革。目前，数据流动所创造的全球经济价值，已经超过传统贸易商品流动所带来的价值。美国布鲁金斯学会在2018年的一份报告中提到，根据麦肯锡的数据，2014年，数据跨境流动对全球经济增长的贡献超过2.8万亿美元，高于国际人口流动（1.5万亿美元）和外国直接投资（1.3万亿美元）创造的价值，而这一数据在2025年将有望突破11万亿美元。

不过，随着数据量级的倍增，数据跨境流动带来了新的安全困境。例如，跨境数据流动导致的数据泄露将带来一系列安全问题。个人信息的泄露可能导致国家公民的个人信息被境外窃取和利用，侵害个人隐私，甚至引发针对个人

㊀ 1ZB等于10万亿亿B。

的网络诈骗和电信诈骗，严重危害公民的财产安全和人身安全。更为严重的是，国家重要数据和核心数据的泄露可能导致国家秘密的外泄，容易被境外不法分子和恐怖组织利用，对国家的政治安全、经济安全等构成巨大威胁，严重侵犯相关国家的主权和安全利益。

从数据处理者，尤其是从企业自身的角度来看，数据跨境流动能够推动企业自身业务的发展，不仅有助于企业制定更科学的全球智能化决策，而且有助于企业在全球范围内拓展新的业务模式，从而实现经济效益。然而，数据处理者在依靠数据跨境流动获得经济效益的同时，也需要考虑数据出境所涉及的国家安全问题和数据出境的合规问题，这也是各国对数据跨境流动的监管重点。

鉴于市场上关于数据跨境流动的书籍相对缺乏，资料内容较为分散，且缺乏系统性、体系化的梳理，因此撰写了这本书，旨在为读者提供全面的数据跨境流动知识，帮助数据处理者更加有效地进行数据跨境流动，平衡安全和发展的关系。

希望通过本书回答以下几个问题：

- 数据跨境流动的定义是什么？
- 数据跨境流动与数据出境、数据入境、数据过境的关系是什么？
- 理解数据跨境流动的视角有哪些？
- 为什么要进行数据跨境流动？
- 数据跨境流动的挑战有哪些？
- 数据跨境流动的政策和法律体系涉及哪些内容？
- 数据处理者进行数据跨境流动有哪些合规点和流程？
- 数据跨境流动需要用到哪些技术工具？
- 域外有关数据跨境流动的立法有哪些？
- 未来数据跨境流动有哪些发展趋势？

本书结合最新的法律、政策、研究和实践经验，总结出数据处理者在进行数据跨境流动时可能涉及的合规体系、场景字段和技术路径，希望能够为数据处理者在开展数据跨境流动时提供参考，并带来启发。

本书读者对象

本书主要面向IT（信息技术）人员、法律人员、企业管理人员、政策制定者、相关领域的学者以及对数据跨境流动这一话题感兴趣的读者，特别适合首席执行官（CEO）、首席数据官（CDO）、IT总监、IT经理、法务人员、律师等阅读。无论你是刚接触数据跨境流动这一话题的新手，还是在这一领域有一定经验的专业人士，本书都能为你提供宝贵的思路和深刻的启示。

本书旨在实现以下目标：

- 帮助想学习数据跨境流动的读者建立对数据跨境流动的整体认知。
- 帮助只了解零散数据跨境流动知识的读者建立起完整的数据跨境流动知识体系。
- 为正在或计划开展数据跨境流动的读者提供理论和方法指导。

本书内容特色

本书涵盖了进行数据跨境流动所需的必备知识，并详细讨论了在实际操作中的具体方法。总体而言，本书具有以下三大特色：

- 系统性：本书从数据跨境流动的基本定义开始，逐步深入讨论数据跨境流动的价值、政策支持、合规体系等，构建起一个完整的数据跨境流动知识体系。
- 落地性：本书详细说明了数据处理者开展数据跨境流动的具体操作步骤和方法，为读者提供了丰富的实践经验和操作参考。
- 前瞻性：本书关注数据跨境流动的最新进展和未来发展趋势，并从经济形态、应用框架和底层技术等方面研判数据跨境流动的未来发展趋势，帮助读者掌握数据跨境流动的发展动向。

如何阅读本书

本书共9章，全面讲述了数据跨境流动的定义、政策法律体系以及开展数据跨境流动的合规方法。读者可以按照书中的章节顺序阅读，从掌握基础概念开始，逐步深入后续的各个环节。当然，读者也可以根据自身兴趣和需求有选择地阅读相关章节。建议读者在阅读过程中积极思考和探索，努力将数据跨境流动与自身业务结合起来，不断提升自己的知识水平。

第一部分　基础概览（第 1 章和第 2 章）

本部分介绍了数据跨境流动的基本定义、发展阶段及内涵，同时从全球治理、全球经济发展、全球科技创新 3 个角度阐明数据跨境流动所蕴含的巨大价值。

第二部分　核心规则体系（第 3 章和第 4 章）

本部分详细介绍了我国在数据跨境流动方面的政策以及相关法律体系，梳理了基本的合规规则，为后续的实操奠定了基础。

第三部分　操作指引（第 5 章至第 7 章）

本部分介绍了数据处理者的内部操作，包括数据出境业务梳理、内部合规制度建设等，并列举了重点行业梳理数据出境场景以及数据字段的方法，同时介绍了相关安全保障技术的技术原理及应用价值等。

第四部分　域外规则要点（第 8 章和第 9 章）

本部分介绍了国际机构、国际贸易协定、全球主要经济体有关数据跨境流动的规则，以及这些规则对我国境内数据处理者开展数据跨境流动的影响，另外还描述了全球未来经济形态和相关技术的发展路径，并探讨了它们与数据跨境流动的关系。

资源和勘误

鉴于作者水平有限，加之数据跨境流动的知识、规则、技术更新迅速，本书难免出现遗漏或不够准确的地方，对此作者深表歉意，并恳请广大读者批评指正。

若对本书有任何意见和建议，请通过电子邮件 linzihancfau@163.com 与作者联系，期待得到你的宝贵意见。

致谢

作者在本书的撰写过程中，得到了众多业内人士、专家学者的支持和帮助，对此表示衷心的感谢。

感谢在数据要素市场建设、数据跨境流动领域做出杰出贡献的汤奇峰博士、黄丽华教授等，他们的研究成果和理论观点为本书提供了坚实的理论基础和丰富的实践案例。

感谢所有关注和支持本书的朋友及师长，他们的期待和鼓励给了作者前行的动力。作者深知，一本书的出版仅仅只是一个开始，希望本书可以为读者提供有益的启示，成为有志于进入数据跨境流动领域的读者的敲门砖。

最后，再次感谢所有给予作者支持和帮助的人。期待在未来的旅程中，能继续与各位携手前行，共同丰富和拓展数据跨境流动的知识海洋。

目录

第四部分 域外规则要点

第 8 章 数据跨境流动的域外规则

| 第一部分 |

基础概览

|第 1 章| CHAPTER

全面了解数据跨境流动

数据跨境流动主要是指跨越国界、政治疆界的点对点的数字化数据传递。这一说法后来被许多国家和国际条约采用并进行调整，将“跨境”理解为跨越国家边境或跨越政治、经济意义上的疆界。要了解数据跨境流动的内涵，需从根本上去了解数据跨境流动究竟传输的是什么，这就不得不牵扯到数据与信息之间的关系。而对数据跨境流动的概念及其演变过程的介绍，则有利于加深读者对数据跨境流动的理解，使其进一步了解数据跨境流动是如何随着数字技术的变化而变化的。目前，对于数据跨境流动以及数据出境，存在理解混同的现象，有关数据跨境流动的解释也出现了不同的视角，因此有必要了解数据跨境流动与数据出境之间的异同点，并阐明在全球范围内究竟需要关注数据跨境流动的哪些问题。随着我国将数据提升为生产要素，致力于推动数据要素的市场化配置改革，对于数据跨境流动如何成为我国数据要素市场建设过程中的关键环节也是有必要进行重点阐述的。当然，本章除了提及数据跨境流动的基本内涵外，也会涉及当前全球范围内数据跨境流动面临的一般性难点，以及未来进行数据跨境流动所面临的挑战。

1.1　数据与信息的区别

随着全社会数字化转型的加速，“数据”成为数字经济发展的关键要素，而随着知识经济的兴起，信息成为知识经济的基本内核。在数字化转型日益深化的今天，数据与信息的定义及两者之间的关系引起了广泛讨论。虽然“数据”与“信息”这两个词在日常语言中经常被混用，而且大部分人认为“数据”与“信息”是一个硬币的两面，没必要区分得那么清楚，但二者在技术和理论层面上确实有着明显的区别和联系。

数据（Data）通常被定义为对事实或观察结果的原始记录，主要用于计算或分析。数据本身不具有具体含义，是原始的输入，因此数据处理较为简单，可能只包括收集、记录和存储。在早期的计算机科学中，数据主要被视为可被计算机处理的原始材料。随着时间的推移与技术的发展，数据的内涵得以拓展，不仅包括量化的数值，还涵盖了各种形式的观察结果和测量值，这些都是进一步分析和处理的基础。在 DIKW（Data，Information，Knowledge，Wisdom）模型中，数据被定义为一系列原始素材和原始资源，这里的数据指最广义的数据，或者说最原始的数据。换句话说，数据可以是量化的数字、文字描述，也可以是对任何结果的记录，数据本身不承载特定的含义或解释。例如，一组数字、一系列测量结果、一段文本、一个视频、一段音乐均可视为数据。

信息（Information）最初被理解为通过语言、文字或其他符号系统传递的有意义的内容。信息是有目的的，通过对数据的加工和解释，信息提供了明确的含义和用途。同时，将数据转换为信息的处理过程非常复杂，包括分析、整理和解释，以提取或构建有用的知识。在早期的通信理论中，信息是指能够减少不确定性的东西。在 DIKW 模型中，信息是指经过加工、整理和分析后具有一定逻辑规律的数据，它提供了意义和解释，使得接收方能够理解其背后的含义。在信息系统和知识管理领域，信息不仅是数据的加工或解释结果，还与信息的生成、传播、存储和应用过程密切相关。信息被认为是知识创造和决策支持的基础，它可以扩展个人或组织的知识库，对行动和决策产生影响。简而言之，信息是对数据的加工结果，旨在通知和影响决策过程。通过处理和分析，比如统计分析、数据挖掘或者可视化展示，数据可以转化为信息，进而为数据的接收方提供可操作的知识或见解。随着信息科学的发展，信息的概念也在不断发生着变化。在数字化和网络化时代，信息不再局限于语言和文字，还包括图像、音频、视频等形式的数据。

按照上述对数据与信息的定义，可以得知数据的范围比信息更加广泛，数据包含信息，而信息是经过加工后具备一定内容的数据。欧盟的《通用数据保护条例》（General Data Protection Regulation，GDPR）认为数据包含着信息。GDPR 在第 4 条的相关定义中指出“个人数据是指一个被识别或可识别的自然人（数据主体）的任何信息”[一]，按照这种定义来理解，可以认为数据的内涵大于信息。在信息科学、计算机科学和通信理论等领域，数据与信息的区分尤为重要。例如，香农的信息理论探索了如何通过通信系统有效传输“信息”（这里的信息等同于上述所定义的数据），而不直接关注“信息”的内容。在数据科学和大数据分析中，重点则在于如何从庞大的数据集中提取、处理和解释信息，以支持决策制定。

然而，随着大数据和人工智能技术的发展，数据与信息的转化过程变得更加复杂。数据挖掘和机器学习算法能够从原始数据中发现模式和关联，并将这些数据转换为对决策有价值的信息。这不仅提高了数据的转化效率，也提高了决策的质量和速度。因此，对于数据与信息之间关系的争议与讨论也在日益消弭，数据与信息的定义也在日渐趋同。当前，在我国法律体系语境下，数据常常被视作信息。《中华人民共和国电子商务法》（简称《电子商务法》）第二十五条直接采用“电子商务数据信息”的提法[二]，实际上已经不对数据和信息做实质的概念区分了。《中华人民共和国数据安全法》（简称《数据安全法》）第三条亦持这种观点，将数据定义为“任何以电子或者其他方式对信息的记录”[三]。根据

[一] Intersoft Consulting. Art. 4 GDPR Definitions [EB/OL].(2018-05-23)[2024-02-25]. https://gdpr-info.eu/art-4-gdpr/.

[二] 中国人大网. 中华人民共和国电子商务法 [EB/OL].(2018-08-31)[2024-02-25]. http://www.npc.gov.cn/npc/c1773/c1848/c21114/c31834/c31841/201905/t20190521_266893.html.

[三] 中国人大网. 中华人民共和国电子商务法 [EB/OL].(2021-06-10)[2024-02-25]. http://www.npc.gov.cn/npc/c2/c30834/202106/t20210610_311888.html.

《数据安全法》第三条的定义，数据与信息就是一个硬币的两面，数据是信息的载体，而信息则是数据的内容。随着网络技术以及信息化、数字化社会的发展，当前我们所讲的数据主要是指以电子化方式记录的信息。

在当前的数据跨境流动过程中，虽然流动的主要是以数字化形式存在的数据，但本质上传输的是以数据为载体的信息内容，因此数据跨境流动的安全与价值才如此引人关注。不过，对于在数据跨境流动中进行跨境传输的究竟是数据还是信息，全球范围内已经不再对二者做概念区分，而是统一以“数据”的名义出现，这与我国的法律语境一致。

1.2　数据跨境流动的概念演变

数据跨境流动，也被称为“数据跨境传输”或“数据的国际流动”等。从技术角度看，数据跨境流动主要是指跨越国界、政治疆界的数据传输；从法律角度看，数据跨境流动是指数据在不同法域之间的流动。随着数字技术的发展，数据跨境流动主要是指通过网络和其他通信技术手段，将数据从一个国家或地区传输到另一个国家或地区。不过，目前全球范围内对此尚无统一明确的定义。那么，究竟“数据跨境流动”这个概念是如何出现的？“数据跨境流动”又是如何演变成我们今天所理解的内涵的？本节将结合这两个问题重点讨论数据跨境流动概念的历史演进及其如何随着技术的发展而进行重新定义与调整。

1.2.1　诞生阶段

信息技术的起源可以追溯到 19 世纪末，但一直未出现颠覆性、革命性的技术爆发。直到 20 世纪 60 年代，由于半导体技术的突破和集成电路的发展，信息技术才真正开始发展，出现了颠覆性的技术突破。在 20 世纪 60 年代至 20 世纪 80 年代这一时期内，信息技术的诞生和应用逐步改变了社会的运作方式，带来了生产力发展的质的飞跃，也引起了信息处理能力的革命。一开始，信息技术主要用于军事领域，如最早的互联网——阿帕网（ARPANET），就是由美国国防部高级研究计划署开发的，它是世界上第一个运营的封包交换网络，也是全球互联网的始祖。

随着信息技术的发展，计算机开始出现，其应用范围也日益扩大，从军事和学术领域延伸到民用和商业领域。银行、保险公司和其他大型企业开始使用计算机来自动化某些过程，例如客户账户管理和金融交易处理等，并将计算机应用于内部办公流程中。数据开始可以在科研机构和大学之间实现跨越地理界限的共享。这一时期，数据流动主要指技术和科学数据的交换，目的是促进学术研究和技术创新。随着互联网在全球范围内的推广，数据也开始在全球范围内快速流通，数据跨境流动的概念也正是在这一时期出现的。

随着数据跨境流动的需求日益增加，数据在全球范围内迅速流转，个人数据开始被大规模应用，由此引发了一系列个人隐私泄露问题。关于如何在数据跨境流动过程中保护个人隐私的议题被广泛提及，以经济合作与发展组织（OECD）为代表的国际组织开始谋求制定相关规则。

1980 年，OECD 理事会通过了《隐私保护和个人数据跨境流动的准则》，并于 1980 年 9 月 23 日开始生效。OECD 是全球首个提出跨境数据流动执行原则的国际组织[㊀]。《隐私保护和个人数据跨境流动的准则》是关于跨境数据流动及隐私保护的关键文件，提出了个人数据保护的基本原则。OECD 认识到数据跨境流动对经济增长、创新和社会福利的贡献，通过促进数据自由流动，可以加强全球经济一体化，促进科技创新和提高公共服务效率。因此，在《隐私保护和个人数据跨境流动的准则》中，OECD 虽然强调了成员国可以设定一些例外情形，如涉及国家主权、国家安全、合法公共政策、公序良俗等方面的情形，但应尽量避免以保护个人隐私等缘由限制成员国之间的数据跨境流动。为促进成员国之间的数据跨境流动，文件鼓励其成员国在数据保护和隐私权方面进行合作，建立统一的隐私保护框架，以应对数据跨境流动所带来的挑战。这包括协调法律法规，确保数据传输的安全性、有效性以及互操作性等，同时明确成员国之间要进行信息共享。文件主要强调要促进跨境隐私保护执法合作，特别是要加强隐私保护执法机构之间的信息共享。

㊀ 刘宏松，程海烨. 跨境数据流动的全球治理：进展、趋势与中国路径［J］. 国际展望，2020，12（06）：65-88+148-149.

OECD 的政策和指导原则对全球数据治理具有重要影响，它通过提供一套共同的原则和标准，帮助其成员国和其他经济体在促进数据自由流动的同时，确保高标准的数据保护。《隐私保护和个人数据跨境流动的准则》中有关数据跨境流动的相关原则和理念也对全球数据跨境流动规则的制定起着引领作用。

由于《隐私保护和个人数据跨境流动的准则》只是原则性规则，不具备强制力与约束力，因此，1985 年 4 月，OECD 通过了《跨境数据流动宣言》，旨在进一步解决个人数据跨境流动所导致的政策协调问题。在该宣言通过后，OECD 成员国政府承诺后续将制定共同的方案来解决数据跨境流动问题，并在适当的时候制定统一的解决方案。

在此期间，除了 OECD 之外，其他国际组织也关注到了数据跨境流动所带来的个人隐私保护问题。1981 年 1 月，欧洲委员会（Council of Europe）[㊀]各成员国在法国斯特拉斯堡签署了《有关个人数据自动化处理的个人保护公约》（简称《108 号公约》）。《108 号公约》是全球第 1 份关于个人数据保护的约束性公约，其目的是在每个缔约方的领土上，数据处理主体在自动化处理个人数据时，无论其国籍或住所，都能够尊重其权利和基本自由，尤其是对其隐私权的尊重[㊁]。《108 号公约》规定了个人数据跨境流通制度，允许缔约方之间自由传输数据，明确缔约各方不得限制数据的跨境传输，同时要求，如果个人数据从缔约方向非缔约方传输时，必须确保缔约方的个人数据在非缔约方能够得到“恰当水平的保护”。

1.2.2 兴起阶段

在 20 世纪 90 年代至 21 世纪 10 年代，信息技术经历了迅猛的发展，对商业世界和社会生活产生了巨大影响。这段时间被视为信息时代的兴起阶段，计算机技术、互联网和电子商务蓬勃发展，为商业模式的转型和全球化经济的崛

㊀ 欧洲委员会创建于 1949 年，总部设在法国斯特拉斯堡，它以促进欧洲人权、法治、文化为宗旨，是追求“欧洲合作与联合”的国际组织，并不隶属于欧盟（EU）。2022 年 3 月 15 日，俄罗斯决定退出欧洲委员会。

㊁ 林梓瀚，秦璇．欧盟基于数据要素流通的立法构建与举措嬗变［J］．信息安全研究，2024，10（03）：256-262.

起打下了基础。随着万维网（World Wide Web）的诞生和普及，Web 1.0 时代于 1994 年正式开启，互联网开始成为信息技术的重要载体，连接了世界各地的信息和人群。而个人计算机的普及，使得用户得以利用 Web 浏览器通过门户网站单向获取内容（主要进行浏览、搜索等操作）。

得益于互联网技术与计算机的发展，这一时期内电子商务成为商业活动的主要形式之一。企业和消费者通过互联网进行商品和服务的购买与销售，随着全球互联时代的到来，跨境电子商务开始迅猛发展。亚马逊、eBay、淘宝等各种电子商务平台纷纷出现并开通跨境电商业务，为商家和消费者提供了便捷的在线购物和销售渠道。此外，跨境电商的发展推动了安全支付系统的建立，在线支付随着电子商务活动及跨境电商的发展变得更加频繁。因此，在这一时期，数据跨境流动的概念开始拓展，不再局限于科研数据的交换，企业间的数据交换日益频繁，消费者的个人数据也开始在全球范围内流动，数据跨境流动在全球范围内开始兴起。

在这一时期，如何保障数据的安全和个人隐私成为全球性议题。国际组织如 OECD、WTO、APEC 等制定了原则性规则，讨论如何在电子商务活动中保护数据安全，而主要经济体也出台了相关政策和立法，加强对数据跨境流动中个人信息安全的保护，如欧盟、美国等。

1998 年 10 月，在加拿大渥太华召开的部长级会议上，OECD 发布了《关于保护全球网络隐私的部长级宣言》。宣言提出，鉴于全球网络技术促进了电子商务的发展，加速了跨境电子通信和交易量的增长，同时提高了数据收集与连接的能力，OECD 一方面重申个人数据跨境自由流动的原则，另一方面将采取不同的方法建立渠道，以确保在 OECD 框架下加强对全球网络的隐私保护。同时，针对在数据跨境流动过程中如何保护个人隐私这一问题，OECD 各成员国强调未来将鼓励使用合同来解决相关问题，并为数据跨境流动制定相应的传输示范合同。

WTO 方面，1998 年 5 月 20 日，WTO 部长级会议在日内瓦通过了《全球电子商务宣言》。宣言提出，鉴于部长们认识到全球电子商务日益发展，为贸易创造了许多新的机会，总理事会将在下次特别会议中，建立一个全面性的工作项目，研究在全球电子商务中遇到的与贸易相关的诸多问题。这开启了 WTO 框架下关于电子商务中数据跨境流动规则的谈判议程。此后，围绕《全球电子商务宣言》，WTO 发布了《特别报告：电子商务与 WTO 的作用》，将电子商务过程中的隐私数据保护正式纳入其谈判议题之中。报告强调，鉴于开放的市场对全球电子商务的发展至关重要，建议通过行业自律和政府干预保证个人隐私。

APEC 对有关数据跨境流动规则的构建始于 2005 年，其下设的数据隐私小组在这一年制定并实施了《 APEC 隐私框架》。《 APEC 隐私框架》包含《 APEC 的隐私原则》和《实施指南》，其符合并借鉴了 OECD 关于隐私保护和个人数据跨境流动的指导方针，尤其强调其与《隐私保护和个人数据跨境流动的准则》在价值观念上的一致，旨在促进亚太地区对隐私和个人信息保护措施的一致性，同时保障亚太区域内数据跨境的自由流动。2007 年，APEC 建立了“数据隐私探路者”，开启了对 CBPR（Cross-Border Privacy Rules，跨境隐私规则）的早期探索。

欧盟层面，由于《108 号公约》没有取得预期的效果，欧洲各国在个人信息保护立法方面存在差异，加之电子商务的发展使得个人隐私泄露成为常态，因此欧洲委员会决定起草一个指令以提高欧洲个人信息保护法律的统一程度。为此，欧洲委员会在 1990 年向欧洲理事会提交了《关于保护共同体个人信息及信息安全的指令草案》，开启了欧洲信息保护法律制度一体化的进程。1995 年 10 月 24 日，欧盟通过了《个人数据处理保护与自由流动指令》（简称《95 指令》）。《95 指令》明确了充分性认定、充分保护措施、数据主权、知情同意等基本原则，为后续 GDPR 中关于数据跨境流动的规则细化打下了基础。

自 1997 年开始，美国基于有限例外原则，在《全球电子商务框架》中提出在尽量保障个人隐私的基础上，信息应尽可能地自由跨境流动。如果各国在信息跨境流动方面采取不同的政策，可能会形成非关税贸易壁垒。此后，为进一步维护自身利益，美国在 2000 年与欧盟签订《安全港协议》，允许网络运营商忽略欧盟各国的法规差异，在美国与欧盟国家之间合法传输网络数据。

1.2.3 倍增阶段

进入 21 世纪的第一个十年，随着云计算、大数据和人工智能等技术的快速发展，数据跨境流动已成为全球数字经济和数字贸易的重要组成部分。诞生于 21 世纪初的 Web 2.0 的理念开始逐步成为现实，移动互联网的普及使得人们可以随时随地地与网络连接，手机 App 的兴起让信息获取、社交、购物等活动变得更加便捷。

随着智能手机的普及，人们对互联网的依赖程度越来越高，人们的生活已经与互联网融为一体。社交媒体的兴起改变了人们的交流方式，脸书（Facebook）、推特（Twitter）、微博、微信、抖音等社交平台将人们连接在一起，让信息的传播速度更快，让世界变得更加紧密。这种无国界、无时间限制的交流方式改变了人们的社交行为，也推动了信息传播和交流的速度。随着全社会数字化转型的加速、数字政府建设的加快以及人工智能、5G 等技术的发展，万物互联时代也开始走上快车道。物联网、车联网、工业互联网的发展，使得人们可以通过语音助手、智能推荐系统等技术获取个性化的服务和信息，智能家居、自动驾驶等智能应用也正在进入我们的生活。全社会数字化程度的不断提升，以及数据的爆发式增长，不仅促进了个人数据的全球流转，也加速了企业数据、政府数据在全球范围内的流动。

目前，数据跨境流动为全球创造的经济价值已超过传统贸易商品流动所带来的经济价值。根据中国信息通信研究院于 2023 年 1 月发布的《全球数字治理白皮书（2022 年）》，2011 年至 2021 年，全球数据跨境流动规模从 53.57 TBPS 增加至 767.23 TBPS，增长超过 14 倍。商务部于 2021 年发布的《中国数字贸易发展报告 2020》显示，2005 年至 2019 年，全球数据跨境流量增长了 98 倍。

在数据跨境流动呈现爆炸式增长态势的同时，信息滥用、隐私泄露、网络安全等问题日益突出，虚假信息、网络诈骗等现象层出不穷。而且由于斯诺登“棱镜门”事件的影响，“数据主权”概念被频繁提及。“数据主权”的提出反映了国家对控制和管理数据跨境流动的日益关注，这一时期，各经济体在推动数据跨境流动的同时，也开始制定相应的法律和规定来管理其境内数据，并管控数据的跨境流动。

在这一时期，关于数据跨境流动的规则体现在三个层面：第一，主要国家和组织纷纷制定原则性规则，推动全球数据跨境流动“软法”的构建；第二，主要经济体通过多边、双边贸易协议将数据跨境流动纳入谈判议题，同时有些经济体通过共同规则构建数据跨境流动的生态圈；第三，为加强国家主权管辖，有关经济体出台相应法律法规，对境内数据出境进行严格管控。

在国际组织层面，典型的如联合国、OECD、WTO 以及 APEC 等，对此前自身的数据跨境流动规则进行了调整，以适应当前数字技术发展所带来的数据跨境流动新趋势。OECD 在 2021 年发布《跨境数据转移的规制方式的共同点》，归纳总结了当前全球促进跨境数据流动的具体工具，以帮助厘清数据跨境流动国际规制的现状，促进全球数据跨境流动。2022 年 10 月，OECD 发布《跨境数据流动——盘点关键政策和举措》，将全球跨境流动的关键措施分为单边政策、政府间安排以及技术和组织措施。在技术和组织措施下，OECD 特别关注数据空间、数据中介和隐私增强技术等新兴技术在数据跨境流动中的作用。

2011 年，APEC 在“数据隐私探路者”的基础上正式建立了 CBPR 体系，形成了由隐私执法机构、问责代理机构和企业三方共同参与的数据隐私认证体系，并于 2015 年对《APEC 隐私框架》进行了更新。

2017 年 12 月，在 WTO 部长级会议上，71 个成员共同发布了《关于电子商务的联合声明》，宣布启动 WTO 框架下与电子商务议题相关的谈判工作，并于 2019 年 1 月确认启动 WTO 框架下的电子商务诸边谈判。然而，全球主要经济体为维护本国产业和企业的利益，均在加紧制定本国的数字经济和数字贸易发展战略、标准、监管体系，由此加剧了全球数字贸易规则制定的竞争态势。2023 年 8 月，根据 WTO 电子商务谈判最新合并文本，目前关于隐私和跨境数据流动、数据本地化等议题的分歧较大，谈判进展较为迟滞。

在贸易协定方面，《全面与进步跨太平洋伙伴关系协定》（Comprehensive and Progressive Agreement for Trans-Pacific Partnership，CPTPP）、《区域全面经济伙伴关系协定》（Regional Comprehensive Economic Partnership，RCEP）、《数字经济伙伴关系协定》（Digital Economy Partnership Agreement，DEPA）等多边

贸易协定在条款中纳入数据跨境流动，旨在破除各国间数据跨境流动的壁垒，促进全球数据的自由流动。除此之外，主要经济体如日本、新加坡、美国、欧盟、韩国等，通过数据跨境流动规则的协同，形成了数据跨境流动生态圈。典型的如《美墨加协定》《美韩自由贸易协定》《美日数字贸易协定》《新加坡—澳大利亚数字经济伙伴关系协定》《韩国—新加坡数字经济伙伴关系协定》"英美数据桥"以及欧美之间的《数据隐私框架协议》等，都围绕数据跨境流动，搭建起数据跨境自由流通的路径。

在主要经济体方面，在推动数据跨境流动的同时，它们也围绕"数据主权"建立了与自身有关的数据跨境流动的管理制度。新加坡在2012年出台了《2012年个人数据保护法》，明确了具体的数据出境传输要求，并于2021年出台了《2021年个人数据保护条例》，进一步修正了新加坡数据跨境传输的规定。欧盟在《95指令》的基础上，修订并形成了GDPR，并在GDPR中确立了充分性认定、标准合同、约束性企业规则、安全认定等有关个人数据出境的规则体系，全面保护欧盟境内个人信息的出境安全。英国在脱欧过渡期结束后，修订了现行的《2018年数据保护法》，将GDPR的要求和原则纳入其中，形成了英国版GDPR，允许个人数据在充分性认定、适当保障措施（如标准数据保护条款和有约束力的公司规则）或该法规定的其他条件的基础上从英国流向第三国。

在强调数据跨境自由流动的同时，美国出于维护自身数据利益的需要，对数据采用严格的出口管制并适用长臂管辖制度。在出口管制方面，美国《出口管理条例》限制特定领域的数据出口。如果受管制的技术数据传输到位于美国境外的服务器，则需获得美国商务部工业与安全局（BIS）的出口许可。同时，美国通过2018年出台的《澄清境外数据的合法使用法案》（CLOUD法案）实现了其对境外数据的长臂管辖。

我国在2016年实施了《中华人民共和国网络安全法》（简称《网络安全法》）后，于2021年陆续出台了《中华人民共和国个人信息保护法》（简称《个人信息保护法》）和《数据安全法》等法律。基于这三大法律，我国还出台了《关键信息基础设施安全保护条例》和《网络数据安全管理条例》等行政法规，共同构建了中国数据出境安全保护"三法二条例"的顶层规则体系。为落实上位法，同时强化对数据主权与数据安全的保护，我国还出台了《网络安全审查办法》《数据出境安全评估办法》等部门规章，并针对个人信息出境制定了相应的国家标准，进一步保障数据出境安全，细化数据安全出境操作路径。

1.3　数据跨境流动与数据出境

关于数据跨境流动，各国基于数据主权或数字经济发展的需求有着不同的法律和规定。对于“跨境”，它不仅是一种物理意义上的数据传输，还涉及不同法律系统之间的协调和适应。数据跨境流动与数据出境是紧密相关的。数据跨境流动指的是数据跨越国界的移动，这包括数据的上传、下载、访问和处理等各种形式。同时，数据跨境流动是一个“三层”的概念，它不仅包含数据的流出，也包括数据的流入和数据的流过，因此数据跨境流动包含数据的出境、数据的过境以及数据的入境。而数据出境则是数据从一个国家移动到另一个国家的现象，它是数据跨境流动的一部分。目前比较受关注的是数据的出境问题。

1.3.1　“跨境”的边界厘清

数据跨境流动，首先需要理解“跨境”的边界在哪里，这对于理解全球范围内数据跨境流动的现状与未来的发展至关重要。有学者认为，数据“跨境”的内涵与外延界定主要分为两类：一类是数据能够跨越物理国界进行存储、传输与处理；另一类是数据虽未跨越国界，但可以被第三国的主体使用或访问[⊖]。在第二类情形中，数据虽未跨越国界，但实际上基于 DNS 域名系统与 BGP（边界网关协议），受访问的数据已经传输出去，实现了“跨境”。而对于进行数据跨境流动时，“跨境”的范围是否仅指国界，还需要进一步厘清。

OECD 在《隐私保护和个人数据跨境流动的准则》中明确指出，个人数据的跨境流动是指“个人数据跨越国界的流动”，这里的国界包括国家和政治疆界。《108 号公约》基于约束缔约国个人数据保护和促进数据跨境流动的需要，

⊖ 张光，宋歌．数字经济下的全球规则博弈与中国路径选择：基于跨境数据流动规制视角［J］．学术交流，2022，（01）：96-113+192.

规范的是缔约国之间的关系，因此，个人数据跨境流动中“跨境”的边界也限定在国界，与 OECD 大体一致。此后，欧盟的《95 指令》对“跨境”的定义进行了扩展，它在第 4 章中规定：“成员国应当规定，只有在第三国确保提供充分保护的情况下，方可将正在处理或准备处理的个人数据传输至第三国。”而此规定并不影响遵守本指令其他规定所适用的国内法。由此可知，《95 指令》规范的是成员国与第三国之间的数据跨境流动。鉴于 1993 年 11 月《马斯特里赫特条约》正式生效，欧洲联盟正式成立，欧洲三大共同体纳入欧洲联盟，实质上《95 指令》规定的是欧盟与欧盟外第三国之间的数据跨境流动，因此，这里的“跨境”跨的是欧盟的边境。

此后，GDPR 沿用了《95 指令》的提法，将数据跨境定义为跨越欧盟疆界的数据流动。值得一提的是，欧盟的数据跨境流动呈现出两个特点，分别为内部成员国之间的数据流动，以及跨欧盟疆界的数据流动。由于欧盟是经济一体化组织，不属于国家范畴而是被界定为经济体，加之欧盟对数据跨境概念的扩展，因此“跨境”不再单单指跨越国家、政治疆界，而是可以理解为跨越国家、政治、经济意义上的疆界。2021 年 1 月，东盟发布《东盟数据跨境流动示范合同条款》，将数据跨境流动理解为跨越东盟疆界的数据流动，进一步确立了数据跨境流动也包含跨越经济意义疆界的数据流动的内涵。

除欧盟、东盟外，日本、韩国、新加坡等国家所明确的数据跨境流动是指跨越国界的数据流动。例如，新加坡《2012 年个人数据保护法》规定，对于跨境传输的数据，个人数据保护委员会应根据该法律建立个人信息保护标准，除非被传输的数据能够获得与新加坡境内同等水平的保护，否则不得进行数据跨境流动。我国《网络安全法》《数据安全法》《个人信息保护法》《数据出境安全评估办法》及《个人信息出境标准合同办法》所提出的数据跨境流动有其特殊之处。我国坚持“一国两制”方针，如果数据在中国内地与香港、澳门之间进行传输，也属于数据跨境流动。2023 年 6 月 29 日，国家互联网信息办公室与香港特别行政区政府创新科技及工业局签署《关于促进粤港澳大湾区数据跨境流动的合作备忘录》，提到要在国家数据跨境安全管理制度框架下，建立粤港澳大湾区数据跨境流动安全规则，从而促进粤港澳大湾区数据跨境安全有序流动。

这也说明，目前我国法律定义的数据跨境流动是指跨越中国内地的数据流动。

1.3.2　数据跨境流动与数据出境的区别

前文提到，数据跨境流动可以理解为跨越国家、政治、经济疆界的数据流动。“跨越”指的是从一方到另一方，包含了三种方向的行为。因此，数据跨境流动是一种三向行为，不仅包括数据从国家、政治、经济疆界的流出，也包括数据流入特定的国家、政治、经济疆界，同时还包括数据流经特定的国家、政治、经济疆界。由此可见，数据跨境流动包含数据出境行为，数据出境是数据跨境流动的一个子集。不过，目前存在数据跨境流动与数据出境行为等同使用的情况，有时会用数据跨境流动来特指数据出境。数据跨境流动的三个维度如图 1-1 所示。

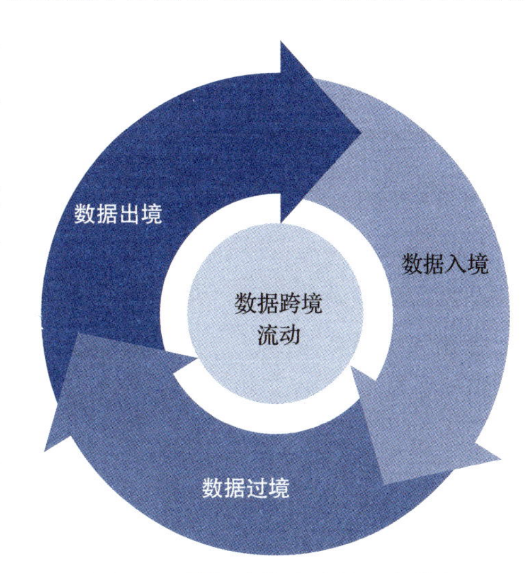

图 1-1　数据跨境流动的三个维度

作为大数据时代的“石油”，数据的重要性不言而喻，因此大部分国家对数据的自由流入持欢迎态度。比如，美国在各大国际协议中强调的“有限例外”以及长臂管辖，目的都是让更多的数据流入美国。再比如，我国对数据入境的监管仅限制在数据内容的合规审查，即数据内容不能违反《中华人民共和国电信条例》第五十六条规定的基本要求，如不能违反宪法基本原则、危害国家安全、破坏民族团结、破坏国家宗教政策、违反公序良俗等。

对于数据过境的定义，我国在《促进和规范数据跨境流动规定》第四条中已有初步涉及，即“数据处理者在境外收集和产生的个人信息传输至境内处理后向境外提供，处理过程中没有引入境内个人信息或者重要数据”。这符合数据过境的一般行为，当然数据过境行为远不止于此。随着全球数据贸易的发展，以及跨境数据标注、跨境数据计算、跨境数据分析、跨境数据交易经纪等新兴产业的出现，数据过境的表现形式和定义未来将会进一步丰富。由于数据过境不涉及我国的个人信息和重要数据，因此我国当前没有将数据过境行为纳入监管。

然而，对于数据出境，大部分国家都设立了相应的规则。数据处理者如果将数据传输至境外，必须满足所在国家的数据出境合规体系。例如，欧盟的GDPR通过提供一系列机制，如充分性认定、标准合同条款、约束性企业规则和安全认证等，确保个人数据在传输至欧盟之外的国家时，仍能得到相应水平的保护。

我国也不例外。围绕数据出境安全，我国搭建起《网络安全法》《数据安全法》《个人信息保护法》等数据出境顶层法律体系，并制定了数据出境安全评估、个人信息出境标准合同（简称“标准合同”）以及个人信息保护认证等路径。至于具体什么行为属于数据出境，我国国家互联网信息办公室发布的《数据出境安全评估申报指南（第二版）》对数据出境的定义进行了细化。根据《数据出境安全评估申报指南（第二版）》，我国的数据出境主要包含三种情形：第一种是数据处理者将在境内运营中收集和产生的数据传输、存储至境外；第二种是数据处理者收集和产生的数据存储在境内，境外的机构、组织或者个人可以查询、调取、下载、导出；第三种是符合《个人信息保护法》第三条第二款情形，在境外处理境内自然人个人信息等其他数据处理活动。针对第一种情形的规定很好理解，这也是大多数人认为的数据出境行为。针对第二种情形，如前所述，基于DNS域名系统与BGP，受访问的数据实际上已经传输至境外。而在第三种情形中，《个人信息保护法》第三条第二款规定：“在中华人民共和国境外处理中华人民共和国境内自然人个人信息的活动，有下列情形之一的，也适用本法：（一）以向境内自然人提供产品或者服务为目的；（二）分析、评估境内自然人的行为；（三）法律、行政法规规定的其他情形。”

1.4 数据跨境流动的两大解析视角

数据跨境流动是一个具有综合性、复杂性的行为，涉及多个层面的问题。从不同逻辑视角看待数据跨境流动，得出的结论以及采取的措施也是不同的。

对于数据跨境流动，全球经济体主要围绕两个基本逻辑进行讨论（如图 1-2 所示）：一个是基于数据主权与国家安全视角，强调数据出境监管以保障安全，这是针对数据字段出境的监管，属于狭义的数据跨境流动；另一个是基于数字贸易视角，强调自由流动以促进全球经济的发展，这个视角下的数据跨境流动指的是以数据为载体的数字内容流动，而不单单是数据字段的流动，属于广义的数据跨境流动。

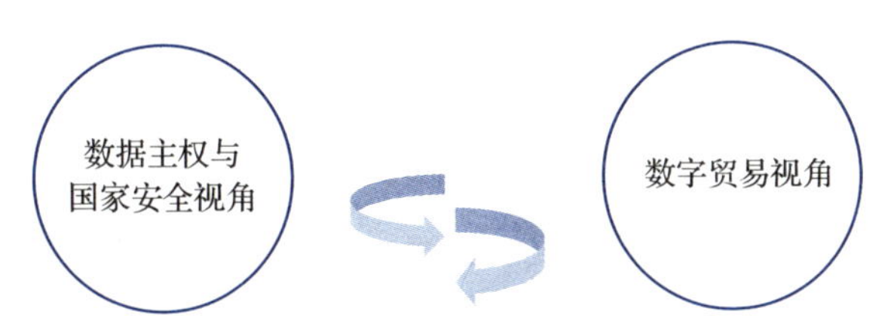

图 1-2　数据跨境流动的两大解析视角

1.4.1　数据主权与国家安全视角

随着互联网和数字技术的迅速发展，网络空间的边界越发模糊，承载信息的数据在快速流动，网络世界像是已经不存在任何秘密，这对国家安全、经济发展和社会治理产生了深远影响。从数据主权与国家安全的视角理解数据跨境流动，是在全球数字经济发展过程中探索如何保护国家利益的一个关键议题。

什么是数据主权？谈到数据主权，首先得回归到国家主权的概念。国家主权是国际法中的一个基本原则，指的是国家在其领土内拥有至高无上的权力，包括制定和执行法律的权力，同时在国际上拥有独立权。一个主权国家可以完全自主地行使权力，排除任何外来干涉。简而言之，国家主权就是对内的最高权与对外的独立权。随着数字经济的兴起与数据跨境流动的日益频繁，数据主权的概念逐渐浮现。

在网络空间中，数据流动不受地理边界限制，这与传统依赖地理边界形成的国家主权有所区别，对传统的国家主权概念提出了挑战。然而，基于管辖国界搭建起来的网络空间是有一定界限的，一国也可以在网络空间中主张其国家主权。因此，有学者认为，数据主权是指一国基于国家主权对本国境内的网络设施、数据主体、数据行为、数据资源及相关数据产品等所享有的最高权威。该最高权威一方面要求一国独立管辖本国上述事务，另一方面主张协商共治与本国数字发展有关的国际事务[一]。数据主权实际上是对国家主权概念的一种更新和延伸，它体现了国家在数字领域对数据的控制权和管理权，对内体现为对数据的收集、存储、处理、分析和跨境传输等环节进行监管，对外则体现为对数据出境的安全进行监管。

数据主权的核心是保障国家的利益和公民的权益，这与国家主权的宗旨是一致的。通过对数据的控制和管理，国家可以更好地防范和应对网络安全威胁，保护公民的隐私权和个人信息安全，维护国家的经济安全和社会稳定。2020 年 7 月，欧洲议会发布了《欧洲的数字主权》报告，提出欧洲须追求数字主权。但是，聚焦到数据领域，它的目的是维护欧盟的“数据主权”[二]。欧盟通过 GDPR 以及《非个人数据自由流动条例》实现了长臂管辖，扩大了欧盟的管辖范围，从属地管辖延伸到属数管辖，扩大了其数据主权范畴。

数据主权下，另一个被频频提及的概念是国家安全，维护国家主权的目的其实也是保障国家的总体安全。数据安全被纳入国家总体安全体系之中。随着数据跨境流动量级的倍增，数据跨境流动面临新的安全困境，例如数据跨境流动导致的数据泄露将带来一系列安全问题。个人信息的泄露容易导致国家公民的个人信息被境外窃取和利用，侵害个人隐私，甚至引发针对个人的网络诈骗与电信诈骗，严重危害公民的个人财产安全与人身安全。更有甚者，国家重要数据和核心数据的泄露将导致国家秘密外泄，如果被境外不法分子和恐怖分子所利用，会对国家的政治安全和经济安全构成巨大威胁，严重侵犯国家的主权和安全利益。

因此，全球主要国家根据自身实际情况构建了严格的数据出境监管机制，以维护自身的数据主权与国家安全。然而，维护数据主权和国家安全并不意味

㊀ 冉从敬，刘妍. 数据主权的理论谱系［J］. 武汉大学学报（哲学社会科学版），2022，75（06）：19-29.

㊁ 林梓瀚. 基于数据治理的欧盟法律体系建构研究［J］. 信息安全研究，2021，7（04）：335-341.

着完全阻止数据的跨境流动，而是在保障数据主权和国家安全的基础上，通过国际合作和协调，制定合理的数据跨境流动规则，实现数据的安全和有序流动。2020 年 9 月，我国发布《全球数据安全倡议》，提出“各国应尊重他国主权、司法管辖权和对数据的安全管理权，未经他国法律允许不得直接向企业或个人调取位于他国的数据”。我国在维护自身数据主权的前提下，在涉及数据跨境流动时也强调尊重全球各国的数据主权，从而促进数据有序、合法、安全地跨境流动。

1.4.2　数字贸易视角

数字时代，数据跨境流动不断推动国际经贸合作、产业分工格局、资源配置方式等发生重大变革。数据跨境流动正逐步成为全球数字经济发展的核心驱动力，不仅促进了贸易的全球化，也为企业发展创造了新的机会。全球数据流动不再仅仅是技术和安全层面的命题，而是事关各经济体能否增强经济发展动能、提升国际综合竞争力的全新命题。因此，除了数据主权与国家安全视角之外，还存在着以数字贸易理解数据跨境流动的视角。该视角主要关注全球经济中数据的角色、数据流动的经济影响，以及政策与法规对数据流动的影响等多个维度。

数字贸易通常指通过数字化手段进行的贸易活动，涵盖了电子商务、数字服务（如云计算、大数据分析、在线娱乐）、数字内容（如电子书、软件、游戏）以及通过数字平台进行的传统商品和服务交易。数字贸易不仅打破了时间和空间的限制，也为企业提供了进入全球市场的机会。按照中国信息通信研究院 2019 年发布的《数字贸易发展与影响白皮书（2019 年）》的观点，数字贸易具有两大特征，分别是贸易方式的数字化和贸易对象的数字化。其中，贸易方式的数字化是指信息技术与传统贸易开展过程中各个环节深入融合渗透，而贸易对象的数字化是指数据和以数据形式存在的产品和服务的贸易，因此当前数据跨境流动是数字贸易的一部分。OECD 认为，数字贸易是指数字技术赋能的商品和服务贸易，同时也包括数字传输和物理传输，数字的跨境传输理应包括数据的跨境传输。数字经济是以数字化信息和知识作为关键生产要素，以互联网和信息通信技术为核心驱动力的经济体系。在这个体系中，数据不仅是重要的资源，也是连接全球市场、驱动贸易增长的关键因素。

数据跨境流动，即数据在不同国家和地区之间的移动，是数字贸易的基础。它包括消费者数据、企业数据、财务数据等多种形式。数据的流动性对于全球供应链的优化、跨国经营活动的高效运作、消费者服务的全球化等方面都至关重要。通过数据的无缝流动，企业能够跨越国界，接触到全球的消费者和合作伙伴，促进市场的整合。数据跨境流动打破了传统的地理和时间限制，使全球市场参与者能够实时获取和共享信息。这种信息的自由流动降低了市场进入壁垒，提高了市场透明度，为全球消费者和企业提供了更广泛的选择和更多的机会。

在数字贸易视角下，全球各大经济体尤其关注全球范围内数据的跨境自由流动。为推动全球数据跨境流动的便利化发展，各大经济体在全球主要多边、诸边、双边数字贸易协议中开始将数据跨境流动纳入讨论议题，旨在构建符合各方诉求的数据跨境流动规则，从而推动数字贸易和数字经济的发展。例如，2012 年《美韩自由贸易协定》首次确立了数据跨境自由流动规则，CPTPP、DEPA、RCEP 等国际贸易协议也在不同程度上强调了数据的跨境自由流动以及计算设施的非本地化部署。

1.5 数据跨境流动与数据要素市场的关系

当前全球数字化博弈掀起新一轮浪潮，我国数字化转型全面提速，由数据活动带来的倍增式发展深度重塑了当代经济社会的发展。随着数据被确定为新型生产要素，进入“十四五”时期后，国家层面加强了对数据要素市场构建的部署。在数据要素市场的建设过程中，数据跨境流动是统筹我国国内、国外两大数据要素市场，塑造数据要素领域国内国际双循环相互促进的新发展格局的关键。

1.5.1 我国数据要素市场的建设

进入 21 世纪后，信息通信技术和互联网平台开始迅速发展，个人信息滥用问题日益突出。自 2003 年起，国务院就委托有关专家开始起草《个人信息保护法》。2005 年，专家建议稿完成后，我国启动了保护个人信息的立法程序。2008 年 8 月 25 日，首次提请审议的《中华人民共和国刑法修正案（七）(草案)》专门增加规定，严禁公共机构将履行公务或者提供服务中获得的公民个人信息出售或者提供给他人，或者通过窃取、收买等方式非法获取上述信息。为进一步保护我国公民的个人信息安全，2015 年《中华人民共和国刑法修正案（九)》规定了侵犯公民个人信息罪，随后最高人民法院、最高人民检察院（简称两高）于 2017 年发布该罪的司法解释。此外，2016 年通过的《网络安全法》和 2018 年通过的《电子商务法》均建立了用户信息的保护制度，进一步规范了个人信息的处理。

2017 年 12 月，习近平总书记在中央政治局集体学习会议上指出，要构建以数据为关键生产要素的数字经济。2019 年，党的十九届四中全会正式提出将“数据”作为生产要素参与社会分配。

数据要素按照一般定义是指参与社会生产经营活动，为持有者、使用者、经营者带来经济与社会效益，以电子方式记录的数据资源、数据产品等资源形态。基于生产要素理念，我国开始围绕数据的资源化、资产化与资本化建设数据要素市场。

2020 年，中共中央、国务院发布了《关于构建更加完善的要素市场化配置体制机制的意见》，明确提出要加快培育数据要素市场、推动数据要素市场化配置。国家“十四五”规划纲要提出“建立健全数据要素市场规则”等重大部署。为了深化保障数据要素市场化配置改革，打牢安全基底，2021 年，国家先后出台《个人信息保护法》《数据安全法》等上位法律，并以上位法为依据，制定《网络安全审查办法》《网络数据安全管理条例》《数据出境安全评估办法》等法规规章，构建起数据安全保护体系。

鉴于当前数据要素市场规则的不完善，2022 年 1 月国务院发布的《要素市场化配置综合改革试点总体方案》提出探索建立数据要素流通规则。2022 年 3 月，国家发改委发布《关于对“数据基础制度观点”征集意见的公告》，就数据产权制度、数据要素流通交易制度、数据要素收益分配制度以及数据要素安全治理制度等四个方面征求意见，并于4月结束意见征询。2022年6月22日，习近平总书记在中央全面深化改革委员会第二十六次会议中审议通过了《中共中央 国务院关于构建数据基础制度更好发挥数据要素作用的意见》（简称“数据二十条”），强调要“统筹推进数据产权、流通交易、收益分配、安全治理，加快构建数据基础制度体系”。该意见于2022年12月19日正式发布，标志着我国要素市场化改革进入快车道（如图1-3所示）。

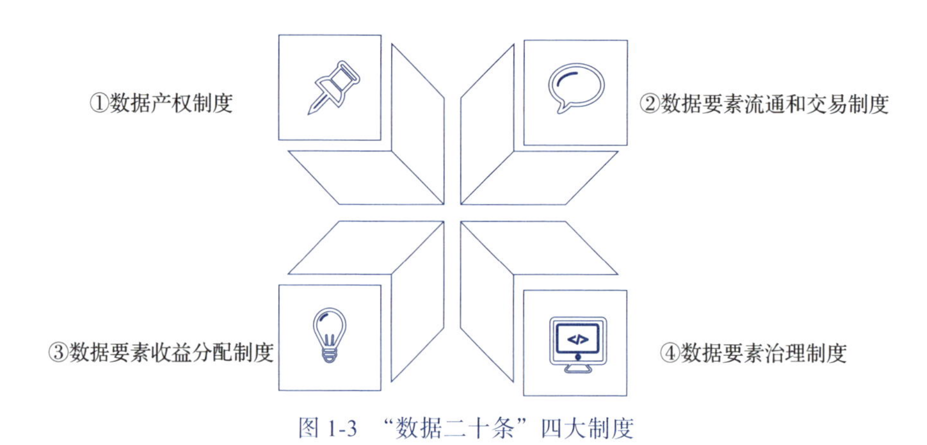

图1-3 “数据二十条”四大制度

“数据二十条”提出要加快制度建设，逐步健全数据要素市场规则，发展数据资产评估、登记结算、交易撮合、争议仲裁等市场运营体系，从而推动数据要素市场化配置改革。其中，数据流通交易逐步成为数据要素市场化配置改革的焦点。“数据二十条”明确要求“建立合规高效、场内外结合的数据要素流通和交易制度”，不断优化数据要素流通交易市场体系，激发数字经济发展新动能。

在地方层面，目前已有多个省市围绕数据要素市场的流通交易进行制度建设，主要包括北京、上海、重庆、广东、浙江、广西、贵州、四川、海南等地。北京围绕数据要素流通交易，在共享开放、交易利用等环节设立配套制度文件，为推进数据要素市场化配置改革构建制度保障体系。2022年发布的《北京市数字经济全产业链开放发展行动方案》，明确了推进数据采集处理标准化、实施数据分类分级管理、开展数据资产登记和评估试点等数据要素化重点工作。《北京市数字经济促进条例》于 2022 年 11 月 25 日正式表决通过，以立法形式确立数据要素市场化配置改革的目标与举措，加快数据要素市场培育，探索建立数据要素收益分配机制，推动数据要素有效流动。上海以立法的形式明确数据要素市场化改革的目标与要求，出台《上海市数据条例》，并围绕《上海市数据条例》构建数据要素领域的“1+X”制度体系。广东则出台《广东省数据要素市场化配置改革行动方案》（简称《行动方案》），以顶层文件为引领，围绕《行动方案》形成配套制度政策体系，推动广东省数据要素市场化配置改革。《行动方案》提出“1+2+3+X”体系思路：“1”是坚持“全省一盘棋”，统筹推进数据要素市场化配置改革；“2”是构建两级数据要素市场结构；“3”是推动数据新型基础设施、数据运营机构、数据交易场所三大枢纽建设；“ X”是推进各个领域场景数据要素赋能。

1.5.2　数据跨境流动是形成数据要素市场双循环格局的关键环节

2020 年开始，我国加快形成以国内大循环为主体、国内国际双循环相互促进的新发展格局。形成新发展格局的关键在于将我国市场规模和生产体系的优势转化为参与国际合作和竞争的新优势。

国内国际双循环的实质是要求我国经济在国内经济发展的基础上积极融入全球经济，推动国内市场和国际市场相互促进、良性互动，实现国内外两个市场、两种资源、两种要素等元素的有机结合，保持我国经济持续健康稳定发展。双循环新发展格局要求我国通过深化改革开放，主动融入全球市场，确保我国经济与全球经济的良性互动，并从中获得更多的机遇和红利。同时也要求我国在国内市场建设方面注重提升国内市场的吸引力和竞争力，让国内市场成为国际市场对接的重要节点，实现国内与国际两个市场相互促进、相互支持、共同发展。

在数据要素市场建设过程中，我国在国内建设多层次数据要素市场，并培育一批数据商和第三方专业服务机构，旨在增强我国数据要素市场的流动性与活力，最终完成国内数据要素市场的统一，实现国内数据要素市场的循环发展。在完成国内数据要素统一大市场建设的同时，推动我国数商“走出去”，实现全球化发展，发挥国内数据要素统一大市场对国际数据要素市场的辐射作用。同时，利用我国数据要素统一大市场的优势吸引全球数商进入我国数据要素市场，实现“引进来”，最终形成国内国际数据要素市场双循环的新发展格局。在这个格局中，数据跨境流动是两个市场融合发展的关键环节。

数据跨境流动使得不同国家和地区的数据要素能够在全球范围内自由流通和共享，为我国数据要素市场的扩大和深化提供了更广阔的空间。各类机构可以通过数据跨境流动快速获取全球范围内的数据资源，从而实现各类数据要素的更有效管理和利用，促进数据市场资源的整合和配置优化。同时，基于数据市场资源的整合和配置优化，数据跨境流动通过引入国外数据要素资源和数据市场信息，能更好地满足市场需求，推出符合国际标准的数据产品和服务，激发国内数据要素市场的活力和创新动力，进一步推动我国将数据要素市场的发展优势转化为参与国际合作和竞争的新优势。此外，数据跨境流动需要遵循国际标准和规范，促使各个国家和地区在数据要素的跨境流动、开发利用、共享开放等方面达成更多共识和协议，这有助于减少数据要素市场交流中的不确定性和摩擦，提高全球数据要素市场的效率和透明度。

数据跨境流动有利于促进我国数据要素市场的创新发展，因此我国主要地区在建设数据要素市场时，会将数据跨境流动纳入整体建设方案之中。比如，北京出台了《北京市经济和信息化局推进国家服务业扩大开放综合示范区和中国（北京）自由贸易试验区建设工作方案》(简称《工作方案》）与《中国（北京）自由贸易试验区条例》。《工作方案》旨在推动中关村软件园、金盏国际合作服务区和大兴机场片区制定跨境数据流动发展规划，在不同领域建设各有侧重的跨境数据流动试点。而《中国（北京）自由贸易试验区条例》第三十条、第三十一条与第三十三条要求在自贸区内制定跨境数据流动管理等重点领域规则，并在风险可控的前提下，促进数据跨境传输，最终服务于北京市的数据要素市场建设。

1.6　数据跨境流动的挑战

在全球化和数字化经济的背景下，数据跨境流动已成为推动国际贸易、促进经济增长和技术创新的关键力量。然而，随着重要性的日益增加，数据跨境流动也面临着一系列挑战。这些挑战主要集中在两个层面：一个是政策法规层面，主要包括国家主权与安全之间的博弈所带来的法律和监管差异；另一个则是技术层面，主要包括数据安全和隐私泄露等问题。

1.6.1　政策法规层面的挑战

为了维护本国的数据主权和保护国家安全，越来越多的国家开始实施数据本地化政策，要求企业将数据存储在本国内，或对数据出境传输设定较为严格的监管措施。不同国家基于自身利益，利益诉求有所不同，制定的数据跨境流动的政策法规的基本逻辑也各不相同，最终导致全球数据跨境流动的政策法规和标准不一致，这在一定程度上对全球数据流动构成了阻碍。

数据跨境传输的不一致性主要体现在不同国家或地区对于数据隐私、数据保护以及数据主权等的法律和规定上。每个国家基于自身主权和国家安全，所形成的数据主权法律政策也不同，这就可能导致国家主权之间的博弈，涉及国际政治问题。如果不同国家不能在数据主权上达成共识，互相尊重对方的数据主权，最后的结果就是国与国之间在数据主权上的“零和博弈”[⊖]。

比如在数据主权方面，美国于 2018 年出台《澄清境外数据的合法使用法案》(简称《云法案》)，规定无论网络服务提供商的通信内容、记录或其他信息是否存储在美国境内，只要该网络服务提供者拥有、控制或监管上述内容、记录或信息，均需要按照该法案的要求保存、备份、披露。通过《云法案》，美国将过去数据管辖的数据存储地原则转变为数据控制者原则，扩大了其获取海外数据的权力。此外，外国政府若想通过网络提供商访问或调取存储在美国的本

⊖ 零和博弈（zero-sum game），又称零和游戏，是博弈论的一个概念，属非合作博弈。它是指参与博弈的各方，在严格竞争下，一方的收益必然意味着另一方的损失，博弈各方的收益和损失相加总和永远为“零”，故双方不存在合作的可能。

国数据，则必须满足《云法案》所要求的一系列条件。美国在强化自身数据主权的同时，也在损害其他国家的数据主权，可能引发一系列外交与管辖冲突。究其原因，美国的数字企业在全球占有巨大的优势，如欧盟区域内的大型互联网平台主要为美国公司，美国可以通过长臂管辖以及对数据主权的侵蚀，利用自身技术市场优势，实现数据跨境流动经济利益的最大化。

欧盟一直以来强调的是人权主义，它提出的数字主权与数据主权是基于人权主义所衍生出来的。欧盟以 GDPR 为代表构建起严格的个人数据出境安全制度，对数据的收集、处理和跨境流动提出了严格的规制，强调对个人数据主体权利的保护。在 GDPR 中，欧盟也强调了长臂管辖，想要进一步扩大自身在海外的管辖权，如欧盟企业在其他国家的子公司涉及欧盟个人数据处理时，理论上可以受欧盟管辖，但这可能引起与子公司所在国管辖权的冲突，侵犯所在国的主权。

全球数据跨境流动的政策法规和标准的不统一还体现在各国数字贸易政策的差异上。从数字贸易的角度看，数据跨境流动涉及电子传输关税与数字产品非歧视待遇等问题。目前在 WTO《电子商务联合声明》的谈判中，各成员表示将在下一届部长级会议之前继续暂停征收电子传输关税。免征电子传输关税的决定是暂时性的，有些国家会在关税征收上继续坚持，而有些国家则会直接放弃关税的征收。例如，DEPA 要求各缔约方将免征电子传输关税永久化，因此 DEPA 成员如新加坡、新西兰、智利等会针对其他缔约国免征电子传输关税。鉴于当前全球数字经济和数字贸易快速发展的情况，数字贸易政策的割裂容易形成新的贸易保护主义，为数据跨境流动设置更多条件，阻碍全球经济发展。

此外，具体到企业层面，国家间数据主权的博弈以及法律与标准的不一致性给全球商业活动带来了严峻的挑战，增加了跨国企业的各项成本。企业需要投入更多资源来了解和遵循不同国家的法律，组建全球合规团队或引入外部合规专业团队，这增加了运营成本。尤其对于跨国公司来说，合规成本可能非常高昂。不一致性还可能阻碍数字贸易、数据创新和数据驱动的决策，因为企业在处理数据时会更加谨慎，以避免潜在的法律风险。

1.6.2　技术层面的挑战

数据跨境流动最主要的挑战之一是如何保障数据安全和用户隐私，企业需要在开展数据跨境流动以及跨境后的数据处理的过程中，避免数据被非法获取、使用或泄露。这涉及数据跨境流动的跨境前以及跨境后的技术综合运用问题。然而，考虑到当前数据技术的发展水平，即使有隐私计算、区块链技术、加密技术等存在，技术层面仍然面临确保数据跨境流动绝对安全的巨大挑战。

在数据跨境流动的跨境前环节，涉及的技术主要包括个人信息的匿名化、去标识化技术以及隐私计算等。涉及个人信息时，为了确保用户信息的私密性和安全性，需要用到匿名化与去标识化技术。匿名化技术可以确保无论数据被如何分析与处理，都不可能重新识别到数据个人主体。然而，基于目前的技术水平，绝对的匿名化技术仍存在被破解的可能性，并非绝对不可逆。去标识化技术是将个人信息分离或掩盖，但通过特殊的技术手段，数据个人主体依然有可能被重新识别。因此，匿名化技术与去标识化技术都无法绝对地保护个人的隐私安全。此外，隐私计算虽然可以确保“原始数据不出域，数据可用不可见”，但在实际运用过程中存在计算效率低、计算成本高等问题，这在一定程度上加大了实现难度。

数据跨境后的技术保护主要涉及区块链、数据加密、数字身份与访问控制等技术。由于数据在跨境流动时必须经过不同国家的网络传输，因此可以利用区块链技术进行数据存证，并使用加密技术保护数据安全。为强化数据跨境流动的保护，可以采用数字身份与访问控制等技术，进一步提高数据的访问安全。然而无论是基于子母公司业务的数据跨境流动，还是基于数据交易的数据跨境流动，在使用区块链技术进行数据存证时，都存在成本过高、技术难度大的问题。而且，数据流出境外后，监管部门只能通过境内数据传输主体来监管境外数据接收主体。由于数据具有可复制性，即使使用区块链等技术也存在监管漏洞，难以实现全链条的数据安全监管。同时，数据跨境流动可能涉及多个国家，这对加密技术提出了高要求，传统的加密方法可能无法抵御新的威胁，如使用量子计算可以破解当前的加密算法。此外，数据跨境流动还涉及网络安全问题。

数据跨境流动意味着数据需要在多个国家的服务器上存储和处理，可能面临网络攻击的风险，如黑客攻击、恶意软件侵害等，这不仅威胁到数据的安全，也危及整个网络系统的稳定性。

而在数据应用层面，数据跨境流动存在传输效率低以及如何保持数据一致性的难题。数据跨境流动通常需要大量的网络带宽，并且可能存在网络延迟问题，数据在从一个国家传输到另一个国家的过程中，可能会经过多个网络和路由中转节点，这会增加传输延迟，影响数据跨境的整体流动效率。随着数据量的激增和全球分布式系统的普及，保证数据在全球流动时的一致性成为另一个技术难题，不同地区的网络延迟和分布式数据库技术的限制可能导致数据一致性问题，如更新丢失或数据版本冲突等。

1.7 本章小结

数据与信息是一体两面的，数据是信息的载体，而信息是数据的内容，因此，数据跨境流动实质上是信息在全球范围内的流转。随着互联网与数字技术的发展，数据跨境流动经历了诞生、兴起与倍增的阶段，也经历了概念的演变。目前，我们讲的数据跨境流动包括数据出境、数据过境与数据入境，然而大多数情况下会把数据跨境流动等同于数据出境。由于数据跨境流动融合了多个层面的问题，全球主要从数据主权和国家安全以及数字贸易的视角来理解数据跨境流动。在我国数据要素市场的建设过程中，这两种视角互为表里，共同推动数据跨境流动成为我国塑造数据要素领域国内国际双循环相互促进的新发展格局的关键。随着数据的重要性日益增加，各个国家和地区也开始推动数据的跨境流动，然而其中存在着两个层面的挑战，分别是政策法规层面的挑战与技术层面的挑战。

|第 2 章| C H A P T E R

数据跨境流动的作用与价值

数字技术的发展进一步加速了数字时代的来临。在数字时代，数据日益成为国际经贸活动的核心要素，跨境流动的数据呈现出爆炸式增长的态势。数据跨境流动为全球创造的经济价值已超过传统贸易商品流动所带来的经济价值，成为驱动全球经济增长的新动能。数据跨境流动不断推动国际经贸合作、产业分工格局及资源配置方式等发生重大变革。数据跨境流动的作用与价值主要体现在三个方面：第一，对全球治理各议题的促进作用；第二，对全球经济，尤其是数字经济发展的推动作用；第三，对全球科技创新的赋能作用。如图 2-1 所示。

2.1 数据跨境流动促进全球治理

全球化时代，各国在全球公共问题上的利益已经难分彼此，但全球性问题的多发，如气候问题、数据泄露问题等，使各国不得不通过各种机制达成一致，以实现全球治理。数据跨境流动的日益频繁为全球治理带来了新的路径。数据跨境流动可以驱动全球治理体系优化，强化全球治理风险监管，助推全球数字鸿沟消弭，如图 2-2 所示。

图 2-1　数据跨境流动的作用与价值

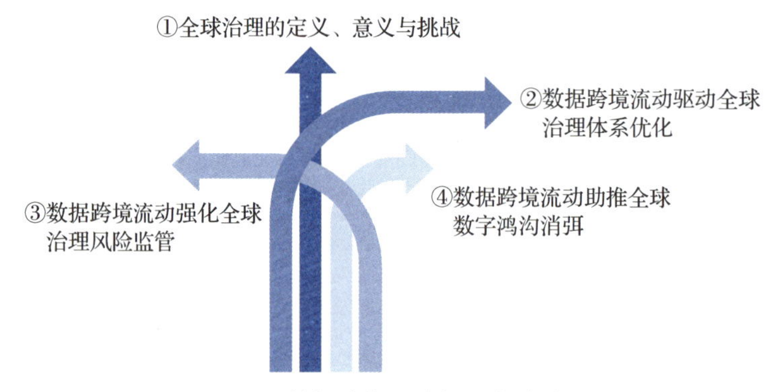

图 2-2　数据跨境流动促进全球治理

2.1.1　全球治理的定义、意义与挑战

当今的世界已成为一个“地球村”，国家间相互依存，在全球公共利益方面

逐渐趋于一致，面对频发的全球性挑战，全球治理成为摆在世界各国面前的重要议题。

“治理”一词很好理解，是一种管理行为。那么，全球治理是否可以理解为一种全球管理的行为？对于“什么是全球治理”，目前国外关于全球治理还缺乏一个严谨、统一的理论体系，在很多问题上还未达成一致和共识。基于不同的利益出发点，也会存在很多争论。各国政府、学界和产业界的理解或许会有所偏差，但大体上还是有普遍的共识，即全球治理是一个复杂而广泛的概念，一般来说旨在通过国际组织、政府间的协商、多边合作以及其他各种机制来解决全球性问题和挑战。有学者将全球治理界定为各国政府、国际组织和非政府组织等不同的治理主体为共同应对全球性问题或挑战而进行的制度性协商与合作的民主过程[1]。同时，有观点认为全球治理可以从五个方面入手，即全球治理的五要素，分别是全球治理价值、全球治理规制、全球治理主体、全球治理对象、全球治理效果。

这样看来，全球治理似乎是一个比较抽象的议题，而且摸不到边界。但是如果加上特定领域的词语，就比较容易理解了，比如全球数据治理、全球数字治理、全球气候治理、全球安全治理、全球发展治理等。因此，简单来说，全球治理就是所有这些领域治理的总和，其目的是解决各领域议题中出现的挑战。

全球治理过程中包括各种机制和组织，除了各国开展政府间合作外，非政府国际组织、跨国公司、国际行业协会、国际技术社群等也在全球治理中发挥着越来越重要的作用。

在政府间组织中，联合国是最具代表性的国际组织之一，在全球治理中发挥着核心作用。其下设的各种专门机构负责处理全球性问题，例如世界卫生组织（World Health Organization，WHO）、联合国开发计划署（The United Nations Development Programme，UNDP）等。此外，世界贸易组织（World Trade Organization，WTO）、世界银行（World Bank，WB）、国际货币基金组织（International Monetary Fund，IMF）等国际贸易、金融机构也在全球治理中扮

[1] 李长成. 论全球治理变革的中国方案：理念、制度与实践［J］. 湖湘论坛，2022，35（03）：5-16.

演着重要角色。

在非政府间国际组织方面，代表性的主要有国际标准化组织（International Organization for Standardization，ISO）、国际互联网协会（Internet Society，ISOC）、国际互联网工程任务组（The Internet Engineering Task Force，IETF）、电气与电子工程师协会（Institute of Electrical and Electronics Engineers，IEEE）以及互联网名称与数字地址分配机构（The Internet Corporation for Assigned Names and Numbers，ICANN）等。聚焦数据安全治理，ISO 发布安全认证标准，如《信息安全管理体系》《隐私信息管理体系》以及《信息安全、网络安全和隐私保护 信息安全控制》等，为相关组织制定和实施信息安全控制措施提供指南，促进了全球数据的标准化治理。而 IETF 与 IEEE 关注更底层的数据安全技术，如数据安全加密技术、数据传输协议等，其中 IETF 以其有代表性的“请求评论”（Request For Comments，RFC）确立了一系列有关数据治理的 RFC，如 RFC 4949、RFC 1355 等。

目前，全球治理虽然取得了一些成就，各项机制在气候、人工智能、发展等领域的全球治理中确实起到了推动作用，但仍面临诸多挑战。全球治理体系的不平等和不公正使得一些发展中国家难以在全球治理中发挥应有的作用。此外，全球性问题的复杂性和跨界性要求各国加强协调和合作，然而各国基于自身的利益也有不同的诉求，这在一定程度上阻碍了全球治理的进展。同时，全球治理体系的不完善和治理能力的不足也是全球治理面临的挑战之一。

面对这些挑战，国际社会需要加强多边合作，促进全球治理体系的改革和完善。这需要提高发展中国家在国际事务中的发言权，增强国际安全合作，提升各国对全球性问题的治理能力，推动全球治理体系的优化。

2.1.2 数据跨境流动驱动全球治理体系优化

全球治理体系是指国际社会各行为主体通过平等协商、合作对话、确立共识等方式，制定具有约束力的国际规则，以解决地区性和全球性的问题与挑战，维护正常的国际秩序和互动的体系框架。

在全球治理体系中，主权国家作为治理体系的主要单元，通常分为两类：

一类是发达国家，另一类是发展中国家。在主要单元之上，还存在国际组织与国际协会。主权国家借助国际组织与国际协会制定国际规则，最终形成一个有共识和共同利益的国际社会。这就是全球治理体系中包含的所有要素。如今，我们讨论数据跨境流动与全球治理体系的关系，主要是讨论全球治理体系的形成和其中存在的问题，以及如何利用数据跨境流动促使全球治理体系更加高效、公平。

为推动全球治理体系的优化，一方面需要完善国际机制和规则的制定程序，确保所有国家都能有平等的发言和决策权；另一方面，必须保障国际机制与国际规则的决策过程公开透明。程序的公平公正以及决策的公开透明能够提升国际组织的合法性与有效性，加强国际社会对它们的信任。而数据跨境流动为全球治理体系的不断优化提供了新的动力和机遇，有利于进一步推动规则制定流程的公平公正，并保障规则决策过程的公开和透明。

前文提过，数据在全球范围内流动，实质上是信息在全球范围内流动。通过数据跨境流动，可以加强国际合作与协同。数据跨境流动使得数据和信息在各国政府以及各国际组织、协会间得到有效共享和流动，各国政府和国际组织能够更好地了解彼此的需求和立场，更全面地了解问题的本质和影响，建立起更加密切的国际合作与国际互助。国际合作和国际互助的加强不仅有助于解决全球性问题，还增强了各国之间的互信，为建立更加稳定、和平的国际秩序奠定了基础。在此基础上，由于各国、各国际组织充分的信息共享和互信互助，进一步推动了国际规则制定程序的公平公正，确保了各国在规则制定中的决策权和发言权。

全球治理体系是否得到优化的另一个体现就是决策是否公开透明。一直以来，全球治理中的信息壁垒以及信息保护受到众多诟病，尤其是可能存在的决策暗箱操作更是引发各国的信任危机和误解。数据跨境流动可以增强决策过程的公开性，提高决策透明度，从而避免暗箱操作，消弭信任危机。

数据跨境流动有助于向国际社会公开决策过程中的相关数据，各国政府和国际组织可以让公众更加清晰地了解决策的制定过程和依据，增强治理的合法性，提高可信度。通过数据跨境流动形成的透明决策过程，不仅增强了公众对治理的信任，也为各方提供了监督和反馈的渠道，有利于政策的改进和完善。在具体实践过程中，促进决策过程透明的方式有多种，主要包括在全球范围内公开数据信息来源和处理方法、开放决策会议文件以及建立信息公开制度等。

数据跨境流动一方面促进了相关决策信息在全球各主体间的传播，推动了决策的流通；另一方面基于相关决策的广泛传播，倒逼决策开放透明。在决策过程中，政府和国际组织可以公开数据信息的来源和处理方法，包括数据的来源、数据归集的途径、数据的质量、数据的分析指标、数据的分析方法以及数据的可视化操作流程等。这样做可以增强公众对决策的信任，让国际社会了解政府和国际组织进行决策的依据，从而使决策更加科学和透明。

在开放决策会议和文件方面，政府和国际组织可以公开决策会议的议程、会议记录和相关文件，并将其以数据的形式在全球范围内传播和流通，从而让国际社会知悉决策的参与人员、讨论过程、整个进程以及最终结果。这种公开的决策过程可以让国际社会中的各方参与决策，增强决策的合法性，提高可信度。在建立信息公开制度方面，国际组织或政府应在全球治理过程中建立健全信息公开制度，规定哪些信息应当公开，以及公开的方式和途径，从而推动相关信息在全球范围内的流转，确保国际社会能随时了解决策的最新进展和结果。

数据跨境流动通过加强国际合作和促进决策透明等，提高了全球治理中的信息透明度，强化了各国、各国际组织间的互信。数据跨境流动为全球治理体系的优化和发展提供了重要支撑，有助于构建一个更加公平、公正、有效的全球治理体系，从而促进国际社会可持续发展。

2.1.3 数据跨境流动强化全球治理风险监管

近几十年来，全球化进程的加快使得各国在经济、政治、社会、文化等领域的联系更加紧密。一方面，各国利益诉求的差异导致全球摩擦和冲突不断；另一方面，工业化和数字化技术的进步带来的全球性问题增加了全球可持续发展的难度。这些问题随时可能带来全球性的系统风险，危及人类的生存。当前，全球治理过程中面临的主要系统性风险包括全球安全风险、全球经济风险、全球气候风险和全球技术风险等。这些风险对人类社会的未来发展产生了持久性和颠覆性的影响。以下重点介绍全球经济风险和全球技术风险。

当前，全球经济复苏压力巨大，债务风险高企。国际货币基金组织（IMF）2024 年 1 月发布的《世界经济展望报告》预计，2023 年世界经济增速为 3.1%，较 2022 年下降 0.4 个百分点，全球经济复苏仍然面临巨大压力。在经济下行的同时，全球债务风险不断上升。根据世界经济论坛发布的《2023 年全球风险报告》，发展中国家可能因债务问题出现投资缺口。面临债务问题的发展中经济体或将受制于债权人要求，导致财政资金流出公共产品和基础设施等社会需求最大的领域。除了发展中国家，发达国家的债务问题同样严峻，比如截止到 2023 年 1 月 19 日，美国政府已达到 31.4 万亿美元的法定举债上限。

在全球技术风险方面，当前新一轮科技革命和产业变革正在发生，人类加快迈入数字时代，一批颠覆性技术正在不断加速发展，例如人工智能、大数据、5G/6G、机器人等数字技术。技术进步为经济发展、社会进步、生活便利带来正面影响的同时，也带来了许多负面影响。生成式人工智能的出现对全球范围内的版权法律体系形成了新的挑战。美国 OpenAI 公司开发的 ChatGPT、Sora 等人工智能应用，使得人工智能与人类关系的道德伦理问题更加引人关注，如人工智能会不会代替人类、人工智能是否会导致大量劳动力失业等问题开始引起人们的担忧。同时，“深度伪造”（Deepfakes）等技术的存在使得利用技术实施欺骗成为可能，其既能被犯罪分子用来进行经济诈骗，也能被用于某些导致个人肖像权、名誉权受到侵害的目的。总之，由新兴技术突破带来的安全风险将不断凸显。

通过数据跨境流动实现全球范围内的信息实时共享，有利于帮助各国利用相关技术进行数据分析和挖掘，增强各项风险的可预测性。数据的自由流动可以帮助各国政府、国际组织、国际行业协会以及国际社会其他主体实时获取来自不同国家、不同主体的信息和数据。这种实时的信息开放共享以及数据在全球范围内的流转，有利于各国政府和国际组织实时获得最新数据，积累大量优质数据源，从而在制定决策和应对全球性风险时能够基于最新的数据进行分析和判断。

在数据自由流动的基础上，各国政府和国际组织得以扩大数据来源。在归集大量优质数据的基础上，通过大数据技术和人工智能技术对数据进行分析和挖掘，各国政府和国际组织可以更深入地了解全球问题的本质和根源，制定更科学、更精准的政策方案。基于数据的决策不仅可以提高决策的效率和质量，还有助于发现应对全球风险的新视角和新方案，为各国提供更有效的全球风险应对手段和方法。

数据跨境自由流动所形成的数据信息实时开放共享还有另外一个价值，就是增强风险的可预测性。通过数据分析，各国可以预判后续相关风险的发展趋势，以及决策发生后的发展动态。数据跨境流动使各国政府能够更快速地了解其他国家的政策动向、经济状况和社会情况等重要信息，同时能够及时共享关于全球性问题的数据和信息，例如气候变化、公共卫生风险等。尤其是在全球紧急事件发生时，这种数据信息的开放共享显得更为重要。

2.1.4 数据跨境流动助推全球数字鸿沟消弭

按照一般定义，全球数字鸿沟（Digital Divide）是指在全球数字化进程中，不同国家或地区之间，由于对信息通信技术（Information and Communications Technology，ICT）的拥有程度、应用程度以及创新能力的差距而造成的信息落差，以及由于信息落差导致的贫富两极分化。数字鸿沟的概念最早出现在托夫勒的《权力的转移》一书中，他认为数字鸿沟是信息和电子技术方面的鸿沟，信息和电子技术造成了发达国家与发展中国家之间的分化。此后，联合国经济及社会理事会指出，数字鸿沟是指由于信息和通信技术的全球发展与应用，造成或拉大的国家之间以及国家内部群体之间的差距。

联合国贸易与发展会议（简称“联合国贸发会议”）于 2019 年 4 月发布了《2019 年数字经济报告》，报告认为全球使用互联网的人数在过去 20 多年里迅速增加，数字技术的快速发展与传播正在改变经济和社会活动，并创造了巨大的财富。然而，在数字经济创造新机遇的同时，数字鸿沟却在不断扩大，使发展中国家，尤其是最不发达国家的数字发展，远远落后于发达国家。此后，OECD 发布的《2020 年数字经济展望》，以及联合国贸发会议发布的《2021 年数字经济报告》均对不断扩大的数字鸿沟表示担忧。

《2021 年数字经济报告》认为，在新的数字经济形态下，发展中国家可能会沦为全球数字平台的原始数据提供方。因此，联合国贸发会议在报告中呼吁加强数字治理，采取新的全球数据治理方针来监管数据跨境流动，并促进世界范围内的数据共享。《2023 年事实与数据》由 ITU（国际电信联盟）发布，具体数据证明全球数字鸿沟的问题依然难以得到有效缓解。报告指出，全球使用互联网服务的人口比例为 67%，其中欧洲、独联体和美洲约有 90% 的居民为互联网用户，阿拉伯国家和亚太地区约 2/3 的居民使用互联网，正好与全球平均水平一致，而非洲只有 37% 的居民为互联网用户。

对于为什么会产生数字鸿沟以及为什么数字鸿沟一直未被有效解决，这两个问题涉及多个方面，其中最主要的是经济方面。在经济方面，发达国家和地区通常拥有更先进的基础设施和更广泛的数字技术应用，而发展中国家和地区则可能面临资金不足、技术落后等问题，导致其数字化进程相对滞后。而技术落后、数字化进程滞后又可能造成经济发展落后，由此陷入经济发展的死循环，数字鸿沟问题难以被解决。

2023 年 5 月，联合国秘书长发布《全球数字契约》，在提到数字鸿沟时，文件提出了进一步解决全球数字鸿沟的相关举措，主要包括：①为数字公共基础设施和服务建立共同的框架和标准，确保数字公共基础设施的开放、包容、安全和可操作，保障公共数据的汇集和使用；②解决数据流动的碎片化问题，推动全球范围内的数据大规模利用，并利用数据为国家和国际发展计划、方案以及公私伙伴关系、电子商务、技术创业和资本投资提供信息；③投资数据公共空间，通过跨境、跨机构汇集数据和数字基础设施，建立主要数据集和互操作性标准，推动实现可持续发展目标。这些举措的最终目的是促进全球范围内的数据自由流动，从而实现全球数字普惠。

通过数据跨境流动，可以有效提升全球网络的连通性，促进技术、信息的共享，开展跨国教育和培训，并增强发展中国家本地内容的可访问性和传播性。这些举措有助于进一步消除或缩小全球数字鸿沟。

首先，数据跨境流动的前提是稳定而高效的网络基础。通过促进数据跨境流动，可以改善和扩展全球互联网基础设施，确保发展中国家能够接入网络，享受数字服务。其次，数据在全球范围内的流动，可以加速技术知识的全球化共享，从而带来资金流、技术流等。例如，发达国家可以通过数据的流动带动知识的流动，帮助发展中国家在教育、医疗和商业等领域实现数字化转型。同时，利用数据的跨境流动，可以开展在线教育和远程学习项目，这些项目可以跨越地理和经济障碍，为全球范围内的用户提供质量相等的教育资源，从而缩小发达地区与不发达地区之间的信息和知识落差。最后，通过数据跨境流动，可以促进发展中国家本地内容的全球传播，使得本地的创新和文化能够被全球用户访问，从而带动本地经济的发展。

2.2 数据跨境流动促进全球经济发展

在数字经济成为拉动全球经济发展的关键动能的情况下，数据成为数字经济发展的关键要素。数据跨境流动不仅能有效拉动全球经济增长，还能够推动全球投资结构、国际贸易规则、全球价值链以及跨国业务朝着更加有利的方向发展，最终带来全球经济发展的新模式、新业态、新动能，如图 2-3 所示。

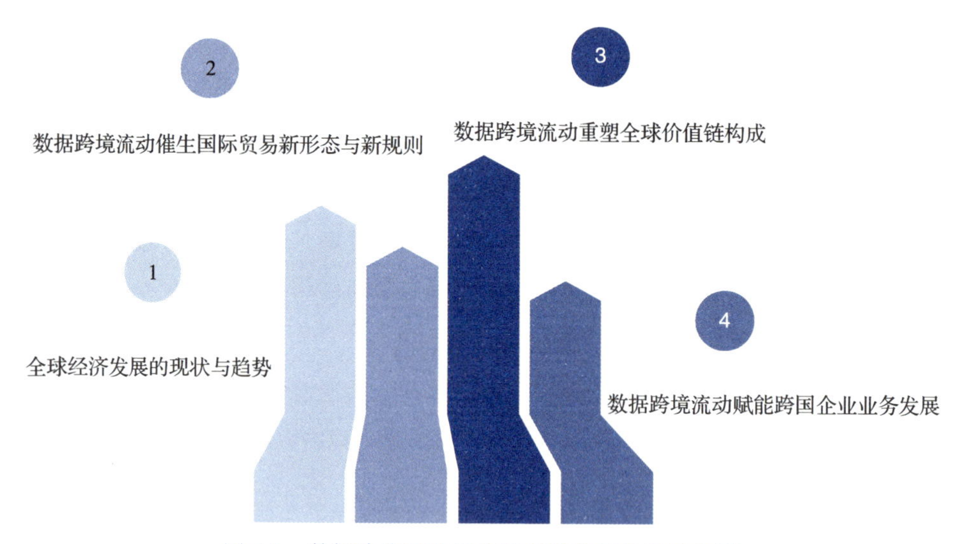

图 2-3　数据跨境流动对全球经济发展的促进作用

2.2.1　全球经济发展的现状与趋势

随着互联网技术的普及和移动互联网的发展，全球迎来了重大的技术进步，开启了新一轮科技革命。以新一代信息技术、人工智能技术为引领，生物技术、新能源技术、新材料技术等多领域技术相互渗透融合，重大且具有颠覆性的创新频繁出现。新一轮科技革命的核心特质是数字化、网络化和智能化的融合发展。而新一轮科技革命应用和影响的产业领域与环节包括新能源、新制造、新产业、新产品、新基建，这些新业态和新模式催生出新的经济形态，如数字经济，并诞生了新的生产要素，如数据要素等。

传统的经济发展模式主要依赖大量的资本和劳动力，是典型的资本、劳动力密集型经济，如制造业、农业和服务业等。这些行业的发展需要投入大量的资本与劳动力，比如工厂建设、机械的购买需要大量资金，而工厂的生产也需要大规模的员工。与传统经济模式相比，数字经济主要由信息通信技术推动，尤其是互联网、移动通信、云计算与人工智能等。这些技术的显著特点是大量依靠数据来驱动，因此数字经济呈现出数据密集型的特点。数字经济是全球未来的发展方向。华为《全球产业展望》预测，到 2025 年，数字经济规模将高达 23 万亿美元，正在逐步取代传统经济模式，成为拉动全球经济增长的新引擎。

“数字经济”一词最早出现于 20 世纪 90 年代中期。在“数字经济”诞生之初，主要关注的是互联网对商业行为的影响。当前，国际上广泛接受的数字经济定义来源于 2016 年 9 月二十国集团领导人杭州峰会通过的《二十国集团数字经济发展与合作倡议》。该倡议提出，数字经济是指以数字化知识和信息作为关键生产要素，以现代信息网络作为重要载体，以信息通信技术的有效使用作为效率提升和经济结构优化的重要推动力的一系列经济活动。

数字经济时代，由于生产方式主要以开发利用数据为主，因此核心资源是数据。数据作为一种资源，可以赋能多元数字技术的发展，如机器学习算法能将其转变为能力。通过海量数据训练，人工智能迅速掌握技能，在很多领域辅助人类完成各项工作，从而实现生产力水平的提升。

如果说 20 世纪工业革命时代的经济发展以贸易和投资为主要特征，那么在

21 世纪的数字革命时代，全球经济将以数字经济为引擎。作为数字经济发展的关键要素，数据在全球范围内的流动将成为数字经济、数字贸易等新经济形态发展的主要驱动力。

2.2.2 数据跨境流动催生国际贸易新形态与新规则

数字贸易作为数字经济的重要组成部分，代表了数字经济时代对外贸易的新业态和新模式，是连接国内、国际数字市场的重要纽带。以大数据、云计算、物联网、人工智能为代表的新一代信息技术快速崛起，加快了国际贸易的数字化转型。而以数据为要素，以服务为核心，以数字技术深度赋能为特征的数字贸易蓬勃兴起。与传统货物和服务贸易不同，数字时代国与国之间的数字贸易交付方式主要依赖互联网，所交付的标的物也是数字化产品。因此，在数字时代，每一笔国际贸易的达成都依赖数据跨境流动，数据跨境流动是开展数字贸易的基本前提条件。

数字贸易，根据 2019 年 3 月经合组织（OECD）、世界贸易组织（WTO）、国际货币基金组织（IMF）等机构共同发布的《关于测量数字贸易的手册》给出的定义，其涵盖了数字订购和数字交付两种主要交易方式。这种贸易形式不仅包括通过货物实现的跨境电子商务，还包括以服务为主的数字服务贸易，无论是哪种形式，其核心均依赖于计算机网络，本质是大量数据的跨境流动。

从广义角度看，数字贸易可以分为三类：数字订购型（Digitally Ordered）、平台支持型（Platform Enabled）和数字交付型（Digitally Delivered）。在数字订购型贸易中，商品或服务的交易通过专门的计算机网络进行，其支付和交付可以在线上或线下进行。数字订购型贸易排除了通过电话或传真等传统方式完成的商品或服务交易，主要涵盖通过网络页面、外部网络、电子数据交换系统完成的交易。平台支持型数字贸易是通过第三方平台实现的，如阿里巴巴、亚马逊、淘宝和京东等，这些第三方平台主要为供应商提供基础设施和服务支持，但不直接参与商品的销售。数字交付型贸易则是指通过信息通信技术进行的远程服务交付，如软件下载、电子书籍、电子游戏、流媒体视频和数据服务等。需要注意的是，数字交付型贸易不包括实体货物的交付。这些定义显示出数字贸易的多样性及其对现代计算机网络技术的依赖性。正如美国学者马修·斯劳特（Matthew J. Slaughter）和大卫·麦考密克（David H. McCormick）所说，当今的国际贸易是关于数据的“永动机”，贸易的过程消耗数据、处理数据、分析数据，又源源不断地产生海量新数据，而云计算、5G 等技术为大数据的存储、计算和快速处理提供了技术支撑。

当前，国际贸易正在从传统跨国公司主导的大宗贸易模式转向数字平台主导的数字订购模式。货物、服务等标的物通过数字平台实现全球范围内的流转，其实质是通过数据跨境流动实现货物、服务等的流转。在众多数字平台中，跨境电商平台等贸易新业态兴起，成为国际贸易增长的新引擎。中小微企业甚至个人，都能通过跨境电商平台和线上支付参与国际贸易，跨境电商平台在国际贸易中发挥着越来越重要的作用。

从 2013 年开始，以阿里为代表的我国电商贸易平台开始布局海外业务，先后入股东南亚电商平台 Lazada，并投资印尼最大电商平台 Tokopedia 等。2022 年，除阿里外，拼多多正式在北美上线跨境平台 Temu，SHEIN 等独角兽跨境电商平台也开始崭露头角。据中华人民共和国海关总署数据，2021 年我国跨境电商进出口规模达到 1.98 万亿元，其中出口额为 1.44 万亿元。2022 年，我国跨境电商进出口规模突破 2 万亿元，5 年增长了近 10 倍。跨境电商主体超过 10 万家，跨境电商贸易伙伴遍布全球，带动数以万计的中小型企业以数字化方式进入国际市场，重塑了全球贸易竞争新态势。此外，数据跨境流动支撑并拓展了可数字化交付的数字服务贸易。以服务为载体的可数字交付的数字服务贸易依赖于数据跨境流动和数字技术的应用。数据跨境流动支撑并推动了数字广告、数字营销、数字音乐、数字视频、游戏、动漫、软件研发、远程医疗、在线教育等数字服务贸易的发展，5G、人工智能、大数据等数字技术的应用提高了服务的可贸易性。根据 UNCTAD（联合国贸发会议）测算数据，2022 年全球可数字化交付服务的出口额为 3.94 万亿美元，在全球服务出口中的占比达到 55.3%。其中，发达经济体占主导优势，其 2022 年可数字化交付服务的出口额为 3 万亿美元，占全球市场份额的 76.1%。发展中经济体可数字化交付服务的出口额为 9460 亿美元，同比增长 12.6%，占全球市场份额的 22.1%。

随着数据跨境流动催生出国际贸易新形态，各国在国际贸易新形态下的利益分配必将引起新一轮的话语权争夺，因此需要重新制定相应的国际贸易规则以协调各国的利益分歧。由于数字鸿沟的存在，发达国家和发展中国家通过数据跨境流动获益的能力存在显著差距，各国之间竞争合作的攻守利益因为技术和产业形态的变化而发生了根本性的改变，利益的再分配必然导致国际经贸规则的再调整。同时，基于数据跨境流动以及以数据跨境流动为基础的数字贸易的新特点，数字贸易也需要新的国际贸易规则来进行管理，从而破除各国在数据跨境流动中的壁垒。

国际经贸规则体系以世界贸易组织（WTO）及其前身《关税与贸易总协定》（GATT）为主体框架，其运行和治理的依据是以贸易类型（商品或服务贸易）、贸易额、贸易地点（来源地和目的地）为主的统计数据。例如，商品贸易相较于服务贸易，受到更多贸易规则的约束，产品的原产地则决定了该产品将适用怎样的关税和贸易限制政策。而以贸易类型（商品或服务贸易）、贸易额、贸易地点（来源地和目的地）为主的国际贸易统计方式，必然形成货物与服务的市场准入、待遇、关税、贸易投资便利化、知识产权等传统国际贸易规则。

在数字贸易形态下，传统的贸易规则显然无法适用，或者说适用性不足，无法满足数字贸易形态下各国利益的调整和再分配。数字贸易形态下，贸易规则转变为数字市场准入、数字产品关税、数字产品待遇、电子提单、无纸化贸易、在线消费者权益保护、数据安全保护、个人隐私保护、网络安全保护、数据非本地化存储、数据跨境自由流动、政府数据开放等规则。随着数据跨境交易等新兴模式的兴起，数据产品的跨境交易规则也将逐步体系化。数字贸易高度依赖数字技术、网络和数字平台，催生出一系列新兴议题，在这些议题之下又不断形成新的数字贸易规则。在数字技术领域，数字贸易催生出源代码保护、人工智能、信息通信产品安全等新兴议题；在信息网络方面，数字贸易催生出互联网接入、网络安全等议题；在数字平台方面，数字贸易催生出平台责任、数字平台竞争、平台服务、数字平台反垄断等议题。

数字贸易规则的调整与制定在全球范围内正在逐步展开，其中以亚太地区的规则变化最为频繁。亚太地区形成了数字贸易规则的“美式模板”“中式模板”以及“新（加坡）式模板”。2017 年 12 月，在 WTO 第 11 次部长级会议上，71 个成员共同发布了《关于电子商务的联合声明》，宣布启动 WTO 框架下与电子商务议题相关的谈判工作。2019 年 1 月，76 个成员共同确认启动 WTO 框架下的电子商务诸边谈判。然而，由于各成员的立场、利益诉求不同，WTO 框架下的多边贸易规则体系迟迟难以形成统一的数字贸易协议。各主要经济体转而在部分多边和双边谈判中达成了部分建设性的成果[1]。

“美式模板”强调数据跨境的自由流动、数字产品的非歧视待遇以及禁止数据存储本地化等，代表性的规则有 CPTPP 以及《美韩自由贸易协定》《美日数字贸易协定》等。在 2019 年的《美日数字贸易协定》中，美国与日本通过剔除缔约方监管要求及各种例外规定的方式，在“通过电子方式跨境传输信息”和“计算设施的位置”等规则上强化了其约束力[2]。以 RCEP 为代表的“中式模板”提出在确保国家基本安全的前提下推进数字贸易发展，强调数据跨境自由流动的前提是确保成员的数字主权与国家安全。DEPA 与《新加坡—澳大利亚数字经济协议》的签订则标志着以新加坡为代表的小国成为亚太地区乃至全球数字贸易规则制定的重要力量，构建起数字贸易规则的“新式模板”，确立了数据自由跨境流动、数字产品免关税、数字产品非歧视待遇以及构建数据安全认证框架、统一人工智能框架和改变数据跨境流动监管逻辑等数字贸易规则。

2.2.3　数据跨境流动重塑全球价值链构成

全球价值链（Global Value Chains，GVC）指在全球范围内为实现商品或服务价值而连接生产、销售、回收处理等过程的跨国企业网络组织，涉及原料采集和运输、半成品和成品的生产与分销，直至最终消费和回收处理。它包括所有参与者和生产销售等活动的组织及其价值利润分配，并通过自动化的业务流程以及和供应商、合作伙伴以及客户的链接，以支持机构的能力和效率。根据

[1] 李艳秀. FTA 中数字贸易规则的价值链贸易效应研究［J］. 国际经贸探索，2021，37（09）：99-112.

[2] 周念利，吴希贤. 美式数字贸易规则的发展演进研究：基于《美日数字贸易协定》的视角［J］. 亚太经济，2020（02）：44-51+150.

联合国工业发展组织（UNIDO）的权威定义，全球价值链包括所有参与者和生产销售等活动的组织及其价值、利润分配，当前散布于全球的企业进行着设计、产品开发、生产制造、营销、交货、消费、售后服务、最后循环利用等各种增值活动。

根据上述定义，总体而言，全球价值链包括低端、中端和高端三个环节，其中低端环节涵盖了原材料的提取和初步加工，中端环节是进一步的加工和制造过程，高端环节则主要涉及产品的研发、创意设计、技术培训、产品销售、分销和售后服务。这三个环节形成了从原材料到最终产品再到消费者的全链条闭环。

在全球价值链的框架下，各个企业，尤其是跨国企业，以及国家根据自身的比较优势参与国际分工。比如，一个国家可能专注于原材料的提取和出口，而另一个国家则可能擅长高端制造或创新设计，因此后者更倾向于从生产原材料的国家进口原材料，并在本国基于原材料生产高端产品进行跨国营销。全球价值链使得产品和服务的生产过程可以跨越不同国家和地区，每个参与者都在其最擅长的环节上提供相应的要素，共同完成产品的生产和供应。对大量不发达国家而言，加入全球价值链可以促进当地工业和经济的发展。通过参与全球价值链，这些国家能够吸引外国直接投资，获取技术和管理知识，带动产业发展，提高人才素养，从而提高本国产业的竞争力。然而，现有的全球价值链也有其弊端，拥有先进技术与资本的国家更容易形成“马太效应”，依靠其技术和资本优势实现“赢者通吃”，而参与的不发达国家则可能陷入“低端锁定”，即长期专注于价值链中较低附加值的活动，难以实现产业升级，这需要各国借助现有的国际贸易规则进一步去调整利益再分配规则。

随着数字经济时代的到来，全球价值链的发展出现了根本性变化。云计算、大数据、人工智能、物联网和区块链等数字技术的发展不仅重塑了全球产业结构，还重新定义了国际贸易、投资和经济增长的模式。同时，数据跨境流动更是重塑了全球价值链，形成了全新的全球数据价值链。

数据价值链是由数据采集、存储、处理以及数据可视化等环节组成的，其核心环节在于数据采集和处理，并将数据转化为数字智能，通过数据增值服务实现数据资产化甚至数据资本化。数据已经成为创造和捕获价值的新经济资源。在全球数据价值链的背景下，大多数发展中国家是原始数据的出口国和增值数据产品的进口国，同时也为全球数据产业提供最基础的劳动力，处于全球数据价值链的低端环节。而那些拥有主要数据优势和更强的原始数据处理能力的国家是原始数据的进口国和增值数据产品的出口国，负责数字技术、数据产品的研发设计以及全球交易，位于全球数据价值链的中高端环节。例如，在全球数据价值链中，非洲等国家目前成为数据标注产业的聚集地，而爱尔兰等国家成为数据中心产业的聚集地。中美等国家则利用强大的数字平台与数字技术在全球数据价值链的各个环节中发挥日益重要的作用。

非洲地区的数据标注产业近年来呈现显著增长，成为全球数据处理和人工智能发展中的重要产业链条。数据标注是使原始数据变得可用于机器学习训练的过程，这一过程在人工智能的开发中极为关键。在非洲地区，一些经济迅速发展的国家正在利用其人口红利和较低的劳动成本，逐渐形成数据标注产业的聚集地。比如，总部位于美国旧金山的 Sama 公司，长期在肯尼亚、乌干达和印度等地区雇用员工，为谷歌、Meta 和微软等硅谷公司提供数据标注业务。目前在肯尼亚、尼日利亚和埃及等国家，数据标注和处理已成为当地人重要的就业领域之一，这些国家也凭借其廉价的劳动力红利参与到全球数据价值链之中。

在数据价值链的另一端，如数据中心方面，2020 年，爱尔兰已经拥有大约 60 个数据托管中心，而截止到 2022 年，爱尔兰拥有的数据托管中心的数量增加到 70 多个，并已经成为 IT 服务公司的首选国家。至今，爱尔兰首都都柏林已成为欧洲第四大信息、通信和技术（ICT）和互联网基础设施投资接受城市。都柏林目前是欧洲最大的数据中心市场，谷歌、亚马逊、微软和脸书均在都柏林设立了数据中心。爱尔兰政府与数据中心相关的投资在 2021 年已达到 90 亿欧元，至 2025 年还会再吸引 57 亿欧元的投资。TikTok 也已在爱尔兰建立了首个欧洲数据中心，投资额为 4.2 亿欧元（约合人民币 34.5 亿元）。该数据中心位于都柏林，是欧洲三个数据中心中的第一个，将存储来自欧洲经济区、英国和瑞士的 TikTok 用户的数据。

此外，在云计算方面，欧盟国家中，法国是云计算服务实力较强的国家，在计算力领域处于欧盟领先地位。2020 年，据统计网站 Statista 数据显示，2018 年法国的云服务市场营业额预计为 49.573 亿美元，到 2021 年法国的云服务市场营业额预计将达到约 57.605 亿美元，除德国外远超欧盟其他国家。IDC 发布的《2020 年全球计算力指数评估报告》指出，与 2015 年相比，在计算力指数增长最快的三个国家中，法国仅次于中国，位列第二。法国在云计算渗透度、数据中心数量和规模的提升方面均处在前列，确保了整体计算力指数的提升。2020 年，法国最大的电信公司奥兰治（Orange）与谷歌宣布进行战略合作，谷歌将提供其在云技术、分析和人工智能工具方面的专业知识，而奥兰治计划使用谷歌的技术构建下一代数据分析和机器学习平台。

在数据开发应用方面，联合国贸发会议在《2021 年数字经济报告》中提出：2020 年，全球互联网带宽增长了 35%，大约 80% 的互联网流量与视频、社交网络和游戏有关。新冠疫情发生以来，数据跨境流动在地理上主要集中在“北美—欧洲”和“北美—亚洲”两条路线上。中美两国拥有的超大规模数据中心约占全球的 50%，两国的 5G 普及率最高，且拥有全球 94% 的初创人工智能企业融资、70% 的世界顶尖人工智能研究人员、近 90% 的全球最大数字平台市值。苹果、微软、亚马逊、Alphabet（谷歌）、Meta、腾讯和阿里巴巴均在参与全球数据价值链的各个环节。通过面向用户的平台服务收集数据，通过海底电缆和卫星传输数据，通过数据中心存储数据，以及通过对数据的分析、处理和使用，这些公司已经成为全球范围的数据公司，拥有巨大的金融、市场和技术力量，并控制着用户的大量数据。中美凭借其技术优势在全球数据价值链中处于中高端环节。

2.2.4 数据跨境流动赋能跨国企业业务发展

跨国企业是指从事国际化生产与经营活动，由母公司（总公司）和分布在各国的一定数量的子公司组成，其经济活动包括货物、劳务、资源和技术等。随着全球化的程度不断加深，跨国企业的数量在不断增加，跨国业务活动也日益频繁。根据联合国贸发会议 2023 年发布的《2023 年世界投资报告》显示，大型跨国公司的国际化程度，包括外国资产、销售和就业占全球总资产、销售和就业的比例总体上保持稳定。2022 年，海外销售增长速度快于资产和就业增长速度的趋势仍在继续。

以中国为例，根据商务部 2020 年发布的数据显示，2019 年全年新设外资企业 4.1 万家，日均设立 112 家。截至 2018 年底，中国累计设立外资企业的数量突破 100 万家，达到 1 001 377 家。此外，开展进出口业务的外资企业有 8.4 万家，占我国外贸企业总数的 16.8%，进出口额为 12.6 万亿元，占全国进出口总额的 39.9%。随着中国营商环境的不断改善和产业的不断发展，来中国投资的跨国企业数量持续增加。2023 年，我国新设立外商投资企业 53 766 家，同比增长 39.7%。而据商务部公布的统计数据，2024 年来中国投资的跨国公司数量稳步增长，仅 2024 年 1 月至 3 月，全国新设立外商投资企业 12 086 家，同比增长 20.7%。2024 年前两个月，我国平均每天新设立 119 家外资企业。截至 2024 年 3 月，外商累计在华设立外资企业已超 118 万家。单就上海而言，截止到 2024 年 6 月，上海拥有 7.5 万家外资企业，累计实际使用外资超过 3500 亿美元，其中跨国公司地区总部和外资研发中心分别达到 985 家和 575 家。

跨国企业一方面为了强化总公司与子公司之间的联系，需要进行集团信息系统的建设；另一方面为了在数字时代加强业务布局，抢占发展机遇，需要加快数字化转型的步伐。世界银行集团 2024 年发布的《2023 年数字化进展与趋势报告》全面分析了全球数字技术的生产和使用情况，涉及数字就业、数字服务出口、应用开发以及互联网使用等指标。根据该报告数据显示，从 2000 年到 2022 年，信息技术服务行业的增长速度几乎是全球经济增速的 2 倍。同时，数字服务业的就业年增长率为 7%，是总就业增长率的 6 倍。数字化转型带给跨国企业的价值显而易见，随着互联网的普及，个人获得就业的机会最高可增加 13.2%，企业总就业人数有望增长 22%，而企业的出口量几乎能翻 4 倍。数字技术的诞生与应用以及数字化转型的推动，催生了跨国企业的新业务、新模式与新业态，带来跨国企业新一轮的爆发式增长。除传统跨国企业依托数字化转型继续发展外，数字跨国企业开始成为引领全球经济发展的新动能。

联合国贸发会议发布的《2021 数字跨国企业 100 强报告》认为，自 2016

年以来，100 强数字跨国企业的海外投资、海外销售和总利润持续上升。数据显示，2021 年 100 强数字跨国企业的总销售额达 1.75 万亿美元，相比 2016 年增长了近 160%，平均每年增长 21%。净收入每年增速达 23%，2020 年至 2021 年大幅增长超 60%，总资产规模达 3.37 万亿美元。数字跨国企业不仅在改变传统产业，也在改变传统国际生产形式（全球价值链中的贸易和投资）。它们具有无形资产、网络效应和数字资产的特殊优势，能够在短时间内向海外扩张。据普华永道“2023 全球市值 100 强上市公司”排行榜显示，2023 年全球市值排名前 10 位的公司中，有 7 家是数字平台型跨国公司，分别为苹果、微软、谷歌、亚马逊、英伟达、特斯拉和脸书。数字平台型跨国公司日益成为国际投资的主体。

从传统跨国企业到数字跨国企业，其依托的生产要素显然有所不同。对于数字跨国企业而言，数据在其业务发展中的重要性不言而喻，数字跨国企业发展的根本在于数据。而对于传统跨国企业而言，虽然它们凭借传统生产要素和强大的全球供应链可以推动业务发展，但随着内部数字化转型的加快，在大数据时代，数据已然成为其业务发展中的重要一环。无论是对传统跨国企业还是数字跨国企业，数据跨境自由流动都极为关键。首先，因为跨国公司总部需要时刻了解分散在各区域子公司的情况，数据跨境流动可以加强子公司与母公司内部的联系；其次，通过将全球子公司的数据流动至总部，总部可以进行数据汇聚，实现集团层面的战略智能决策，服务业务发展；最后，通过数据的汇聚，跨国公司可以基于数据开发新的业务模式，从而产生新的业务增长点。

根据联合国贸发会议的数据，目前全球跨国企业的数量已超过 10 万家，其子公司数量远超 80 万家，雇员人数超过 8200 万人。由于跨国企业的业务范围广泛，子公司数量和雇员数量众多且分散在全球各区域，因此依靠互联网进行数据的实时传输以保持与总部或其他区域子公司的联系成为常态。数据跨境流动可以促进全球跨国公司内部的协作和协调。母公司可以通过数据共享和远程管理，指导不同地区的子公司开展协同工作，实现资源的有效整合和优势互补，增强整个跨国公司集团的竞争力。

同时，通过数据跨境流动，母公司可以实时了解子公司的经营情况并进行内部管理，如薪酬管理、人力资源管理、财务管理等。子公司也可以及时了解集团总部的经营战略部署和业务调整，从而更好地对接与配合。通过集团总部及其他子公司共享销售数据、客户需求和产品信息，子公司能够更快速地响应市场变化，提高产品和服务的竞争力，实现更好的市场表现。

在智能决策方面，全球化的业务分布与经营环境要求跨国公司能够及时、有效地管理和决策其全球业务。通过数据跨境流动，集团总部管理层能够实时从子公司和外部获取全球市场的动态信息，包括消费者需求、竞争对手动态和行业趋势。这些信息经过分析后，能够为跨国企业集团的战略规划和决策提供有力支持，使得策略调整更加迅速和精准。同时，通过对全球范围内的数据进行收集和分析，跨国企业可以及时发现和预测潜在的全球市场风险、政治风险和经济风险，从而制定相应的应对措施。

以零售业跨国公司为例，集团总部需要获取每个子公司所在区域的客户会员信息、货物的供应信息以及货物的销售信息等。收集客户信息一方面是为了实行会员制，通过不同级别的会员积分为客户提供不同级别的优惠，特别是针对在全球范围内都有购买记录的高净值客户群体；另一方面是为了构建客户消费画像，根据客户消费画像为预期货物的定制、设计、宣传以及区域营销策略提供决策支持。同样地，通过汇集全球子公司的货物销售信息，母公司可以及时了解子公司的货物销售情况，以及需要向子公司调配货物的数量等。

至于基于数据应用形成新的业务，常见的如金融行业、零售消费行业、旅行行业等，它们通过集团信息系统或者外部购买归集数据，之后将数据开发利用成数据产品，供有需要的客户进行决策咨询。这属于数据跨境交易业务，能为跨国企业带来新的收入，代表性的有万得公司（Wind）。在金融财经数据领域，万得公司已建成国内最完整、最准确的以金融证券数据为核心的大型金融工程和财经数据仓库，数据内容涵盖股票、基金、债券、外汇、保险、期货、金融衍生品、现货交易、宏观经济、财经新闻等领域，信息内容可以在第一时间进行更新，以满足全球机构投资者的需求。

2.3 数据跨境流动促进全球科技创新

第三次工业革命带来的信息化革命使人类社会步入数字时代，数字技术不断涌现。在全球数字时代，数据的重要性更加显著，数据跨境流动持续促进全球科技的创新发展，并带动人类社会进入数字革命时代。数字革命时代，万物实现智能化是其最重要的特点，人工智能产业的发展使数字革命持续深化，而数据将是人工智能产业发展的催化剂。如图 2-4 所示。

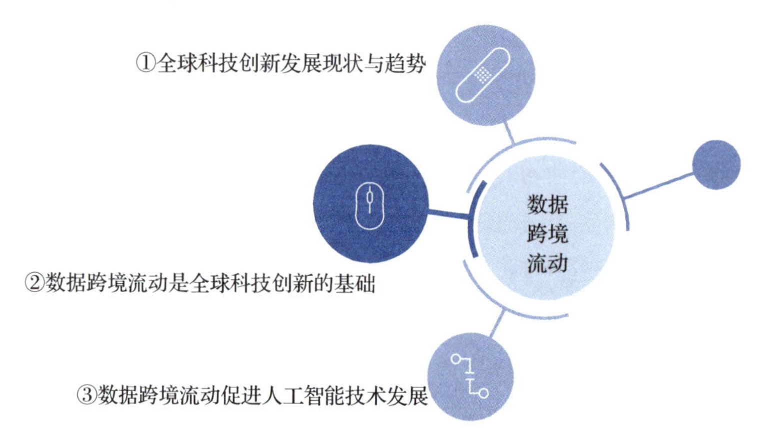

图 2-4　数据跨境流动促进全球科技创新

2.3.1 全球科技创新发展现状与趋势

纵观全球科技创新发展，新一轮科技革命以及由科技革命引发的产业变革正在重塑全球科技创新版图。随着科技创新的不断进步，全球科技创新的发展趋势呈现出许多令人振奋的特点和趋势。从生物技术、新材料到人工智能、大数据、物联网等领域，前沿技术正以前所未有的速度和规模改变着人类社会的未来。

在第二十三届圣彼得堡国际经济论坛全会上，习近平主席指出，“当今世界正经历百年未有之大变局。新兴市场国家和发展中国家的崛起速度之快前所未有，新一轮科技革命和产业变革带来的新陈代谢和激烈竞争前所未有”。新一轮科技革命以及由此带来的战略竞争不是基于一次性的技术优势，而是基于长期的技术创新能力的优势。

数据作为新型生产要素，驱动社会发展和经济增长，正成为新一轮国际竞争的重点领域，而围绕数据要素产生的数字技术将会是新一轮科技革命中的颠覆性技术。目前，大数据、物联网、人工智能、区块链等数字技术仍处于技术爆发阶段，距离大规模扩散应用还需一段时间，全球正处于数字技术革命从引入期向大规模应用过渡阶段的后半段。在此之后，随着数字鸿沟的进一步缩小及技术应用范围的扩大，全球将进入数字技术的展开期，届时这些数字技术将被广泛应用于经济和社会各个领域，并显著推动经济增长。预计到 2030 年左右，数字技术可能会开启一个新的繁荣周期，并在大数据技术、人工智能技术、信息安全技术、区块链技术、量子通信技术、虚拟现实、机器人、新一代通信技术（6G）等领域诞生新的技术形态。一方面，数字技术的叠加应用将会形成全新的技术形态，如人工智能 + 大数据技术、人工智能 + 信息安全技术等；另一方面，由于产业数字化和数字产业化的发展，传统行业如材料、生物、能源、航空航天等领域将会进行数字化、智能化融合应用，数字技术形态将会更加丰富。

以信息安全技术为例，随着分布式计算和边缘计算的发展以及个人对数据自治的诉求，隐私保护技术的作用范围将逐步渗透到数据要素生命周期的各个环节和各个数据载体中。越来越多的安全领域研究开始提出在客户端引入安全和隐私保护技术，例如联邦学习（Federated Learning）和本地化差分隐私（Local Differential Privacy）技术。未来在技术优化发展方面，如数据应用领域，将会重点关注这些信息安全技术在实际应用中如何降低数据传输的性能损耗，并倾向于在保证预设的安全和隐私目标的前提下，结合实际应用场景，不断优化算法和系统设计的效率。在这些目的的不断驱使下，新的信息安全技术将会持续产生。

前沿技术，尤其是前沿数字技术的布局，事关未来一个国家的竞争优势以及在国际上的技术话语权。因此，各国纷纷制定相关的数字技术发展战略，力图抢占未来数字技术发展赛道。

美国出台了《加强美国未来产业领导地位法案》《无尽前沿法案》《未来

产业法案》《促进美国5G国际领导力法案》《未来网络法案》等，强调将重点支持人工智能与机器学习、半导体、量子计算科学与技术、先进通信技术（如6G）、分布式账本技术与网络安全等技术的发展。在具体实施方面，美国出台了《联邦政府大数据研发战略规划》《联邦数据战略》《数据创新推动计划》《国家人工智能倡议法案》等。其中，根据《国家人工智能倡议法案》要求，自2021年以来，美国政府陆续成立一系列职能机构以强化对人工智能战略实施的统筹协调，自上而下建立起体系化的管理协调机制。一是成立国家人工智能行动办公室，二是成立人工智能咨询委员会，三是成立人工智能机构间委员会。2021年1月，美国宣布将2018年成立的人工智能特别委员会改组为永久性的人工智能机构间委员会，负责监督《国家人工智能倡议法案》的实施。另外，为推动人工智能研发和应用部署，各联邦部门纷纷成立人工智能专职管理机构。例如，国防部于2020年成立联合人工智能中心，商务部于2021年成立国家海洋和大气管理局人工智能中心，能源部于2020年建立人工智能和技术办公室等。

在2020年出台的《塑造欧洲的数字未来》中，欧盟委员会提出了欧盟数字化转型的三大原则性规定。在2021年发布的《2030数字指南》中，欧盟委员会对数字化目标进行了细化。《2030数字指南》提出，在2030年之前，欧盟的数字化道路包括以下几方面内容：第一，拥有具备数字技能的公民和高技能水平的数字专业人员；第二，拥有安全、高性能和可持续的数字基础架构；第三，实现企业的数字化转型；第四，推动公共服务数字化。在《塑造欧洲的数字未来》总领性框架下，欧盟计划在2020年至2023年发布一系列配套文件，包括《欧盟数据战略》《人工智能白皮书》《欧洲新工业战略》《数字市场法案》《数字服务法案》《数据治理法案》《2030数字指南》《欧盟人工智能法案》《欧洲新工业战略升级计划》《欧洲芯片法案》《数据法案》等，目前这些文件已经发布完毕。未来在数字化转型过程中，欧盟强调抓住以下机遇：第一，欧洲是低功耗电子产品的全球领导者，而低功耗是下一代人工智能专用处理器的关键；第二，欧洲在神经形态解决方案方面处于领先地位，这些解决方案非常适合工业流程自动化（工业4.0）及其运输模式；第三，量子计算的最新进展将使处理能力呈指数级增长；第四，欧洲将继续在其卓越的科学基础上引领人工智能算法的发展等。

我国在《中华人民共和国国民经济和社会发展第十四个五年规划和 2035 年远景目标纲要》（《“十四五”规划纲要》）第十五章“打造数字经济新优势”中提出要加强关键数字技术创新应用，重点提及的数字技术主要包括高端芯片、操作系统、人工智能关键算法、传感器、量子计算、量子通信、神经芯片、DNA 存储等前沿技术。此外，为加强行业融合应用，《“十四五”规划纲要》强调要加强信息科学与生命科学、材料等基础学科的交叉创新。同时，《“十四五”规划纲要》明确要加快推动数字产业化，重点培育壮大人工智能、大数据、区块链、云计算、网络安全等新兴数字产业，提升通信设备、核心电子元器件、关键软件等产业水平。为进一步落实《“十四五”规划纲要》，我国制定了《“十四五”数字经济发展规划》《数字中国建设整体布局规划》等文件，提出优化升级数字基础设施、推进产业数字化转型、推动数字产业化等主要目标。在增强关键技术创新能力方面，《“十四五”数字经济发展规划》提出围绕传感器、量子信息、网络通信、集成电路、关键软件、大数据、人工智能、区块链、新材料等战略性、前瞻性领域，利用我国优势提高数字技术基础研发能力。

东盟层面，为促进数字化转型，将东盟打造成安全、可持续发展、创新、数字驱动的经济体，《东 盟信息通信技术总体规划 2020》提出八大战略要点，分别为经济发展与转型、通过信息通信技术加强民众的融合并赋能、创新、信息通信技术设施发展、人力资本发展、信息通信技术促进单一市场、新媒体与内容以及信息安全与保障。在信息安全与保障战略要点中，东盟明确提出要制定区域性数据保护规则，通过制定区域性准则或框架增强数据保护能力。2021 年，东盟发布《东盟数字总体规划 2025》，以代替《东盟信息通信技术总体规划 2020》，目标是在 2021 年至 2025 年将东盟建设成一个由安全和变革性的数字服务、技术和生态系统所驱动的领先数字社区和经济体[㊀]。

2.3.2 数据跨境流动是全球科技创新的基础

数字时代的科技创新经历了重要的变革，这种变革主要体现在将数据作为

㊀ 林梓瀚. 东盟数据跨境流动制度研究：进程演进与规则构建 [J]. 世界科技研究与发展，2024，46（03）：306-317.

科技创新的基础，换句话说，就是以数据为核心的科技创新。不过，这里的数据有一定要求，不是简单量级的数据，必须是基于“海量数据”。数据已成为数字时代进行科技创新的重要资源，同时重新定义了各方的创新关系，数据跨境流动因此成为全球科技创新合作的基础。

数据是全球科技创新的原材料，这不仅体现在以数据为核心的数字科技上，还体现在与数据融合的传统行业科研创新上。过去，科学家只能依靠有限的实验数据和观察结果进行研究和创新，而在数字时代，大数据技术的发展使得收集和存储海量数据成为可能。这些海量数据可以被用来进行更加深入、全面的研究和分析，从而加快推动科技创新。比如，通过分析大规模的基因数据，科学家可以发现新的基因变种与疾病之间的关联，从而研发出更精准的治疗方法。有学者分享过一个典型的例子，在新冠疫情期间，世界卫生组织（WHO）和许多药品机构共同设立了涵盖基因序列数据、临床试验结果、药物治疗公平分配、开放式创新的数据开放平台，在预测全球疫情的毒株变异和采取应对措施方面发挥了重要作用。2021 年 11 月，来自博茨瓦纳和南非的科学家在同一天内将变异基因测序数据上传至全球流感共享数据库（GISAID），引起科学界迅速关注。不到 3 天，WHO 就将这一变体命名为第五个关注变体——“奥密克戎”（Omicron），从而推动了各国针对奥密克戎进行的药物研发。

数据的多样性和复杂性也为科技创新提供了更多的机遇。数据不仅包括传统的结构化数据，还包括非结构化数据，如文本、图像、视频等。这些数据的复杂性要求全球科研人员不仅具备专业的领域知识，还要具备数据分析和机器学习等方面的技能，从而为交叉学科研究提供良好的基础，比如生物信息学、纳米技术和人工智能等领域的交叉研究。

2023 年，阿里研究院和智谱 AI 联合发布了《2023 全球数字科技技术发展研究报告》。报告基于 AMiner 科技情报平台的数据，利用文献计量方法总结了 2023 年全球数字科技十大趋势。这些趋势包括生物大数据、生成式对抗网络算法、沉浸式扩展现实娱乐平台、AI 解码蛋白质结构以及基于算法模型和安全隐私的联邦学习技术等。其中，生物大数据尤为引人关注。随着对生命系统的持续深入探究及各种高通量组学技术的产生和发展，生物信息学的研究范畴不断扩大，生物大数据的发展成为数字时代不可忽视的重要趋势。随着生物技术的快速发展和生物信息学领域的兴起，生物学领域产生了大量数据，包括各种组学数据（转录组、蛋白质组、非编码 RNA 组、表观遗传组、代谢组、宏基因组等）。生物大数据不仅提供了更深入理解生命基本规律的途径，还为疾病诊断、治疗和新药研发提供了重要支持，深刻展现了数据与其他行业融合创新的价值。

2023 年，国家数据局等 17 个部门联合发布《“数据要素 ×”三年行动计划（2024—2026 年）》，旨在发挥我国超大规模市场、海量数据资源、丰富应用场景等多重优势，推动数据要素与劳动力、资本等要素协同，以数据流引领技术流、资金流、人才流、物资流。在文件中，优先提出了十二大行业领域及其相应的应用场景，分别为数据要素 × 工业制造、数据要素 × 现代农业、数据要素 × 商贸流通、数据要素 × 金融服务、数据要素 × 科技创新等。其中，“数据要素 × 科技创新”针对数据要素对科技创新的作用，列举了几个方面的措施，旨在通过科学数据的开放共享助力前沿科技研究，从而探索出科研新范式，发现新规律，创造新知识。具体措施主要包括：①推动科学数据有序开放共享，促进重大科技基础设施、科技重大项目等产生的各类科学数据互联互通；②支持和培育具有国际影响力的科学数据库建设，依托国家科学数据中心等平台强化高质量科学数据资源建设和场景应用；③以科学数据支撑技术创新，聚焦生物育种、新材料创制、药物研发等领域，以数智融合加速技术创新和产业升级；④以科学数据支持大模型开发，建设高质量语料库和基础科学数据集，支持开展人工智能大模型开发和训练等。

数据对科技创新的赋能日益显著，因此数据在全球范围内的跨境流动将进一步促进全球科技创新合作，推动人类社会科技的颠覆性突破，触发科技“奇点”进入下一轮革命。无论是《“十四五”数字经济规划》《中共中央 国务院关于构建数据基础制度更好发挥数据要素作用的意见》，还是《“数据要素 ×”三年行动计划（2024—2026 年）》等国家顶层规划，都明确强调要开展数字经济、数字科技以及数据领域的国际合作。在数字领域的国际合作中，重点是要促进数据有序跨境流动，持续优化数据跨境流动监管措施，旨在通过数据要素的双向流动，做大我国数据资源底座，在融合全球优质数据的情况下推动我国的科技创新。

2.3.3 数据跨境流动促进人工智能技术发展

无论是数据驱动的数字技术应用，还是数据赋能传统行业的应用，其最终目标都是实现智能化决策。人工智能可以模拟人类的思维和决策过程，通过对大量数据的训练，智能化地分析和解决复杂问题。这种“类人”的思维决策自主性和灵活性，使得人工智能技术成为数字时代最关键的数字技术。数据是人工智能发展的“养料”，大数据可以训练机器学习模型，提升机器的预测能力和决策能力，智能水平也会进一步提高。

近年来，生成式人工智能（AIGC）技术的进展使得人工智能再次成为热点议题。2018 年，OpenAI 公司发布了第一代 ChatGPT，也就是 GPT-1，这一版本的 GPT 能够生成流畅自然的对话内容，仿佛与真人交流一般。通过对大量语料数据的训练，ChatGPT 能够理解并生成符合语境的回复，使得人机交互更加智能和自然。此后，OpenAI 不断改进技术，接连研发出了 GPT-2、GPT-3、GPT-3.5、GPT-4，并于 2023 年 11 月发布 GPT-4 Turbo 模型。GPT-4 Turbo 支持 128 000 个 token，知识库从之前的 2021 年 9 月更新到 2023 年 4 月。

除文本类生成式人工智能外，图像类生成式人工智能以及文生视频类生成式人工智能也在近几年涌现出来。在图像类生成式人工智能技术领域，代表性的有 AI 制图工具 Midjourney 以及 OpenAI 公司的图像生成系统 DALL · E。而在文生视频方面，2024 年 2 月，OpenAI 发布了文生视频大模型 Sora。Sora 被称为“世界模拟器”，叠加了 GPT 和 DALL · E 的功能，可以按照输入的文本一键生成 60 秒左右的视频。人工智能技术，尤其是生成式人工智能的爆发性迭代与大规模应用，背后离不开大量的数据、算法以及算力的支撑。在数据方面，GPT-3 的参数量为 1750 亿，预训练数据量为 45TB，训练集为 3000 亿个 token。到了 GPT-4，有推测认为其大小是 GPT-3 的 10 倍以上，模型参数量约为 1.8 万亿，训练数据集包含约 13 万亿个 token，所需的数据量更大。至于图像类生成式人工智能以及文生视频类生成式人工智能，其在训练过程中所需要的数据是另一个量级。

目前，人类社会可能正在经历第一次数字革命。数字革命时代的数字技术迭代周期不像工业革命时期的技术迭代周期那么长，而且数字技术的迭代呈现出跳跃性的特点。在数字时代，人工智能技术的迭代周期将更加短暂，其代际之间的技术差距将更加明显。根据各个国家和区域组织发布的人工智能发展计划以及人工智能技术和产业发展的现状推测，未来全球人工智能技术的发展趋势主要有以下五个方面：

1）集成智能的发展正在实现不同智能系统间的有效整合，打破当前人工智能研究仅限于单个技术领域、仅可应用于孤立问题的局面。

2）受脑科学研究成果启发的类脑智能已成为非常重要的发展方向。未来需要着力实现人机、机机之间的高效互动和协作，开发具有社会特征的智能体。

3）研发具有自我学习能力的人工智能，使其能够主动捕获超越表面相关性的知识，或不需要人工介入便可进行长时、有效的自主学习。

4）着力 AI 基础设施研发，提高人工智能发展所需硬件的质量，开发新概念人工智能半导体，特别是可整合记忆（存储）和运算（处理器）的新计算架构体系。

5）丰富多场景人工智能模型研发，包括 AI 大模型、可解释 AI、情景适应性 AI 和小数据样本学习式 AI 等。此外，数据库技术是大数据技术发展的重要组成部分，其发展对大数据技术的现实应用影响深远。内存数据库（In-memory Database）、大规模分布式数据库和数据湖仓技术将是主导数据库技术的发展趋势。

在上述技术的不断推进下，人工智能技术的智能化将不断演进，通用人工智能（Artificial General Intelligence，AGI，即一种可以执行复杂任务并能够完全模仿人类行为的人工智能）时代离我们越来越近。人工智能的多元化发展对数据的质量和数量提出了更高的要求。

在数据质量层面，以深度学习为代表的人工智能技术需要大量、高质量的标注数据，相应地也需要数据要素市场提供更多技术和服务。人工智能的规模化发展对数据要素市场提出了更多语料数据的定制化需求。跨模态预训练大模型的日益普及，使语料数据从早期的文本数据发展到融合了文本、图像、语音等多种模态的数据，人工智能模型对多模态个性化定制语料数据的需求不断增加。在数据数量层面，随着生成式人工智能的技术迭代，其所需的数据量将达到一个巨大的规模，因此目前也出现了用合成数据训练人工智能模型的现象。

对数据质量以及数量的要求，使全球急需统一的数据标准与数据治理框架，同时全球数据的共享也成为必要。这就需要加快推动数据的跨境自由流动。全球范围内，大量数据正在以惊人的速度生产和共享，这使得数据跨境流动成为人工智能技术发展中至关重要的一环。数据跨境流动为人工智能的训练提供了更丰富的数据资源。不同国家和地区拥有不同的数据内容和特点，数据跨境流动使这些数据得以集结和共享，为人工智能的训练提供了更多样化的数据资源。数据跨境流动还推动了数据的国际合作和标准化发展。在数据跨境流动的背景下，各个国家和地区建立起良好的数据合作机制和共享标准，共同应对数据安全、隐私保护等挑战，从而提升人工智能训练数据的质量。

2.4 本章小结

数据跨境流动在全球治理、全球经济发展以及全球科技创新等三大方面都起着重要作用。在全球治理方面，数据跨境流动可以驱动全球治理体系优化，强化全球治理风险监管，有利于缓解全球治理中的“数字鸿沟”问题。在全球经济发展方面，数据跨境流动可以催生国际贸易新形态和新规则，塑造数字经济时代的全球数据价值链，有利于跨国企业的业务发展。在全球科技创新方面，数据跨境流动是当前全球科技创新的基础，这不仅因为数据要素是数字技术发展的核心，还因为传统行业的科研创新与数据融合后得以加快。此外，数据作为人工智能技术的“养料”，其数量和质量均受到关注，数据跨境流动有利于全球数据质量的提升，并加强全球数据资源的供给，从而促进人工智能技术的迭代。

| 第二部分 |

核心规则体系

第 3 章 | CHAPTER

数据跨境流动的政策解读

近年来，随着数字经济在整体经济发展中的地位不断提升以及数据要素成为数字经济发展的关键要素，我国出台了一系列顶层规划，推动数字经济做大做强，释放数据要素效能。其中，加快数据要素的国际合作及促进数据的跨境流动在我国数字经济的发展过程中扮演着重要角色。《“十四五”数字经济发展规划》《中共中央 国务院关于构建数据基础制度更好发挥数据要素作用的意见》（简称“数据二十条”）《国务院关于进一步优化外商投资环境 加大吸引外商投资力度的意见》（简称《吸引外商投资意见》）《全面对接国际高标准经贸规则推进中国（上海）自由贸易试验区高水平制度型开放总体方案》（简称“上海 80 条”）等顶层政策文件为我国数据跨境流动的未来发展路径确立了总体原则，规划了具体实施方向。

3.1 “数据二十条”等顶层规划明确发展原则与方向

2021 年 3 月，《中华人民共和国国民经济和社会发展第十四个五年规划和 2035 年远景目标纲要》（简称《“十四五”规划纲要》）发布后，为了进一步落实

《“十四五”规划纲要》中有关数字经济及数据要素的相关工作事项，我国接连出台了《“十四五”数字经济发展规划》《中共中央 国务院关于构建数据基础制度更好发挥数据要素作用的意见》《数字中国建设整体布局规划》等文件。在这些文件中，我国对数据跨境流动的未来制度建设做了相应布局。

3.1.1　政策背景

全球数字化博弈当前掀起新一轮浪潮，我国数字化转型全面提速，数据活动带来的倍增式发展正在深度重塑当代经济社会。随着数据被确定为新型生产要素，进入“十四五”时期，国家层面加大对数据要素市场构建的部署，加快制度建设，明确提出逐步健全数据要素市场规则，发展数据资产评估、登记结算、交易撮合、争议仲裁等市场运营体系，从而推动数据要素市场化配置改革。

2020 年 4 月，国家出台《关于构建更加完善的要素市场化配置体制机制的意见》，创新性地将数据纳入生产要素的范围，明确要用市场化配置激活数据这一生产要素。此后，《“十四五”规划纲要》提出要培育规范的数据交易平台和市场主体，发展数据资产评估、登记结算、交易撮合、争议仲裁等市场运营体系。《“十四五”数字经济发展规划》进一步细化了上述要求，明确要以数据为关键要素，以数字技术与实体经济深度融合为主线，加强数字基础设施建设，完善数字经济治理体系，协同推进数字产业化和产业数字化，不断做强做优做大我国数字经济，为构建数字中国提供有力支撑。具体落实到数据要素市场建设方面，《中共中央 国务院关于加快建设全国统一大市场的意见》（简称《统一大市场意见》）提出要加快培育数据要素市场，建立健全数据安全、权利保护、跨境传输管理、交易流通、开放共享、安全认证等基础制度和标准规范等内容。为加快构建数据基础制度，充分发挥我国海量数据规模和丰富应用场景优势，2022 年 6 月 22 日，习近平总书记在中央全面深化改革委员会第二十六次会议上审议通过《中共中央 国务院关于构建数据基础制度更好发挥数据要素作用的意见》，又称“数据二十条”，于 2022 年 12 月 19 日正式对外发布。“数据二十条”的发布标志着我国数据要素市场从无序自发探索进入有序规范的正式探索，初步搭建我国数据基础制度体系。“数据二十条”明确了“建立合规高效、场内外结合的数据要素流通和交易制度”，强调了“规范引导场外交易，培育壮大场内交易；有序发展数据跨境流通和交易”等重点工作要求，为我国数据要素市场的发展开辟了新的赛道，激发了数字经济发展新动能。

而聚焦数据跨境流动，《“十四五”数字经济发展规划》不仅要求“构建安全便利的国际互联网数据专用通道和国际化数据信息专用通道”，还明确指出“积极借鉴国际规则和经验，围绕数据跨境流动、市场准入、反垄断、数字人民币、数据隐私保护等重大问题探索建立治理规则”。《数字中国建设整体布局规划》则强调我国未来将“积极参与数据跨境流动等相关国际规则构建”。不过，《“十四五”数字经济发展规划》《数字中国建设整体布局规划》等文件明确的只是数据跨境流动的原则与大方向，有关数据跨境流动更具体的制度构建细节还是主要体现在“数据二十条”中。

3.1.2 主要内容

“数据二十条”第十一点提出要“构建数据安全合规有序跨境流通机制”。在安全、合规、有序的跨境流通机制下，主要包括四个方面的内容：第一，开展国际交流合作；第二，以《全球数据安全倡议》为基础，积极参与数据跨境流动等国际规则和数字技术标准制定；第三，针对典型应用场景探索数据跨境流动方式；第四，从跨境分类分级管理、国家安全审查、出口管制以及跨境监管机制等方面入手，构建安全的数据跨境流动规则体系。相关情况如图 3-1 所示。

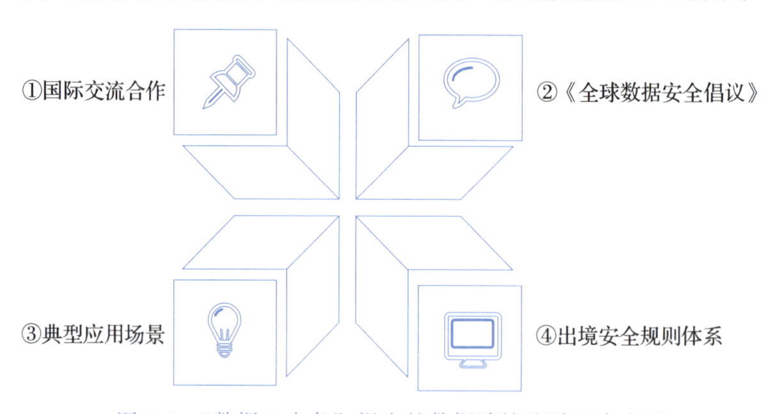

图 3-1 “数据二十条”提出的数据跨境流动四大方面

针对第一点，“数据二十条”原文提出：“开展数据交互、业务互通、监管互认、服务共享等方面国际交流合作，推进跨境数字贸易基础设施建设”。全球化时代，各国之间的合作开始变得频繁，为促进国与国之间的数据跨境流动，各国在数据监管互认、数据安全认证互认以及业务互联互通方面不断形成信任共识。我国在数据跨境流动方面与国际形成深度合作具有必要性与紧迫性。2023 年 5 月 24 日，欧盟和东盟在布鲁塞尔联合发布了《东盟示范合同条款和欧盟标准合同条款的联合指南》。该联合指南将东盟 MCCs（Model Contractual Clauses for Cross Border Data Flows，数据跨境流动示范合同条款）和欧盟 SCCs（Standard Contractual Clauses，标准合同条款）的适用和结构进行了比较分析。未来，东盟还将与欧盟合作收集符合 MCCs 和 SCCs 要求的企业实践，出版最佳实践指南，从而实现二者的对接。该联合指南为欧盟和东盟两个区域的数据跨境传输释放了积极信号。2024 年 1 月 31 日，欧盟委员会（European Council）宣布，欧盟已经和日本签署一项协议，将数据跨境流动相关议题纳入《欧盟 - 日本经济伙伴关系协议》的相关条款中，确保欧盟和日本之间的数据跨境流动不会受制于数据本地化存储，国际上有关数据跨境流动的合作步伐日益加快。在跨境数字贸易基础设施建设方面，国内各地积极落实“数据二十条”要求，自贸区的建设效果尤为显著。上海自贸试验区临港新片区积极打造国际数据港，建设上海临港到新加坡的新型海光缆、临港新片区数据跨境服务中心以及数据中心、算力中心等基础设施，为国内企业开展跨境数字贸易、数据跨境流动提供服务。

针对第二点，“数据二十条”原文提出：“以《全球数据安全倡议》为基础，积极参与数据流动、数据安全、认证评估、数字货币等国际规则和数字技术标准制定”。全球主要国家为抢占数字时代的规则话语权，均制定了本国在数字技术领域的发展战略。为维护其技术优势，美国旨在提高未来在数字技术领域的国际领导力；欧盟出于对数字产业发展的考虑，加快在数字国际规则与标准方面的布局；日本、加拿大、韩国等国家紧随欧美的步伐，推进其数字技术标准的发展，未来全球对国际数字技术标准话语权的争夺将进一步“白热化”。为应对日益复杂的国际形势，我国积极参与数字技术领域的国际规则标准制定，从而维护我国主权，提高我国在国际规则和标准制定中的话语权。2020 年 9 月 8 日，国务委员兼外交部长王毅发表题为《坚守多边主义 倡导公平正义 携手合作共赢》的主旨讲话，发布《全球数据安全倡议》。《全球数据安全倡议》提出，全球数字治理应遵循秉持多边主义、兼顾安全发展、坚守公平正义三原则，旨在保护各国的数据主权。我国在开展数据国际合作时应坚持上述三原则，在维护我国数字主权的同时，也应保护其他国家的数据主权，形成合作共赢的局面，构建网络空间命运共同体。

针对第三点，“数据二十条”原文提出：“针对跨境电商、跨境支付、供应链管理、服务外包等典型应用场景，探索安全规范的数据跨境流动方式”，如图 3-2 所示。

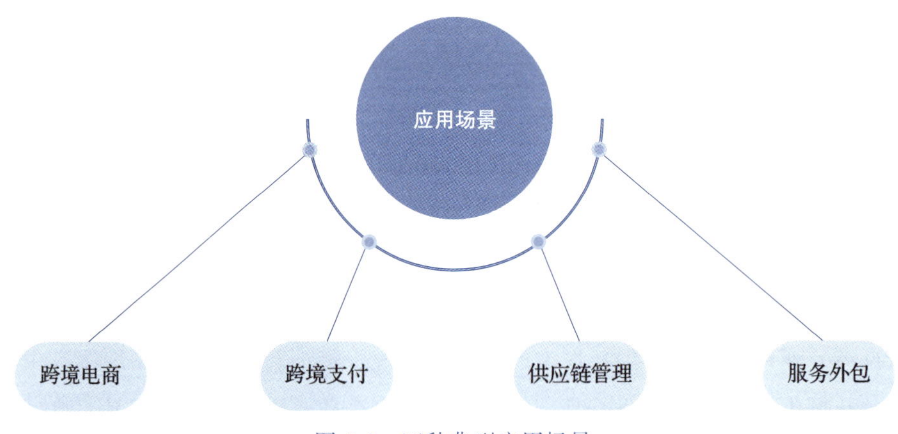

图 3-2 四种典型应用场景

数据的跨境流动，无论是基于数据交互还是基于数据交易，必然依托具体的应用场景进行数据的出境或入境。跨境电商、跨境支付、供应链管理、服务外包等是当前我国数据跨境流动较为频繁的应用场景。其中，依托跨境电商进行的数据跨境流动将占据整体数据跨境流动的大部分份额。跨境电商作为发展速度最快、潜力最大、带动作用最强的外贸新业态，已经成为我国数字外贸发展的重要动能。海关总署发布的数据显示，2023 年我国跨境电商进出口总额为 2.38 万亿元，同比增长 15.6%。其中，出口额为 1.83 万亿元，同比增长 19.6%；进口额为 5483 亿元，同比增长 3.9%。到了 2024 年 4 月，经海关总署初步测算，一季度我国跨境电商进出口总额为 5776 亿元，同比增长 9.6%，其中出口额为 4480 亿元，进口额为 1296 亿元。按市场统计口径看，2023 年跨境电商出口在我国外贸出口中的比重已超过 40%。同时，跨境电商的快速发展也带动了其他应用场景的发展，如跨境支付。跨境支付购汇方式包括第三方支付外汇、境外电子商务接受人民币支付、境内银行汇款等。由于跨境支付时通常需要进行个人信息的实时验证，因此也出现了个人信息成规模出境的情况。

针对第四点，“数据二十条”原文提出“探索建立跨境数据分类分级管理机制。对影响或者可能影响国家安全的数据处理、数据跨境传输、外资并购等活动依法依规进行国家安全审查。按照对等原则，对维护国家安全和利益、履行国际义务相关的属于管制物项的数据依法依规实施出口管制……探索构建多渠道、便利化的数据跨境流动监管机制”。这里包括四个管理制度设计，分别是跨境数据分类分级管理机制、国家安全审查机制、出口管制机制以及便利化监管机制，如图 3-3 所示。

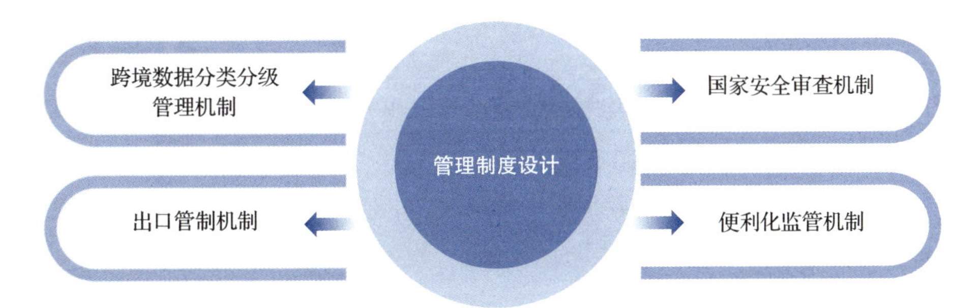

图 3-3 数据跨境流动管理制度设计

对于跨境数据分类分级管理机制，核心是数据分级问题，即如何识别核心数据、重要数据和一般数据。在目前核心数据原则上不可出境、一般数据自由出境的前提下，重要数据的识别显得极为重要。对于国家安全审查机制，并非所有的数据出境行为都需要受到国家安全审查，只有对影响或可能影响国家安全的数据处理、数据跨境传输、外资并购等活动才有必要进行国家安全审查。其中，当外资并购活动中涉及数据出境行为，且该行为影响或可能影响国家安全时，该活动才需要进行国家安全审查。出口管制机制主要针对管制物项的相关数据，包括出口管制物项涉及的核心技术、设计方案、生产工艺等数据。同时，密码、生物、电子信息、人工智能等领域对国家安全、经济竞争实力有直接影响的科学技术成果数据也被纳入出口管制范畴之中。“数据二十条”设立的出口管制机制有一个前提，那就是按照“对等原则”，这是我国反击外国对我国实施出口管制时的有效手段。对于数据跨境流动监管机制，目前由中央国家安全领导机构负责国家数据安全工作的决策和议事协调，并建立国家数据安全工作协调机制。显然，数据跨境流动多部门协调机制将纳入国家数据安全工作协调机制的工作事项之中，后续成立专项工作组、建立跨部门联动机制、常态化监管数据跨境流动将成为可能，典型的可参照例子如App专项治理模式等。

“数据二十条”有关数据跨境流动管理制度的设计体现出“安全与发展并重”“虚实结合”的特点。“数据二十条”划定了数据出境的红线，如涉及国家安全问题的国家安全审查机制、跨境数据分类分级管理机制等。在确立红线的基础上，“数据二十条”提出强化国际合作，聚焦典型应用场景的数据出境等，旨在进一步促进我国数据跨境流动的发展，推动我国的对外开放。数据跨境流动管理制度属于顶层宏观建设，一般具有脱实向虚的特点。而围绕跨境电商、跨境支付的数据跨境流动以及围绕数据交互、业务互通、监管互认开展的国际交流合作则属于微观操作，具有脱虚向实的特点。“数据二十条”将顶层宏观设计与微观操作融合进整体的数据跨境流动制度的设计之中，虚实结合，体现出制度设计的全面性与层次性。

3.2 《吸引外商投资意见》提出建立外商数据出境绿色通道

2023年7月，国务院发布了《吸引外商投资意见》，提出一系列标志性、突破性的开放举措，旨在提振外商投资企业的信心，引导和吸引企业扩大对华投资。《吸引外商投资意见》进一步落实了《统一大市场意见》中有关连接国内国外市场、形成双循环格局的相关要求，目的在于将全球资源和生产要素引入中国。此后，《扎实推进高水平对外开放更大力度吸引和利用外资行动方案》与

《关于开展增值电信业务扩大对外开放试点工作的通告》的出台，进一步彰显了我国加大对外开放力度的态度与决心。

3.2.1 政策背景

2021 年 12 月 17 日，习近平总书记在中央全面深化改革委员会第二十三次会议上强调，构建新发展格局，迫切需要加快建设高效规范、公平竞争、充分开放的全国统一大市场，建立全国统一的市场制度规则，促进商品要素资源在更大范围内畅通流动。近年来，我国在全国统一大市场的建设上取得了重要进展，统一大市场的规模效应持续扩大，但也存在一些挑战。全国范围内，由于各地出于保护本地市场和本地税收的考虑，市场分割和市场保护主义问题比较严重。加之我国的地区发展不均衡，规则意识和法律意识存在差异，因而存在市场监管规则、标准和程序不统一的情形。这些情况的存在使我国的要素和资源市场难以进行有效配置，商品和服务市场的质量体系存在瑕疵。因此，2022 年 4 月，中共中央和国务院出台了《统一大市场意见》，加快全国统一大市场和市场规则的建设。

加快全国统一大市场的建设，不仅有利于促进市场要素跨境自由、有序、安全、便捷流动，还有利于利用我国统一大市场吸引全球先进资源要素，从而进一步推动我国统一大市场的建设。在这个过程中，吸引外商投资尤为重要。2022 年，在全球外商直接投资下降 12% 的形势下，我国实际使用外资 1891 亿美元，同比增长 8%，继续保持全球第二大外资流入国地位。然而，截至 2023 年 11 月，当年全国新设立外商投资企业 48 078 家，同比增长 36.2%，但实际使用的外资金额为 10 403.3 亿元人民币，同比下降 10.0%。全球新兴市场经济体和发展中国家的跨境直接投资流入额下降 9%。在全球经济复苏乏力、地区经济保护主义加强的情况下，各国吸引外资进入本国的竞争更加激烈。2023 年中央经济工作会议明确提出，要扩大高水平对外开放，强调放宽电信、医疗等服务业市场准入，对标国际高标准经贸规则，认真解决数据跨境流动、平等参与政府采购等问题。鉴于当前外商直接投资的全球竞争情况，以及为了利用外商投资推动我国高质量发展，我国出台了《吸引外商投资意见》，提出要对接国际高标准经贸规则，打造更高质量的外资营商环境等相关内容。

2024 年 3 月，国务院办公厅印发《扎实推进高水平对外开放更大力度吸引和利用外资行动方案》，主要目的是细化《吸引外商投资意见》中的各项要求和任务，同时推进我国的高水平对外开放，并加大力度吸引和利用外资。该行动方案识别了目前外资企业在中国开展业务所面临的具体障碍，并据此提出相关措施来解决这些阻碍，如“扩大市场准入，提高外商投资自由化水平”“加大政策力度，提升对外商投资吸引力”等。在持续推进电信领域扩大开放，放宽电信领域市场准入等方面，我国推进速度较快，取得了一定的进展。2024 年 4 月，工信部发布《关于开展增值电信业务扩大对外开放试点工作的通告》与《增值电信业务扩大对外开放试点方案》，率先在北京市服务业扩大开放综合示范区、上海自由贸易试验区临港新片区及社会主义现代化建设引领区、海南自由贸易港、深圳中国特色社会主义先行示范区等地开展试点，取消这些试点区域内增值电信业务外资的股比限制。

3.2.2 主要内容

《统一大市场意见》的出台主要是为了实现五大目标，分别为：“持续推动国内市场高效畅通和规模拓展”“加快营造稳定公平透明可预期的营商环境”“进一步降低市场交易成本”“促进科技创新和产业升级”“培育参与国际竞争合作新优势”。在“培育参与国际竞争合作新优势”目标中主要有两大任务，一个是联通国内外两个市场，另一个是提升在国际经济治理中的话语权。联通国内外两个市场的前提是我国国内形成了完善的市场大循环，建立了统一大市场，在此基础上利用我国统一大市场的优势吸引全球优质生产要素和资源入场，最终实现我国市场与国外市场的有效联动，促进全球经济的复苏。

而提升我国在国际经济治理中的话语权的前提是推动制度型开放，继续扩大我国的高水平对外开放，通过我国统一大市场的优势，增强我国在全球产业链、供应链、创新链中的影响力。在数字经济发展“为王”的时代，国内外市场的联通以及全球价值链中的影响力都离不开数据要素在全球的流动，因此，数据要素统一大市场的建设极其关键。《统一大市场意见》中要求加快培育统一的数据要素市场，在国内层面聚焦数据安全、权利保护、交易流通、开放共享、安全认证等制度标准的建设，并开展全球数据资源调查，推动数据资源开发利用；在国际层面聚焦跨境传输管理、数据安全互认等机制的构建。在国内数据要素统一大市场建设的基础上，以国内数据要素流动带动全球数据要素流动，实现国内外数据要素市场的“双循环”格局，如图 3-4 所示。

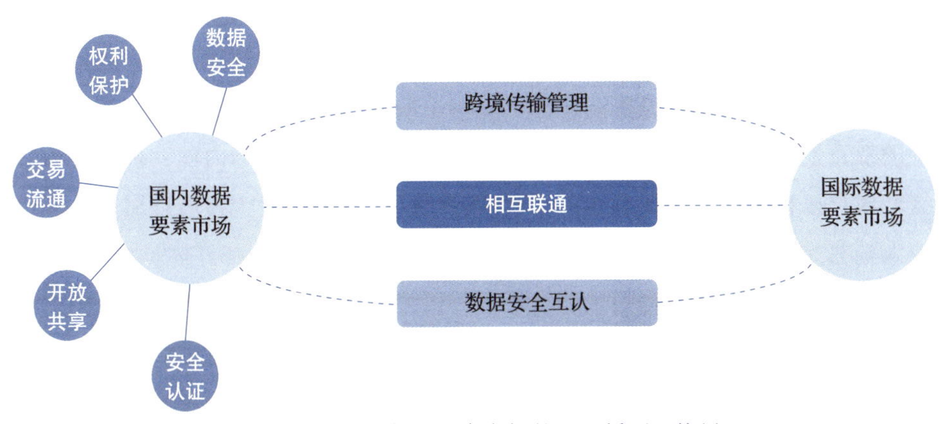

图 3-4　国内外数据要素市场的“双循环”格局

为提高外商投资运营的便利化水平，在外国企业开展数据跨境流动方面，《吸引外商投资意见》提出要“探索便利化的数据跨境流动安全管理机制”。外商在国内进行投资或者设立子公司时，不可避免地需要在总部母公司与子公司之间进行内部事务数据的传输，也需要将在我国投资的相关情况的数据传输到总部所在地，这就涉及数据跨境流动。我国为加大吸引外商投资的力度，营造更好的营商环境，为外国企业的数据跨境流动探索新的机制。这个机制主要强调两点，一个是“便利化”，另一个是“安全管理”。为了达到“便利化”的目的，《吸引外商投资意见》提出“为符合条件的外商投资企业建立绿色通道”。在数据跨境流动绿色通道中，外商可以按照现有法律高效开展重要数据和个人信息出境安全评估，因此这个绿色通道更多地体现在数据出境的申报程序上，而并非体现在申报安全评估的实质内容上。

在实践中，以上海为例，中国（上海）自由贸易试验区临港新片区的数据跨境服务中心于 2024 年 4 月 7 日启用运营。该中心将致力于为数据处理者提供全方位、全流程的数据跨境服务，包括材料受理、业务咨询等，在临港新片区打造数据跨境流动的绿色通道。建立绿色通道的目的是实现外国企业数据出境“便利化”，但其前提必须是符合“安全管理”。《吸引外商投资意见》为建立绿色通道设定了一个前提，即“落实网络安全法、数据安全法、个人信息保护法等要求”，也就是满足前文提出的安全管理要求。此外，《吸引外商投资意见》还提出“试点探索形成可自由流动的一般数据清单”，且优先在北京、天津、上海、粤港澳大湾区等地进行探索。一般数据清单是在重要数据目录未制定的情况下选择的过渡措施，属于实质内容上的手段，与绿色通道形成程序上与内容上的双重便利化机制。只要数据字段属于一般数据清单中的内容，理论上该数据字段可以自由流动，而不需要采取数据出境安全评估、个人信息保护认证或个人信息出境标准合同备案等数据出境安全措施。然而，在具体操作过程中，一般数据清单和重要数据目录陷入同样的困境，即数据是实时动态变化的，短期内无法将相关的数据字段进行穷尽。而且，数据是依附具体行业的数字化系统而产生的，其重要性的识别也需要依托具体场景，单纯将数据进行抽象来判断其是否属于一般数据具有较大的安全风险。

《扎实推进高水平对外开放更大力度吸引和利用外资行动方案》（简称《吸引外资行动方案》）在《吸引外商投资意见》“便利化与安全机制”的基础上提出要“支持外商投资企业与总部数据流动”并“健全数据跨境流动规则”。对于如何支持外商投资企业与总部数据的流动，《吸引外资行动方案》首先聚焦解决外资子公司与总部内部有关公司业务数据的传输问题，其次强调在粤港澳大湾区内探索建立跨境数据流动“白名单”制度。《吸引外资行动方案》提出要在数据跨境安全管理的基础上，促进外商投资企业的研发、生产、销售等数据跨境、安全、有序流动。外商投资企业的研发、生产和销售数据属于集团业务数据，对外资企业的在华投资起着关键作用，且子公司与母公司之间的数据传输属于内部传输，因此未来这些方面的数据出境有进一步放宽的可能，不排除形成类似于欧盟《通用数据保护条例》（GDPR）中用于企业集团内部数据传输的约束性企业规定（Binding Corporate Rules，BCR）。BCR 是由企业集团制定的内部规则，旨在确保集团内的跨境数据转移符合欧盟 GDPR 的要求。这些规则需要经过欧盟数据保护机构的批准，以确保它们满足 GDPR 中规定的充分保护水平。不过如果外商投资企业的研发、生产、销售等数据可能影响国家经济安全，就依然需要按照现有的数据出境安全监管逻辑开展数据出境活动。至于在粤港澳大湾区内建立跨境数据流动“白名单”制度，是与《吸引外商投资意见》中所提到的一般数据清单相呼应，但具体的探索和落地尚需进一步实践。

对于如何健全数据跨境流动规则，《吸引外资行动方案》主要围绕三个方向展开：①科学界定重要数据的范围；②全面参与世界贸易组织电子商务谈判；③探索与《数字经济伙伴关系协定》(DEPA）成员方开展数据跨境流动试点。

在我国当前的数据出境监管体系下，需要申报数据出境的情形包括重要数据以及达到一定量级的个人信息和敏感个人信息。对于个人信息出境的量级判断比较容易，对于敏感个人信息也有可操作的识别标准，难点在于重要数据的识别。如何定义和识别重要数据一直是难点，也是我国数据出境安全监管的重点。目前，我国的重要数据目录也在持续编制中，因此科学界定重要数据的范围非常有必要。重要数据范围的大小决定了外商企业是否需要申报数据出境。如果数据不属于重要数据，也不是个人信息或敏感个人信息，那么这类数据就可以自由流动。如果数据属于重要数据，则需向国家网信部门申报数据出境安全评估。

此前，WTO 曾在 1988 年提出“电子商务工作计划”，其中确定对电子传输暂时免征关税，但在较长时间内并未引起太多关注，也未能取得实质性进展。2017 年，《关于电子商务的联合声明》的发布表明了 WTO 及其成员对推动全球数字贸易规则制定的关注。2019 年 1 月，76 个成员共同确认启动 WTO 框架下的电子商务诸边谈判。《吸引外资行动方案》提出全面深入参与世界贸易组织电子商务谈判，推动加快构建全球数字贸易规则，目的是在 WTO 框架下，依托电子商务，特别是在跨境电商场景下达成数据跨境流动规则共识，如电子传输关税、自由跨境流动规则等。《吸引外资行动方案》为“健全数据跨境流动规则”采取的另一项举措是探索与 DEPA 成员方开展数据跨境流动试点，即与 DEPA 缔约国新西兰、智利、新加坡及韩国开展数据跨境流动机制试点。我国正积极与 DEPA 成员方开展加入 DEPA 的谈判，一旦完成谈判并加入 DEPA，我国将按照 DEPA 有关数据跨境流动的规定与新西兰、智利、新加坡及韩国进行数据跨境流动。同时,《吸引外资行动方案》还要求加快与主要经贸伙伴国家和地区建立数据跨境流动合作机制,最终形成多层次的全球数字合作伙伴关系网络。

与《吸引外商投资意见》《吸引外资行动方案》不同,工信部发布的《关于开展增值电信业务扩大对外开放试点工作的通告》与《增值电信业务扩大对外开放试点方案》则关注数据跨境流动的基础设施建设,旨在进一步放宽数据跨境流动基础设施方面对外国投资的市场准入门槛和具体限制。截至 2024 年 3 月,共有 1926 家外资企业获准在华经营电信业务,业务主要分布于在线数据处理和交易处理、信息服务和国内呼叫中心等领域。《关于开展增值电信业务扩大对外开放试点工作的通告》的出台进一步扩大了增值电信业务开放,有利于数据跨境的便利化传输。通告具体要求在开展试点的地区取消互联网数据中心(IDC)、内容分发网络(CDN)、互联网接入服务(ISP)、在线数据处理与交易处理,以及信息服务中信息发布平台和递送服务(互联网新闻信息、网络出版、网络视听、互联网文化经营除外)、信息保护和处理服务业务的外资股比限制。

3.3 "粤港澳大湾区指引"加强内地与港澳的数据跨境流动

随着内地和香港特别行政区、澳门特别行政区在商贸、投资、技术、服务、工业等领域合作的日益深化,国家出台了《粤港澳大湾区发展规划纲要》《横琴粤澳深度合作区建设总体方案》《全面深化前海深港现代服务业合作区改革开放方案》等文件,逐步加强了粤港澳地区合作的深度和广度,建设粤港澳大湾区。在数据要素方面,广东省发布的《广东省数据要素市场化配置改革行动方案》也涉及粤港澳大湾区数据要素市场的整体联动和建设,关键措施是推动粤港澳大湾区数据的有序流通。粤港澳大湾区具有"一国两制三法域"的特点,并且香港、澳门等地还是未来我国连接全球数据流动的重要枢纽。为满足粤港两地法域差异的需求以及加快粤港澳大湾区数据要素统一市场的建设步伐,国家互联网信息办公室与香港特别行政区政府创新科技及工业局签署了《关于促进粤港澳大湾区数据跨境流动的合作备忘录》，并发布了《粤港澳大湾区（内地、香港）个人信息跨境流动标准合同实施指引》（简称《粤港澳大湾区香港指引》）。国家互联网信息办公室与澳门特别行政区政府经济财政司签署了《关于促进粤港澳大湾区数据跨境流动的合作备忘录》，并发布了《粤港澳大湾区（内地、澳门）个人信息跨境流动标准合同实施指引》（简称《粤港澳大湾区澳门指引》，与《粤港澳大湾区香港指引》合称为“粤港澳大湾区指引”），进一步促进了粤港澳大湾区数据的跨境安全有序流动。

3.3.1 政策背景

改革开放以来，尤其是香港、澳门回归之后，粤港澳之间的合作多年来一直在不断深化。粤港澳三地在科技研发与转化方面的能力突出，创新要素吸引力强，已经具备建设国际科技创新中心、国际一流湾区和世界级城市群的成熟条件，因此建设粤港澳大湾区正当其时。粤港澳大湾区包括香港特别行政区、澳门特别行政区和广东省的广州市、深圳市、珠海市、佛山市、惠州市、东莞市、中山市、江门市、肇庆市等九市。这片城市群是我国开放程度最高、经济活力最强的区域之一，在国际上的经济地位也举足轻重。2018 年，粤港澳大湾区的经济总量达到 1.6 万亿美元，体量相当于世界第十一大经济体韩国。这片人口约 7000 万的城市群，总面积为 5.6 万平方公里，几乎是纽约湾区、东京湾区以及旧金山湾区这世界三大湾区的面积总和。从全球范围看，国际一流湾区在带动全球经济增长、引领全球科技创新和产业变革发展等方面发挥着重要作用。

为打造粤港澳大湾区，建设世界级城市群，丰富“一国两制”实践内涵，进一步深化内地与港澳地区的交流合作，2019 年国家出台了《粤港澳大湾区发展规划纲要》，明确了 2035 年粤港澳大湾区的建设目标。《粤港澳大湾区发展规划纲要》提出，到 2035 年，粤港澳大湾区将形成以创新为主要支撑的经济体系和发展模式，经济实力、科技实力大幅跃升，国际竞争力、影响力进一步增强。同时，大湾区内市场高水平互联互通基本实现，各类资源要素高效便捷流动。2021 年 9 月，中共中央、国务院印发了《横琴粤澳深度合作区建设总体方案》

和《全面深化前海深港现代服务业合作区改革开放方案》，深入实施《粤港澳大湾区发展规划纲要》。其中，《横琴粤澳深度合作区建设总体方案》提出推动澳门长期繁荣稳定和融入国家发展大局，打造具有中国特色、彰显“两制”优势的区域开发示范，加快实现合作区与澳门一体化发展。《全面深化前海深港现代服务业合作区改革开放方案》则围绕支持香港经济社会发展、提升粤港澳合作水平，出台一系列促进措施。

为贯彻落实《中共中央 国务院关于构建更加完善的要素市场化配置体制机制的意见》，加快推进数据要素市场化配置改革，提高数据要素市场配置效率，广东省不仅发布了《关于构建更加完善的要素市场化配置体制机制的若干措施》，还在2021年7月重点制定了《广东省数据要素市场化配置改革行动方案》，建设“全省一盘棋”数据要素市场体系。广东省是第一个专门为“数据要素”制定市场化配置方案的地方行政区域。《广东省数据要素市场化配置改革行动方案》提出构建两级数据要素市场的目标，并创新性地构建首席数据官、公共数据资产凭证、统计核算试点、“数据海关”、数据经纪人等制度。

在粤港澳合作方面，《广东省数据要素市场化配置改革行动方案》重点考虑了《粤港澳大湾区发展规划纲要》的相关建设内容，提出了一系列积极措施，加快粤港澳数据要素的双向流动。然而，当前我国数据跨境流动的监管呈现出集中化管理的特点，统一由国家网信部门进行数据出境的审批。由于内地数据传输到港澳地区也属于数据出境，因此理应由国家网信部门进行监管。为推动粤港澳大湾区数据有序流通，2023年6月29日，在香港回归祖国26周年之际，国家互联网信息办公室与香港特别行政区政府创新科技及工业局签署了《关于促进粤港澳大湾区数据跨境流动的合作备忘录》。率先落地的是合作备忘录中提出的关于“共同制定粤港澳大湾区个人信息跨境标准合同并组织实施，加强个人信息跨境标准合同备案管理”的合作措施。2023年12月10日，国家互联网信息办公室与香港特别行政区政府创新科技及工业局共同制定了《粤港澳大湾区香港指引》，为粤港澳大湾区内地和香港之间的个人信息跨境流动设定了具体的路径。2024年9月9日，国家互联网信息办公室与澳门特别行政区政府经济财政司签署了《关于促进粤港澳大湾区数据跨境流动的合作备忘录》，以促进内地与澳门之间的数据跨境安全有序流动，推动粤港澳大湾区高质量发展。2024 年 9 月 10 日，国家互联网信息办公室与澳门特别行政区政府经济及科技发展局、澳门特别行政区政府个人资料保护局共同制定了《粤港澳大湾区澳门指引》。

3.3.2　主要内容

《粤港澳大湾区发展规划纲要》是建设粤港澳大湾区的纲领性文件，确立了粤港澳大湾区发展的总体原则，如开放合作、共享发展等，为粤港澳大湾区的数据跨境流动发挥总领作用。《粤港澳大湾区发展规划纲要》中提出推进“广州—深圳—香港—澳门”科技创新走廊建设，探索有利于人才、资本、信息、技术等创新要素跨境流动和区域融通的政策举措，为粤港澳大湾区数据的便利化跨境流动定下了基调。

由于《粤港澳大湾区发展规划纲要》提出的时间较早，当时我国还未重点讨论数据要素市场的构建以及数据跨境流动的体制机制问题，因此在规划纲要中更多地讨论数据跨境流动的底层技术框架，即数字基础设施的问题。《粤港澳大湾区发展规划纲要》从构建新一代信息基础设施、建成智慧城市群以及提升网络安全保障水平三个方面入手，优化提升数字基础设施，为下一阶段的数据跨境流动奠定基础。规划纲要中构建新一代信息基础设施的举措包括推进粤港澳网间互联宽带扩容，全面布局基于互联网协议第六版（IPv6）的下一代互联网，加快互联网国际出入口带宽扩容，全面提升流量转接能力等。而为建成智慧城市群，规划纲要要求推进新型智慧城市试点示范和珠三角国家大数据综合试验区建设，探索建立统一标准，开放数据端口，建设互通的公共应用平台等。在信息基础设施或数字基础设施和智慧城市的建设过程中，网络安全和数据安全必须重点关注，网络安全和数据安全一旦出现问题，如分布式拒绝服务（Distributed Denial of Service，DDoS）攻击、网络时延、数据泄露等将会影响整个粤港澳大湾区的数字化建设。所以，规划纲要中重点强调加强通信网络、重要信息系统和数据资源保护，增强信息基础设施的可靠性，提高信息安全保障水平。

此后的《横琴粤澳深度合作区建设总体方案》与《广东省数据要素市场化配置改革行动方案》在数据跨境流动的机制上更进了一步。《横琴粤澳深度合作区建设总体方案》在数据跨境流动方面主要提出两点：第一，开展数据跨境传输安全管理试点，研究建设固网接入国际互联网的绿色通道；第二，实现科学研究数据跨境互联互通。不过，这两个利好政策都有一个前提，那就是不能违反现有的国家数据跨境传输安全管理制度框架，必须在确保个人信息和重要数据安全的前提下开展试点和探索新的路径。

《广东省数据要素市场化配置改革行动方案》中关于数据跨境流动的内容相比《横琴粤澳深度合作区建设总体方案》更加具体和聚焦，同时对《横琴粤澳深度合作区建设总体方案》的相关内容进行了更多的拓展和创新。《广东省数据要素市场化配置改革行动方案》的具体措施包括：①建设粤港澳大湾区大数据中心；②探索建立“数据海关”；③建立专用科研网络；④形成数据应用典型案例。如图 3-5 所示。

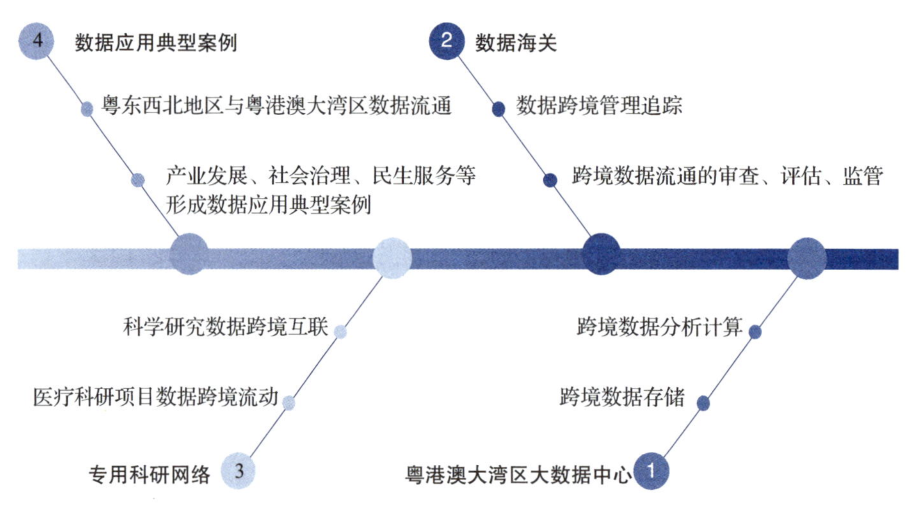

图 3-5 《广东省数据要素市场化配置改革行动方案》的数据跨境流动具体措施

大数据中心作为数据跨境流动的重要基础设施之一，在跨境数据的存储、分析计算、集中管理方面扮演着关键角色。目前，广东省已将粤港澳大湾区大数据中心的建设纳入其数字政府 2.0 的建设进程中。除此之外，广东省还提出在特定区域发展和建立国际大数据服务与离岸数据中心。数据海关的概念源于传统海关。传统海关关注的是货物与服务的进出口，而数据海关则关注数据的进出口问题。通过在粤港澳大湾区设立数据海关，对内地与港澳地区的数据进出口进行实时管理与追踪。同时，以数据海关为支点，开展跨境数据流通的审查、评估、监管等工作，确保数据在全球范围内的安全、有序和高效流动。

《横琴粤澳深度合作区建设总体方案》提到要实现科学研究数据的跨境互联互通，《广东省数据要素市场化配置改革行动方案》对科学研究数据的跨境互联互通有了进一步的规定。《广东省数据要素市场化配置改革行动方案》印发时正值新冠疫情期间，因此它首先强调支持医疗等科研合作项目的数据资源有序跨境流通，加快粤港澳大湾区关于疫情防治、医疗健康等科研数据的流动。鉴于科学研究数据的敏感性及其对国家科学技术进步的重要性，《广东省数据要素市场化配置改革行动方案》出于审慎考虑，提出为粤港澳联合设立的高校、科研机构向国家争取建立专用科研网络，最后利用专用科研网络逐步实现科学研究数据跨境互联。在数据应用典型案例方面，《广东省数据要素市场化配置改革行动方案》首先推进粤东西北地区与粤港澳大湾区的数据要素高效有序流通共享，从而在广东全省以及广东与港澳地区之间数据共享、流通的基础上，在产业发展、社会治理、民生服务等领域形成一批数据应用典型案例。

目前，国家互联网信息办公室分别与香港和澳门签署的《关于促进粤港澳大湾区数据跨境流动的合作备忘录》的全文尚未正式披露。国家网信部门官网的信息显示，合作备忘录是在国家数据跨境传输安全管理制度框架下，建立粤港澳大湾区数据跨境流动安全规则，旨在促进粤港澳大湾区数据跨境安全有序流动，推动粤港澳大湾区高质量发展。签署粤港澳大湾区数据跨境流动合作备忘录，有利于加强内地与香港、澳门的数据跨境流动，充分发挥数据的基础性作用，推动粤港澳大湾区数字经济创新发展，支持香港、澳门更好地融入国家发展大局。《粤港澳大湾区香港指引》建立了个人信息在粤港澳大湾区内地与香港之间的便利化传输机制，即通过订立标准合同的方式进行粤港澳大湾区内地和香港之间的个人信息跨境流动。与《粤港澳大湾区香港指引》对应的，还有《粤港澳大湾区（内地、香港）个人信息跨境流动标准合同》与《承诺书》。

《粤港澳大湾区香港指引》共十五条，除第一条的依据、第二条的适用范围、第三条的基本原则以及第十四条的解释权利和第十五条的生效日期外，其余条款构成指引的实质性规定。实质性规定又分为义务性规定与程序性规定。指引的第二条有两个重点需要特别注意。其一，粤港澳大湾区个人信息处理者及接收方可以通过订立标准合同的方式进行粤港澳大湾区内内地与香港之间的个人信息跨境流动，但是如果传输的个人信息被确立为重要数据，则不能以标准合同的方式进行数据出境。按照现有的监管规则，如果传输的个人信息属于重要数据，需向国家网信部门申报数据出境安全评估。其二，第二条规定个人信息处理者及接收方应注册于（适用于组织）/ 位于（适用于个人）粤港澳大湾区内地部分（即大湾区九市）或者香港特别行政区。这一规定的原因是，数据跨境流动包括粤港澳大湾区内地九市的个人数据流向香港，也包括香港的个人数据流向内地九市。香港的《个人资料（私隐）条例》《保障个人资料：跨境资料转移指引》以及《跨境资料转移指引：建议合约条文范本》对将个人资料转移至香港外提出了安全要求。《粤港澳大湾区香港指引》适用于内地与香港之间的个人数据双向流动，为两地的法律规定建立了统一的适用框架。

《粤港澳大湾区香港指引》的其余条款，包括个人信息出境取得同意、签订标准合同前开展个人信息保护影响评估、形势变更再评估事由等，都与现行上位法要求一致。在程序上，由于是广东九市与香港之间的个人信息流动，因此个人信息处理者及接收方应按照属地向广东省互联网信息办公室或者香港特别行政区政府资讯科技总监办公室进行合同备案。当前按照我国关于数据出境的监管规则，自当年 1 月 1 日起，累计向境外提供 100 万人以上个人信息（不含敏感个人信息）或者 1 万人以上敏感个人信息的，需要向国家网信部门申报数据出境安全评估。《粤港澳大湾区香港指引》的优势在于，除被认定为重要数据的个人信息外，对于个人信息的量级和敏感度不再区分，无论数据量级大小、是否为敏感个人信息，统一以标准合同进行出境，便利了香港与广东九市有数据跨境流动需求的数据处理者和接收者。然而，根据 2024 年 3 月 22 日国家网信部门发布的《促进和规范数据跨境流动规定》最新要求，非关键信息基础设施运营者的数据处理者，若自当年 1 月 1 日起累计向境外提供的个人信息少于

10 万人且不含敏感个人信息的，可以自由出境，不需申报数据出境安全评估、订立个人信息出境标准合同或通过个人信息保护认证。然而，《粤港澳大湾区香港指引》依然要求对于这部分数据签订标准合同，二者存在一定差异。

我们可以发现，从法律位阶看，《粤港澳大湾区指引》与《促进和规范数据跨境流动规定》理论上都属于国家网信部门的部门规章，因此法律位阶是一样的。在法律位阶一致的情况下，新法优于旧法，也就是说如果《粤港澳大湾区指引》与《促进和规范数据跨境流动规定》有不一致的地方，可以优先适用《促进和规范数据跨境流动规定》。因此，对于大湾区九市向香港传输个人信息且该数据处理者既非关键信息基础设施运营者又自当年 1 月 1 日起累计向境外提供不满 10 万人个人信息（不含敏感个人信息）的情况，该部分个人信息可以自由出境，不需要采取其他措施。

2024 年 5 月 6 日，香港和深圳开始试运行两地之间的跨境数据验证平台。第一批试运行包括征信机构和商业银行对信用报告的跨境验证等场景，主要包括：深圳征信服务有限公司与香港诺华诚信有限公司之间的企业信用报告跨境验证；百行征信有限公司与香港富融银行之间的小微企业主自主授权的信用信息跨境验证等。

关于《粤港澳大湾区澳门指引》的具体内容、操作方式及优缺点，与《粤港澳大湾区香港指引》大体一致，此处不再赘述。

3.4 “上海 80 条”强调制定数据跨境流动便利机制

2017 年 12 月 15 日，《上海市城市总体规划（2017—2035 年）》获得国务院批复原则同意，目标是将上海建设成为国际经济、金融、贸易、航运、科技创新中心，从而形成“五个中心”的新定位。此后，上海致力于五个中心的建设，加大高水平对外开放。作为外商投资的首选地，2023 年上海全年新设外商投资企业 6017 家，比上年增长 38.3%，成为中国连接全球经济发展的关键枢纽。数字时代，如何促进数据跨境流动已成为上海发展外向型经济的核心问题。为此，《关于在上海市创建“丝路电商”合作先行区的方案》“上海 80 条”和《浦东新区综合改革试点实施方案（2023—2027年）》提出了促进数据跨境流动的若干措施。

3.4.1 政策背景

在国际经贸摩擦频繁发生、贸易保护主义抬头和贸易壁垒不断加重的背景下，数字经济和数字贸易的发展正日益成为重塑全球竞争格局和扩大国际经贸合作的关键力量。通过以数字技术为依托、以数据跨境流动为载体的跨境电商合作，可以更好地实现全球范围内的优质资源配置，并对冲阻碍全球经济发展的负面因素。当下，中国在数字经济发展方面已经成为全球第二大国家，在数字基础设施、数字贸易、数据要素市场建设等方面具有一定的比较优势。此前，中国提出“一带一路”倡议，旨在依靠中国与有关国家的双多边机制，借助既有的、行之有效的区域合作平台，打造人类命运共同体。一方面，通过加强中国与“一带一路”周边国家在数字经济、数字贸易尤其是跨境电商方面的合作，有助于促进相关国家的数字基础设施建设，提高相关国家的数字经济发展水平。另一方面，也可以通过发展跨境电商，促进共建“一带一路”国家优质产品对中国市场的出口，并带来新的投资，为相关国家的经济发展提供更多机遇，实现“一带一路”周边国家与我国的双赢局面。鉴于此，2023年10月17日，国务院批复《关于在上海市创建“丝路电商”合作先行区的方案》，推进高质量共建“一带一路”、积极推动电子商务国际合作。2023年10月18日，在第三届“一带一路”国际合作高峰论坛开幕式上，习近平主席宣布支持高质量共建“一带一路”的八项行动，提出将创建“丝路电商”合作先行区作为支持建设开放型世界经济行动的重要举措之一。

随着中国经济体量的不断增加以及国际地位的上升，加之在数字经济领域的快速、高质量发展，中国在全球经济和国际贸易中的地位不断提升。作为全球第二大经济体，中国旨在通过对接国际高标准经贸规则，为全球经济治理贡献更多“中国方案”和“中国智慧”，增强在全球治理中的话语权和影响力。2022年1月1日，RCEP正式生效，以RCEP为典型代表的“中式模板”数字贸易规则开始引起全球关注。此外，中国正积极对接、加入其他高标准经贸规则，如 CPTPP、DEPA 等。

2020 年 11 月，习近平主席在 APEC 第二十七次领导人非正式会议上首次宣布中方将积极考虑加入 CPTPP。此后，中国正式申请加入 CPTPP。2021 年 9 月 16 日，中国商务部部长王文涛向 CPTPP 保存方——新西兰贸易与出口增长部部长达米恩·奥康纳提交了中国正式申请加入 CPTPP 的书面信函。同年 11 月 1 日，王文涛部长致信奥康纳部长，代表中方向 DEPA 保存方新西兰正式提出申请加入 DEPA。2022 年 8 月 18 日，根据 DEPA 联合委员会的决定，中国加入 DEPA 工作组正式成立，全面启动中国加入 DEPA 的谈判。目前，中国在加入 DEPA 的进程中取得了较大进展，与 DEPA 成员国举行了多轮各层级磋商。2024 年 5 月 7 日，中国加入 DEPA 工作组第五次首席谈判代表会议在新西兰奥克兰举行，中方与智利、新西兰、新加坡、韩国等就中国加入谈判进程及相关议题深入交换意见。

为发挥上海自贸试验区在国家“试制度”中的作用，借助上海外向型经济的优势，打造国家制度型开放示范区，2023 年 11 月 26 日，国务院印发了“上海 80 条”，支持中国（上海）自由贸易试验区（含临港新片区）对接国际高标准经贸规则，推进高水平制度型开放。为加快“上海 80 条”的落地实施，推动浦东社会主义现代化引领区建设，2024 年 1 月 22 日，中共中央办公厅、国务院办公厅印发了《浦东新区综合改革试点实施方案（2023—2027 年）》，在构建数字经济规则体系、数据要素市场化配置等方面赋予了浦东新的试点任务。不过，与“上海 80 条”相比，《浦东新区综合改革试点实施方案（2023—2027 年）》更聚焦于如何提升内部营商环境，创新内部市场建设。

3.4.2　主要内容

《关于在上海市创建“丝路电商”合作先行区的方案》将数据跨境流动的若干措施纳入扩大电子商务领域开放范畴，主要举措涵盖拓展国际数据服务、推动电子单证国际标准应用以及探索数字身份和电子认证跨境互操作等内容。将数据跨境流动纳入电子商务领域，表明《关于在上海市创建“丝路电商”合作先行区的方案》中采用的是更广义的数据跨境流动概念。在国际数据服务生态方面，方案提出加大国际数据产业培育力度，发展数据经纪、数据运营、数据质量评估等新业态，旨在以上海为全球数据流动枢纽，形成链接全球的数据产业链和生态圈。强化数据经纪、数据运营、数据质量评估等国际数商的培育与激励，有利于为上海引入全球优质的数据资源和数据产品，形成新的数据产业模式和业态。方案同时提出支持上海建设数据交易登记服务体系，建设数据交易国际板并参与数据流通国际标准合作。

2023 年 4 月，上海数据交易所数据交易国际板正式启动，上海华云、芯化和云、中远海运、企查查等企业的近 30 个数据产品在国际板挂牌。一周年后，即 2024 年 4 月，上海数据交易所国际板更名为上海数据交易所国际专区。截至 2024 年 4 月，上海数据交易所国际专区挂牌的数据产品已超过百个，对接的国际数商超过 20 家，产品涉及专利、生物医药、金融、商业洞察、企业数据、经济、人口统计等数据服务。该方案不仅提及数据跨境交易，还围绕推动国际贸易便利化，实施了一系列促进数据跨境流动的具体措施。例如，支持搭建基于交易、物流信息的合规数据通道，对标国际通行标准，推动提单、仓单等电子可转让记录的境内和跨境使用，建立数字身份跨境互操作平台，对接全球位置码（Global Location Number，GLN）、法人机构识别编码（Legal Entity Identifier，LEI）等全球数字身份标准体系等。基于电子商务场景，方案从数据跨境流动的应用层面及底层技术框架进行了全面布局。

由于《浦东新区综合改革试点实施方案（2023—2027 年）》的关注点并非数据跨境流动与高标准经贸规则对接，因此关于数据跨境流动，试点实施方案仅提及较为原则性的内容，主要包括探索建立安全便利的数据流动机制，以及研究高标准且与国际接轨的数据安全管理规则体系，创新数据监管机制等。其中，较为重要的是对现有数据出境监管机制的创新。2021 年，全国人民代表大会公布《全国人民代表大会常务委员会关于授权上海市人民代表大会及其常务委员会制定浦东新区法规的决定》，授权上海市人民代表大会及其常务委员会根据浦东改革创新实践需要，遵循宪法规定以及法律和行政法规的基本原则，制定浦东新区法规并在浦东新区实施。浦东由此获得了全国人大特别授权的立法权。在浦东新区范围内，上海可根据浦东新区法规，探索对现行上位法的突破尝试，进行先行先试。因此，对于数据出境的监管机制，未来浦东将会利用其立法优势，进一步探索优化数据跨境流动安全管理措施。

有关上海自贸试验区（含临港新片区）数据跨境流动的顶层机制主要体现在“上海 80 条”中。围绕第四部分“率先实施高标准数字贸易规则”，“上海 80 条”细化了三个任务：第一是顶层的数据跨境流动机制建设；第二是数字技术的应用，与数据跨境流动密切相关；第三是数据开放共享和治理，其中数据开放共享和治理更聚焦上海自贸试验区与临港新片区内部的数据资源开放与共享。

关于数据跨境流动的顶层机制，“上海 80 条”提出了四条内容，其中较为重要的是支持上海自贸试验区率先制定重要数据目录并实施数据安全管理认证制度。按照我国现有法律规定，重要数据目录的制定主要有两个维度。一个维度是按照垂直的“业务条线”进行重要数据目录的制定，这主要依靠各行业主管部门根据本行业数据的特点进行数据的分类分级，从而识别出本行业的重要数据乃至核心数据。比如金融行业，由行业主管部门牵头，制定出金融主管部门以及金融行业的重要数据目录，对列入重要数据目录的数据进行重点保护，医疗行业、交通行业、零售行业等行业的数据亦然。另一个维度是按照“区块”的逻辑进行重要数据目录的制定，即各地区统筹本地区内的数据分类分级，从而识别本区域内的重要数据，制定本区域内的重要数据目录。这样“条与块”结合，最终制定出我国完整的重要数据目录。为解决地方与行业主管部门在重要数据目录制定过程中的不一致与沟通问题，国家在地方与行业部门之上设定了统一的协调机制，即国家数据安全工作协调机制来统筹协调有关部门制定重要数据目录，加强对重要数据的保护。本次“上海 80 条”要求上海自贸试验区率先制定重要数据目录，一方面给予了上海自贸试验区制定重要数据判断标准的先机，另一方面也带来了相应的挑战。

对于数据安全管理认证，“上海 80 条”要求实施数据安全管理认证制度，引导企业通过认证提升数据安全管理能力和水平。这不仅涉及企业内部数据安全的认证，也涉及企业个人信息出境的安全认证。目前我国针对个人信息的出境已有相关的标准在探索安全认证制度，而对于企业内部的数据安全认证，则较为成熟与多元，主要有 DCMM（Data Management Capability Maturity Assessment Model，数据管理能力成熟度评估模型）认证以及 DSMM（Data Security Capability Maturity Model，数据安全能力成熟度模型）认证等针对企业的认证，以及 DAMA（International Data Management Association，国际数据管理协会）数据安全认证、CISP-DSG（Certified Information Security Professional-Data Security Governance，注册数据安全治理专业人员）等针对从业人员的数据安全认证。

在数字技术的应用方面，“上海 80 条”主要聚焦电子凭证的互认、数字身份的互认以及人工智能技术的治理框架与可信安全应用。其中，与数据跨境流动紧密相关的主要是电子凭证的互认和数字身份的互认。“上海 80 条”中提到，参考联合国国际贸易法委员会（UNCITRAL）《电子可转让记录示范法》，推动电子提单、电子仓单等电子票据应用，开展电子发票跨境交互等。联合国国际贸易法委员会从 20 世纪 80 年代开始处理电子商务的法律问题，制定了一系列电子通信和电子签名的统一法律文本。早在 2009 年，美国向 UNCITRAL 提议参与制定电子可转让记录的规则，UNCITRAL 被授权在 2011 年开展该项目，并最终在 2017 年通过了《电子可转让记录示范法》。该法旨在为电子可转让记录的国际法律应用提供统一指导，但该示范法并无强制适用效力。

《电子可转让记录示范法》首先规定了其适用于遵循功能等同和技术中性原则的电子可转让记录，不论是登记处式还是分布式账本算法或其他技术，都能够平等地适用该规则。电子可转让记录在功能上等同于包括提单在内的可转让单证或票据，需要满足《电子可转让记录示范法》对于“书面”“签字”“可转让单据”“占有”等要求。功能等同的立法方式作为《电子可转让记录示范法》的核心，巧妙地通过确认现代计算机数据的功能，避免了改变实体法以及因此带来的麻烦。只要电子可转让记录符合基本要求，即可获得法律效力，将纸质形式的法律效力转化为数据电文来表达。《电子可转让记录示范法》在跨境使用电子可转让记录方面，支持不歧视在国外签发或使用的电子可转让记录的原则，同时也不阻碍纸质可转让单证或票据的准据法（包括国际私法规则）的适用。2022 年 1 月，中国商务部等 6 部门发布《关于高质量实施〈区域全面经济伙伴关系协定〉（RCEP）的指导意见》，提出要“推动跨境电子商务高质量发展，推进数字证书、电子签名的国际互认”。中国已正式申请加入 DEPA，DEPA 也明确要求缔约国应推进《电子可转让记录示范法》的采纳。此次“上海 80 条”对国际高标准数字经贸规则的对接，将有利于进一步推动电子可转让记录的国际互认并强化其效力，增强以电子可转让记录形式开展的数据跨境流动的可信性。

“上海 80 条”中有关数字身份的内容与《关于在上海市创建“丝路电商”合作先行区的方案》有异曲同工之处，不过更加强调完善与国际接轨的数字身份认证制度，以及在政策法规、技术工具、保障标准、最佳实践等方面开展国际合作与国际交流，从而实现与国际数字身份认证制度的互认，保障数据跨境流动中的网络安全与数据安全。

此后，2024 年 2 月，上海印发《上海市落实〈全面对接国际高标准经贸规则推进中国（上海）自由贸易试验区高水平制度型开放总体方案〉的实施方案》，对“上海 80 条”中的具体任务事项在各委办局层面进行分工，同时细化了相关内容。例如，在“上海 80 条”中，“加快服务贸易扩大开放”的内容提出“在国家数据跨境传输安全管理制度框架下，允许金融机构向境外传输日常经营所需的数据”，《上海市落实〈全面对接国际高标准经贸规则推进中国（上海）自由贸易试验区高水平制度型开放总体方案〉的实施方案》则明确要“便利金融数据跨境传输”。

3.5　本章小结

为促进企业的数据跨境流动，建立便利化数据跨境流动机制，国家层面出台了诸多文件，包括“数据二十条”《吸引外商投资意见》《粤港澳大湾区指引》以及“上海 80 条”等，旨在通过各种利好措施推动数据跨境流动，促进我国数字经济、数字贸易以及后续数据贸易的发展。在数据跨境流动操作方面，具体的措施包括创新数据跨境流动监管机制、开展数据安全认证、设立数据出境“绿色通道”、进行电子凭证互认与数字身份互认等。

|第 4 章| C H A P T E R

数据出境合规制度体系建设

我国关于数据出境的规则主要有两个层面：一是本书第 3 章提及的有关数据跨境流动的若干政策，主要关注如何促进我国的数据跨境流动，通过一系列激励措施推动我国数据在全球范围内快速自由流动；二是我国基于国家安全与国家主权建立的数据跨境流动法律体系，主要关注如何保障我国数据出境的安全问题。与政策相比，法律具有强制效力，而政策仅指明发展方向，并不具备相应的约束力。因此，数据跨境流动的法律规则是我国数据跨境流动的根基。关于“数据出境合规”，从数据处理者的角度看，现有法律规定了我国数据出境的安全要求，数据处理者采取相应措施落实上位法律规定，符合上位法律要求的过程即为数据出境合规的过程。目前我国已建立起数据出境安全的法律规则体系，包括一般性通用法律和具体行业的相关法律。现有的一般性法律具备通用性，但由于数据具有行业特性，因此在分析数据出境法律体系时，也需要涵盖如金融、健康医疗、汽车、工业和信息化、自然资源等具体行业的相关法律。同时，为进一步规范我国数据出境的行为，我国出台了相应的标准和指南，形成了“粗细结合”的具体监管路径。

4.1　顶层通用性立法确立“安全红线”

随着数据的全球化流动日益加快，网络安全问题与个人信息滥用问题日益加剧。2016 年通过的《网络安全法》和 2018 年通过的《电子商务法》均建立了对用户信息和网络安全的保护制度，进一步规范个人信息的处理。为了深入保障数据要素市场化配置改革，打牢安全基底，2021 年国家先后出台了《个人信息保护法》《数据安全法》《关键信息基础设施安全保护条例》和《网络数据安全管理条例》等上位法律，进一步强化数据安全与数据出境安全的相关要求，并与《网络安全法》一同构建起我国数据出境安全的顶层法律体系。

4.1.1　《网络安全法》本地化存储要求

网络和信息技术的迅猛发展，已经深度融入我国经济社会的各个方面，在促进技术创新、经济发展、文化繁荣、社会进步的同时，网络安全问题也日益凸显。我国面临的网络安全问题主要包括网络攻击、个人信息泄露、网络犯罪以及信息违法传播四大方面，给国家安全、社会稳定带来严重威胁。近年来，网络入侵、网络攻击等非法活动频繁发生且形式多变，不法分子利用黑客攻击、病毒传播以及 DDoS（分布式拒绝服务）攻击等方式，对个人、企业的信息设备甚至国家电力、水利、金融、交通等关键信息基础设施进行攻击，新技术、新应用的发展面临更加复杂、严峻的网络安全环境。在个人信息泄露方面，非法获取、泄露甚至倒卖公民的个人信息，以及侮辱诽谤他人、侵犯知识产权等违法活动在网络上时有发生。如 2014 年发生的 12306 用户数据泄露事件，大量用户名、密码、身份证号码和电话等数据被非法获取并在网上广泛传播。再如 2015 年发生的机锋论坛 2300 万用户信息泄露事件，泄露数据包括用户名、注册邮箱、加密后的密码等信息。个人信息的泄露不仅侵害个人隐私等人格权利，还损害法人等相应主体的合法权益。网络犯罪问题体现在网络犯罪的猖獗以及犯罪方式的多样，除上述提到的网络黑客攻击等非法入侵计算机犯罪外，还出现了网络诈骗、网络赌博等新型网络犯罪形式，对社会治安和网络空间秩序带来严重的负面影响。此外，不法分子利用发达的网络宣扬恐怖主义、极端主义，以及传播淫秽色情等违法信息的行为，也严重危害国家安全和社会公共利益。

鉴于此，为加强网络空间治理，规范网络信息传播秩序，惩治网络违法犯罪，使网络空间更加清朗，2016 年 11 月 7 日，第十二届全国人民代表大会常务委员会第二十四次会议通过了《中华人民共和国网络安全法》，该法自 2017 年 6 月 1 日起施行。《网络安全法》共七章七十九条，分为总则、网络安全支持与促进、网络运行安全、网络信息安全、监测预警与应急处置、法律责任与附则，整体结构如图 4-1 所示。

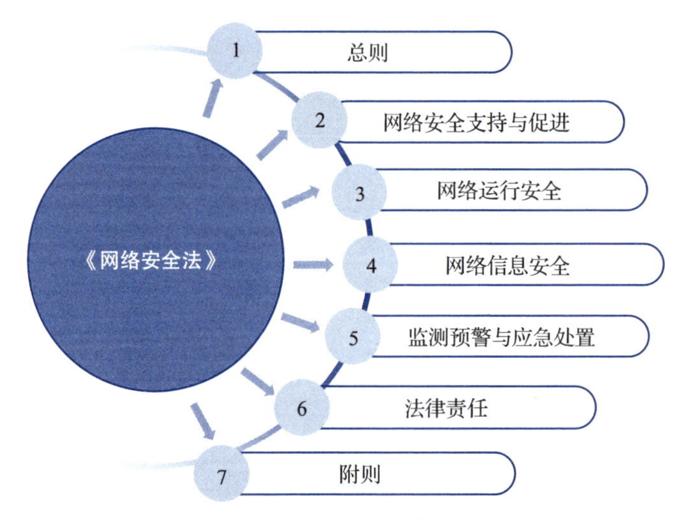

图 4-1 《网络安全法》的整体结构

“总则”一章主要明确了立法的目的、适用范围、基本原则以及网络安全管理的基本框架与要求。“网络安全支持与促进”一章强调了国家在网络安全方面的支持和促进措施，如鼓励和支持网络安全技术的研究、开发和应用，促进网络安全的产业化发展，同时加强网络安全教育，推动网络安全学科建设和人才培育等。“网络运行安全”一章是《网络安全法》的核心内容，规定了网络运营者和网络产品、服务提供者的安全责任，包括网络运营者的安全技术和管理措施要求，网络产品和服务提供者的安全评估要求，以及关键信息基础设施的保护等。“网络运行安全”一章尤其强调关键信息基础设施的安全保护，对关键信息基础设施的网络安全提出了更严格的要求，将运营者的安全保护义务提高了一个等级。“网络信息安全”一章则聚焦信息安全和个人信息的保护，对信息收集使用、信息存储传输以及信息内容管理均设立了约束性规则。如在收集和使用个人信息时，网络运营者需遵循合法、正当、必要的原则，明确告知个人信息主体并征得同意；在存储和传输信息时，网络运营者需要做好安全管理，防止信息泄露和滥用；在管理信息内容时，网络运营者应对平台内容进行管理，防止传播违法信息等。“监测预警与应急处置”一章则要求国家建立网络安全监测、预警和应急处置机制，及时发布网络安全威胁信息，发生重大网络安全事件时，相关部门应当立即启动应急预案等。

《网络安全法》中具体提及数据出境安全义务的条款是第三十七条。第三十七条规定：“关键信息基础设施的运营者在中华人民共和国境内运营中收集和产生的个人信息和重要数据应当在境内存储。因业务需要，确需向境外提供的，应当按照国家网信部门会同国务院有关部门制定的办法进行安全评估；法律、行政法规另有规定的，依照其规定。”第三十七条规定涉及五个概念，后续我国有关数据出境的安全体系基本围绕这五个概念展开，分别是“关键信息基础设施”“个人信息”“重要数据”“数据本地化存储”以及“安全评估”。有关“关键信息基础设施”“个人信息”“重要数据”与“安全评估”的概念定义与具体规定在《网络安全法》之后的相关法律中有具体规定，这里暂不赘述，下文重点聚焦“数据本地化存储”。《网络安全法》提及“个人信息和重要数据应当在境内存储”的行为就是通常所称的数据本地化存储的行为。按照规定，并非所有的数据处理者都需要进行数据本地化存储，数据本地化存储仅针对关键信息基础设施的运营者。

究竟什么叫作“数据本地化存储”呢？“数据本地化存储”有多少种类型呢？“数据本地化存储”的技术体现是什么呢？按照 OECD 在《数据本地化趋势和挑战：隐私指南审查的考虑因素》报告中的定义，数据本地化（Data Localization）存储是指直接或间接规定数据必须在特定的管辖范围内专门或非专门存储或处理的强制性法律或行政要求。数据本地化存储政策源于国家对国家安全、隐私保护以及数据主权的忧虑，希望通过控制数据的地理位置来保护本国公民、企业的数据安全。

按照目前的划分，数据本地化存储主要分为三类，分别为强制本地化存储、条件本地化存储以及部分本地化存储。强制本地化存储要求所有特定类型的数据必须在本地存储，禁止跨境传输；条件本地化存储允许数据跨境传输，但需要满足特定条件或政府批准；部分本地化存储是指仅对某些关键数据或特定行业的数据实施本地化存储。目前，我国《网络安全法》第三十七条要求的本地化存储并非强制本地化存储，而是部分本地化存储。在技术层面，数据本地化存储需要建设数据中心。此前，苹果公司在中国内地的 iCloud 数据中心建立在境外并由爱尔兰公司 Apple Distribution International 实际运营。为落实《网络安全法》第三十七条的数据本地化存储要求，2017 年 7 月，苹果公司宣布投资 10 亿美元在贵州省贵安新区建立 iCloud 数据中心，并与云上贵州合作，这是苹果公司在中国的第一个数据中心。数据中心建成后，国内所有苹果用户的数据将保存在本地数据中心中。2018 年 2 月 28 日，苹果公司在中国内地的 iCloud 服务正式由云上贵州大数据产业发展有限公司运营。

4.1.2 《数据安全法》数据安全制度建设

物联网、人工智能技术、5G、大数据等数字技术的发展带来了各类数据的迅猛增长以及海量数据的聚集，对经济发展、社会治理、人民生活都产生了重大而深刻的影响。数字经济在造福社会的同时，也带来了更大的挑战。数字化、智能化产业衍生出诸多新业态、新功能，必然伴随数据安全问题的出现。数据的价值越来越高，受利益的驱使，数据泄露问题也愈加明显。在全国层面，国家计算机网络应急技术处理协调中心，又称国家互联网应急中心（CNCERT/CC）于 2021 年 7 月发布的《2020 中国互联网网络安全报告》显示，个人信息非法售卖情况仍较为严重，互联网数据库和微信小程序的数据泄露风险较为突出。2020 年，仅 CNCERT/CC 累计监测发现政务公开、招考公示等平台未脱敏展示公民个人信息事件 107 起，涉及未脱敏个人信息近 10 万条；全年累计监测发现个人信息非法售卖事件 203 起；累计监测并通报联网信息系统数据库存在安全漏洞、遭受入侵控制，以及个人信息遭盗取和非法售卖等重要数据安全事件 3000 余起。数据安全已成为事关国家安全与经济社会发展的重大问题。随着数据成为新型生产要素，数据已然成为国家基础性战略资源。在数据要素市场发展过程中划定数据安全红线，确立数据安全责任是非常必要的。因此，急需制定一部数据安全领域的基础性法律。

为了规范数据处理活动，保障数据安全，促进数据开发利用，保护个人和组织的合法权益，维护国家主权、安全和发展利益，2021 年 6 月 10 日，全国人民代表大会常务委员会通过了《数据安全法》并于 2021 年 9 月 1 日起施行。《数据安全法》与《网络安全法》共同完善了《中华人民共和国国家安全法》（简称《国家安全法》）框架下的安全治理法律体系。《数据安全法》共分七章五十五条，主要从总则、数据安全与发展、数据安全制度、数据安全保护义务、政务数据安全与开放、法律责任、附则等方面对数据安全进行规定，明确以数据安全促发展的目标，确立数据安全保护的相关制度，提出组织和个人的义务与责任以及制定政务数据安全与开放的制度措施等。《数据安全法》的整体结构如图 4-2 所示。

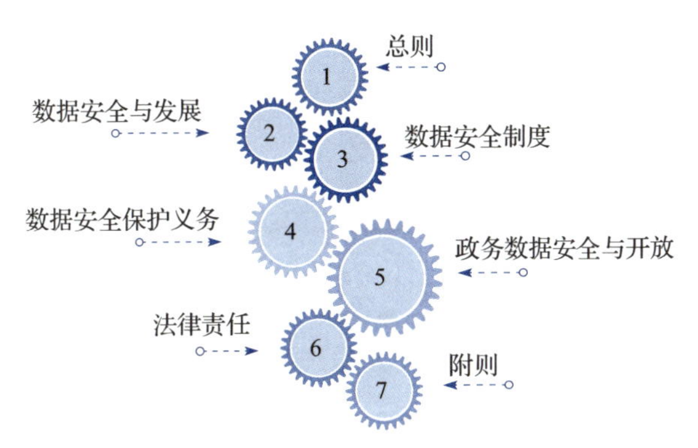

图 4-2 《数据安全法》的整体结构

《数据安全法》名为“安全法”，实为“促进法”。其根本目标是促进数据作为生产要素的顺畅流通。因此，“数据安全与发展”一章在保障数据安全的基础上，要求促进以数据为关键要素的数字经济的发展，确立了数据交易管理制度等措施。“数据安全制度”一章中确定了分类分级、风险评估与预警、安全审查、应急处置、出境管理制度等各项数据安全保护制度。通过确立数据安全保护制度，使各类主体在面对数据安全问题时能够更加明确、及时、有效地应对。

"数据安全保护义务"一章为组织与个人在进行数据活动时划下了"红线",并明确了组织与个人在"越线"时所应受到的处罚。如规定个人与相关组织应承担风险监测与评估义务,同时如果个人、组织不履行法案中规定的数据安全保护义务,将依照损害程度承担相应的民事、行政、刑事责任。"政务数据安全与开放"一章强调了政府机关的角色定位,规定政府机关在处理政务数据时需保障数据安全,并采取一系列措施,提升政务数据服务对经济社会稳定发展的效果,如要求政府开放政务数据,推动政务数据开放利用等。

对于数据跨境流动,《数据安全法》中的相关条款分别是第二十一条的分类分级制度、第二十四条的安全审查制度、第二十五条的出口管制制度、第二十六条的歧视反制制度以及第三十六条的外国司法协助管控等,这些条款建立了我国数据出境的安全法律基础,如图 4-3 所示。

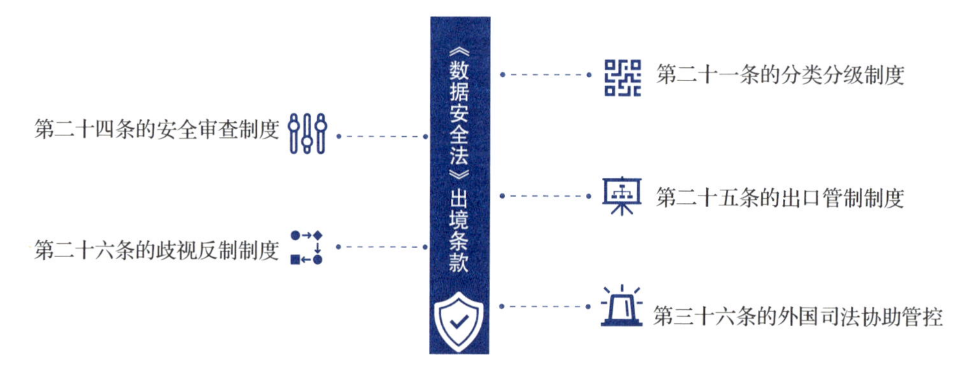

图 4-3 《数据安全法》中的数据出境条款

《数据安全法》第二十一条提出"国家建立数据分类分级保护制度",按照数据在经济社会发展中的重要程度以及篡改、泄露等行为所造成的危害程度对数据实行分类分级保护。第二十一条提及"重要数据"和"核心数据"两个层级的数据,但没有具体说明"重要数据"的定义,这一点与《网络安全法》相同。不过,《数据安全法》第二十一条对"核心数据"进行了定义:"关系国家安全、国民经济命脉、重要民生、重大公共利益等数据属于国家核心数据",核心数据需实行更加严格的管理制度。同时,第二十一条建立了我国重要数据的管理体系。最高层级的机构是国家数据安全工作协调机制,负责统筹协调有关部门制定重要数据目录。其下是各地区、各部门，包括工业、电信、交通、金融、自然资源、卫生健康、教育、科技等主管部门，以及公安机关、国家安全机关、国家网信部门等监管部门，负责确定本地区、本部门以及相关行业、领域的重要数据具体目录。

《数据安全法》第二十四条提出的安全审查制度要求对影响或者可能影响国家安全的数据处理活动进行国家安全审查，依法做出的安全审查决定为最终决定。对数据出境实施安全审查制度的规则细化主要体现在 2020 年公布的《网络安全审查办法》及 2022 年 2 月发布的新版《网络安全审查办法》中，办法规定网络平台运营者进行的数据处理活动如果影响或者可能影响国家安全，必须进行网络安全审查。特别是新版《网络安全审查办法》第七条强调："掌握超过 100 万用户个人信息的网络平台运营者赴国外上市，必须向网络安全审查办公室申报网络安全审查。"2021 年 6 月 30 日，滴滴在美国纽约证券交易所挂牌上市，股票代码为"DIDI"，发行定价为 14 美元。2021 年 7 月 2 日晚，网络安全审查办公室发布《网络安全审查办公室关于对"滴滴出行"启动网络安全审查的公告》，宣布对"滴滴出行"实施网络安全审查，这是国家首次对企业启动网络安全审查。2022 年 7 月，根据《国家安全法》《网络安全法》，网络安全审查办公室依照《网络安全审查办法》对滴滴公司实施网络安全审查，最终对滴滴公司处以人民币 80.26 亿元罚款等。

《数据安全法》第二十五条的数据出口管制制度提出"国家对……属于管制物项的数据实行出口管制"。什么叫作管制物项呢？这需要和我国的《出口管制法》结合起来看。按照《中华人民共和国出口管制法》（简称《出口管制法》规定，两用物项、军品、核以及其他与维护国家安全和利益、履行防扩散等国际义务相关的货物、技术、服务等物项统称为管制物项。两用物项是指既有民事用途，又有军事用途或者有助于提升军事潜力，特别是可以用于设计、开发、生产或者使用大规模杀伤性武器及其运载工具的货物、技术和服务。军品是指用于军事目的的装备、专用生产设备以及其他相关货物、技术和服务。核是指核材料、核设备、反应堆用非核材料以及相关技术和服务。按照我国《出口管制法》规定，国家实行统一的出口管制制度，通过制定管制清单、名录或者目录（统称“管制清单”）、实施出口许可等方式进行管理。目前发布的清单主要有《军品出口管理清单》《两用物项和技术进出口许可证管理目录》，包括长期出口管制与临时性出口管制等相关事项。因此，对于上述管制物项的相关数据，我国也实行出口管制。对于纳入出口管制的数据，其出境需要获得相关部门的出口许可。

《数据安全法》第二十六条的歧视反制制度以及第三十六条的外国司法协助管控，为我国对国外歧视性禁止、限制或其他类似措施开展反击奠定了法律基础。如果境外国家或地区在与数据和数据开发利用技术等相关的投资、贸易等方面对我国实行歧视性措施，那么我国依据《数据安全法》第二十六条的规定，可以采取对等措施进行反击。第三十六条则规定，如果未获得我国主管机关批准，我国境内的组织、个人不得向国外司法或执法机构提供存储于我国境内的数据。我国强化对外国司法协助的管控，旨在反击某些国家的数据长臂管辖行为，进一步维护我国的数据主权和国家安全。

4.1.3 《个人信息保护法》的个人信息出境要求

进入21世纪后，信息通信技术、互联网平台开始进入快速发展阶段，我国的个人信息滥用问题日趋严重。自2003年起，国务院委托有关专家起草《个人信息保护法》。2005年，专家建议稿完成，启动了保护个人信息的立法程序。2008年8月25日，首次提请审议的《刑法修正案（七）（草案）》专门增加规定，严禁公共机构将履行公务或者提供服务中获得的公民个人信息出售或者提供给他人，或者以窃取、收买等方式非法获取上述信息。随着利用个人信息犯罪的案件逐渐增多，2015年《刑法修正案（九）》规定了侵犯公民个人信息罪这一罪名，随后两高于2017年发布该罪的司法解释。虽然我国加强了个人信息保护的相关立法，但随着消费互联网的发展，一些企业、机构随意收集、违法获取、过度使用、非法买卖个人信息的情况仍十分频繁，严重侵扰公民的生活安宁，危害公民的生命健康和财产安全。截至2020年3月，我国互联网用户已达9亿，互联网网站超过400万个、应用程序数量超过300万个，个人信息的收集和使用更加广泛，个人信息滥用问题更加严峻。数字时代，个人信息是大数据的核心，如何在保障个人信息权益的基础上，促进个人信息依法合理有效利用，推动数字经济持续健康发展，是推动数据要素市场化配置改革的关键议题。

为统筹个人信息的保护与利用，通过立法建立权责明确、保护有效、利用规范的制度规则，2021 年 8 月 20 日，第十三届全国人民代表大会常务委员会第三十次会议表决通过《中华人民共和国个人信息保护法》，并于 2021 年 11 月 1 日起正式施行。与《网络安全法》《数据安全法》的立法依据源于《国家安全法》不同，《个人信息保护法》的立法依据来源于《宪法》，其第一条明确规定“为了保护个人信息权益，规范个人信息处理活动，促进个人信息合理利用，根据宪法，制定本法”。《个人信息保护法》共八章七十四条，包括总则、个人信息处理规则、个人信息跨境提供的规则、个人在个人信息处理活动中的权利、个人信息处理者的义务、履行个人信息保护职责的部门、法律责任以及附则，整体结构如图 4-4 所示。

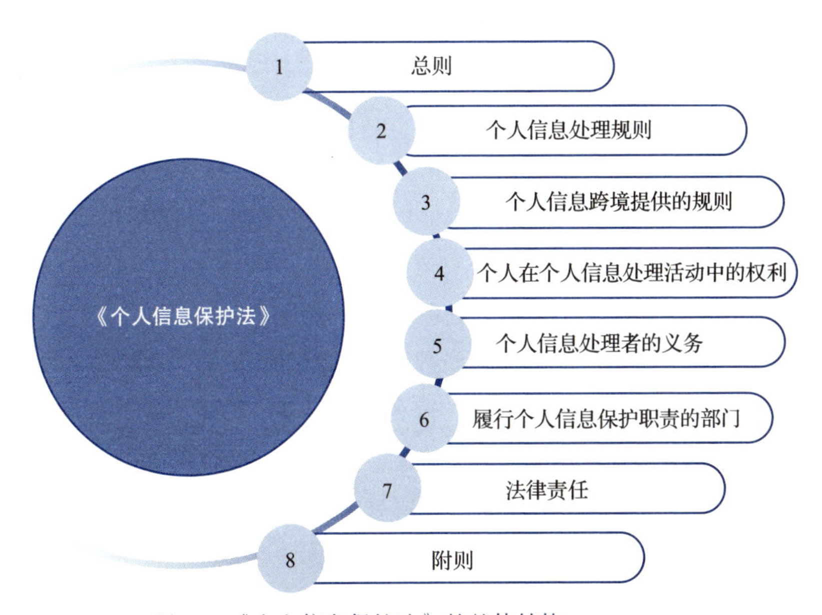

图 4-4　《个人信息保护法》的整体结构

“总则”一章明确了适用范围、基本原则以及相关定义，包括个人信息、个人信息处理等。按照总则中的相关定义，个人信息是以电子或者其他方式记录的与已识别或者可识别的自然人有关的各种信息，不包括匿名化处理后的信息。“个人信息处理规则”一章规定了个人信息处理者在处理个人信息时应遵循的具体规则，包括取得个人同意、告知处理目的和方式、确保个人信息准确性等内容。《个人信息保护法》提出了敏感个人信息的概念，敏感个人信息是指一旦泄露或者非法使用，容易导致自然人的人格尊严受到侵害或者人身、财产安全受到危害的个人信息，包括生物识别、宗教信仰、特定身份、医疗健康、金融账户、行踪轨迹等信息，以及不满十四周岁未成年人的个人信息。对于敏感个人信息的处理，《个人信息保护法》提出了更严格的要求，包括具有特定的目的和充分的必要性，并采取严格保护措施的情形下，个人信息处理者才可以处理敏感个人信息，同时处理敏感个人信息必须取得个人的单独同意，甚至是书面同意。“个人信息跨境提供的规则”一章规定了跨境提供个人信息的条件，如通过安全评估、取得保护认证及订立标准合同，并明确了跨境提供个人信息的报告义务和安全要求等。

“个人在个人信息处理活动中的权利”一章赋予了个人在个人信息处理活动中的各项权利，如知情权、决定权、访问权、更正权、删除权、撤回同意和个人信息可携带权等，增强了个人信息处理的透明度和可控制性。“个人信息处理者的义务”一章规定了个人信息处理者的主要义务，如建立个人信息保护制度、实施安全措施、开展合规审查和风险评估等。同时，该章要求在个人信息泄露等安全事故发生时，个人信息处理者要采取补救措施并向相关部门报告。“履行个人信息保护职责的部门”一章提出，由国家网信部门负责统筹协调个人信息保护工作和相关监督管理工作，国务院其他部门在各自职责范围内负责个人信息保护和监督管理工作等。

《个人信息保护法》有关个人信息出境的要求，主要集中在第三章的“个人信息跨境提供的规则”（第三十八至第四十三条）以及第五章的第五十五、五十六条中。第三十八条提出了个人信息出境的三条路径，分别为：①进行数据出境安全评估；②经专业机构进行个人信息保护认证；③按照国家网信部门制定的标准合同与境外接收方订立合同。不过，法案中未对三条路径做具体要求。除上述三条路径外，《个人信息保护法》还提出了对国际规则的适用，即

“中华人民共和国缔结或者参加的国际条约、协定对向中华人民共和国境外提供个人信息的条件等有规定的，可以按照其规定执行”。

为了保障个人信息出境后的安全，第三十八条要求个人信息处理者采取必要措施，确保境外接收者在处理我国的个人信息时达到我国《个人信息保护法》规定的标准。第三十九条明确了个人信息处理者向境外传输个人信息时应告知个人的事项，包括告知境外接收方的名称或姓名、联系方式、处理目的、处理方式、个人信息种类，以及个人向境外接收方行使《个人信息保护法》规定权利的方式和程序等。此外，个人信息处理者向境外传输个人信息必须取得个人的单独同意。第四十条规定了关键信息基础设施运营者以及达到国家网信部门规定数量的个人信息处理者必须将个人信息本地化存储。如果确需向境外传输，也必须经过数据安全评估。第四十一条中的外国司法协助管控及第四十三条的歧视反制与《数据安全法》的相关规定类似，区别在于《个人信息保护法》聚焦于个人信息。第四十二条规定了当境外组织或个人侵害我国公民的个人信息权益或我国的国家安全时可采取的应对措施。如果境外组织或个人的个人信息处理活动涉及上述行为，我国可以将其列入限制或禁止个人信息提供清单，予以公告，并可采取限制或禁止向其提供个人信息等措施。第五十五条规定了个人信息跨境传输前的事项，即向境外提供个人信息前进行个人信息保护影响评估。评估内容在第五十六条中有具体规定，包括个人信息处理目的、处理方式等是否合法、正当、必要等。

4.1.4 《关键信息基础设施安全保护条例》强化运营者安全标准

随着全球互联网技术的迅速发展，关键信息基础设施在国家经济和社会服务中的重要性逐渐提升，关键信息基础设施的安全必将面临更为严峻的挑战。新型恶意软件和病毒的威胁不断加剧，勒索攻击和定向攻击也逐步成为攻击关键信息基础设施的主要方式。数字化转型的加速以及物联网、人工智能、5G 等技术的广泛应用，万物开始互联互通，在这种情况下，针对关键信息基础设施的攻击防不胜防。近年来，全球范围内针对关键信息基础设施的网络攻击、破坏、窃密等日趋严重，攻击手段层出不穷。2015 年 12 月，乌克兰国家电网约60座变电站遭到网络攻击，其首都基辅和乌克兰西部的140万名居民遭遇数小时停电。2023年5月，丹麦关键基础设施遭遇了有史以来最大规模的网络攻击，攻击者利用丹麦关键基础设施运营商使用的Zyxel防火墙中的零日漏洞，成功破坏了22家能源基础设施公司。随着国际形势的变化，我国的关键信息基础设施也成为境外多个黑客组织的主要攻击目标。面对来自境外的严重网络威胁，我国有必要体系化、规范化地加强对关键信息基础设施的保护。

2016年3月，《中华人民共和国国民经济和社会发展第十三个五年规划纲要》（简称《“十三五”规划纲要》）中提出，建立关键信息基础设施保护制度，完善涉及国家安全重要信息系统的设计、建设和运行监督机制，加强关键信息基础设施核心技术装备威胁感知和持续防御能力建设。2017年6月1日施行的《网络安全法》首次明确了关键信息基础设施的相关定义，并提出了关键信息基础设施安全保护的原则要求。根据《网络安全法》第三十一条，关键信息基础设施主要包括公共通信和信息服务、能源、交通、水利、金融、公共服务、电子政务等重要行业和领域的信息基础设施，同时还涉及其他一旦遭到破坏、丧失功能或者数据泄露，可能严重危害国家安全、国计民生、公共利益的信息基础设施。同时，第三十一条还提到“关键信息基础设施的具体范围和安全保护办法由国务院制定”。为落实《网络安全法》中有关关键信息基础设施的保护要求，2017年7月10日，国家互联网信息办公室向社会公开发布《关键信息基础设施安全保护条例（征求意见稿）》，明确了关键信息基础设施的支持与保障、关键信息基础设施的认定、运营者义务、监测预警、应急处置和检测评估等重点内容。此后，经过几年的完善，2021年7月30日，国务院正式公布《关键信息基础设施安全保护条例》，并于2021年9月1日起施行。在法律位阶上，《关键信息基础设施安全保护条例》属于国务院发布的行政法规，其第一条明确提出它是根据《中华人民共和国网络安全法》制定的。

《关键信息基础设施安全保护条例》共六章五十一条，内容包括总则、关键信息基础设施认定、运营者责任义务、保障和促进、法律责任和附则，整体结构如图4-5所示。

图 4-5 《关键信息基础设施安全保护条例》的整体结构

“总则”一章确立了立法目的、适用范围、关键信息基础设施的定义以及各政府部门在关键信息基础设施保护过程中的职责。“关键信息基础设施认定”一章规定了关键信息基础设施认定的标准和程序，并要求行业主管部门和监管部门识别与认定本行业、本领域的关键信息基础设施。“运营者责任义务”一章要求关键信息基础设施的运营者履行相关安全义务，包括建立安全管理制度、开展网络安全教育培训、进行安全监测和应急响应等，同时运营者还需定期将网络安全风险评估结果和整改措施报告给主管、监管部门。“保障和促进”一章明确国家要制定和完善关键信息基础设施安全标准，并支持、指导和规范关键信息基础设施的安全保护工作，如提供财政支持、人才培养、技术研发等。此外，该章还鼓励企业和社会组织参与关键信息基础设施的安全保护工作，推广安全技术和产品的应用，旨在通过提供多方面的支持，集合社会各界的力量，提升我国关键信息基础设施的整体安全水平。

《网络安全法》第三十七条强调，关键信息基础设施运营者在进行数据出境活动前，首先必须做好数据本地化存储，其次需要做好数据出境的安全评估。因此，如何认定关键信息基础设施，以及关键信息基础设施运营者如何确认自身运营的信息系统属于关键信息基础设施的过程显得尤为重要。明确关键信息基础设施及其运营者的认定，为本章对我国数据出境具体规则的解析奠定关键基础。《网络安全法》第三十一条对关键信息基础设施做了初步定义，《关键信息基础设施安全保护条例》第二条在《网络安全法》第三十一条的基础上进行了细化，明确指出："本条例所称关键信息基础设施，是指公共通信和信息服务、能源、交通、水利、金融、公共服务、电子政务、国防科技工业等重要行业和领域的，以及其他一旦遭到破坏、丧失功能或者数据泄露，可能严重危害国家安全、国计民生、公共利益的重要网络设施、信息系统等。"这里的两个"等"字需要扩大化解释，即关键信息基础设施不仅包括"公共通信和信息服务、能源、交通、水利、金融、公共服务、电子政务、国防科技工业"等行业，随着新行业、新业态的产生，还可能涵盖其他重要行业和领域，而且关键信息基础设施也不限于"重要网络设施、信息系统"，关键应用程序也有可能包括在内。2024 年 5 月，全国网络安全标准化技术委员会发布了《网络安全技术 关键信息基础设施边界确定方法（征求意见稿）》，对关键信息基础设施边界确定的方法，包括基本信息梳理、关键信息基础设施功能识别、关键业务链与关键业务信息识别、关键业务信息流识别和资产识别、关键信息基础设施要素识别和边界确定的流程、步骤等进行了明确细化，进一步保障关键信息基础设施的运营安全。

关于运营者如何知晓自己是否是关键信息基础设施运营者，《关键信息基础设施安全保护条例》第十条建立了"告知制度"，规定"保护工作部门根据认定规则负责组织认定本行业、本领域的关键信息基础设施，及时将认定结果通知运营者"。因此，通俗来说，运营者如果收到告知，那么其就属于关键信息基础设施的运营者；如果未收到告知，那就不是。《关键信息基础设施安全保护条例》中还明确了关键信息基础设施的治理体系，国家网信部门主要起统筹协调的作用，国务院公安部门起指导监督的作用，其下是各个部门在各自职责范围内进行安全保护和监督管理，再其下是省级人民政府有关部门在各自职责范围内进行安全保护和监督管理，形成多层次的安全治理体系。

此外，涉及关键信息基础设施的网络数据安全问题，无论是《网络安全法》第三十五条还是《关键信息基础设施安全保护条例》第十九条，均规定了"安全审查制度"。"安全审查制度"的细节主要落实在《网络安全审查办法》中，办法要求关键信息基础设施运营者采购网络产品和服务、网络平台运营者开展数据处理活动，影响或者可能影响国家安全的，应当按照本办法进行网络安全审查。因此，关键信息基础设施运营者涉及数据出境行为的，还可能需要向网络安全审查办公室申请网络安全审查。

4.1.5 《网络数据安全管理条例（征求意见稿）》细化重要数据定义

在网络安全与数据安全方面，此前我国出台的《网络安全法》《数据安全法》《个人信息保护法》进行了顶层的法律规定。由于顶层立法过程中秉持“宜粗不宜细”的原则，因此上述“三法”未能给出具体的实施和管理细化路径。在数字时代，数据是以电子或者其他方式对信息的记录。然而，由于网络的发达和数字技术的广泛应用，网络发展过程中所产生的数据几乎覆盖所有数据。为规范网络数据处理活动，保障数据安全，保护个人、组织在网络空间中的合法权益，维护国家安全和公共利益，进一步落实《网络安全法》《数据安全法》《个人信息保护法》等法律规定，国家互联网信息办公室于 2021 年 11 月公布《网络数据安全管理条例（征求意见稿）》。此后几年，国家不断将《网络数据安全管理条例（征求意见稿）》纳入立法计划，包括 2022 年、2023 年和 2024 年的立法计划。2024 年 5 月，国务院办公厅印发《国务院 2024 年度立法工作计划》，其中围绕健全国家安全法治体系，提出 2024 年拟制定《网络数据安全管理条例》。2024 年 9 月 30 日，国务院公布《网络数据安全管理条例》，自 2025 年 1 月 1 日起施行。

《网络数据安全管理条例》共九章六十四条，包括总则、一般规定、个人信息保护、重要数据安全、网络数据跨境安全管理、网络平台服务提供者义务、监督管理、法律责任以及附则等内容，整体结构如图 4-6 所示。

“一般规定”一章要求数据处理者建立健全数据分类分级保护制度、应急处置机制、网络安全等级保护和关键信息基础设施安全保护制度等，同时规定了个人信息、重要数据流通交易的前提条件，如取得个人单独同意、留存同意记录与流通交易记录等。“个人信息保护”一章具体落实《个人信息保护法》的要求，细化了个人信息处理规则、个人信息权利主张及个人信息可携带权的内容。“重要数据安全”一章明确了重要数据处理者应当指定数据安全负责人，成立数据安全管理机构，识别重要数据，并向主管部门备案等要求。“网络数据跨境安全管理”一章再次强调了《网络安全法》《数据安全法》《个人信息保护法》中数据出境的具体路径。“网络平台服务提供者义务”一章要求平台运营者建立与数据相关的平台规则、隐私政策和算法策略披露制度，并及时披露制定程序、裁决程序等。纵观《网络数据安全管理条例》的相关条款，其关于数据出境的规定与后文将提及的《数据出境安全评估办法》大体类似，此处不做过多描述。

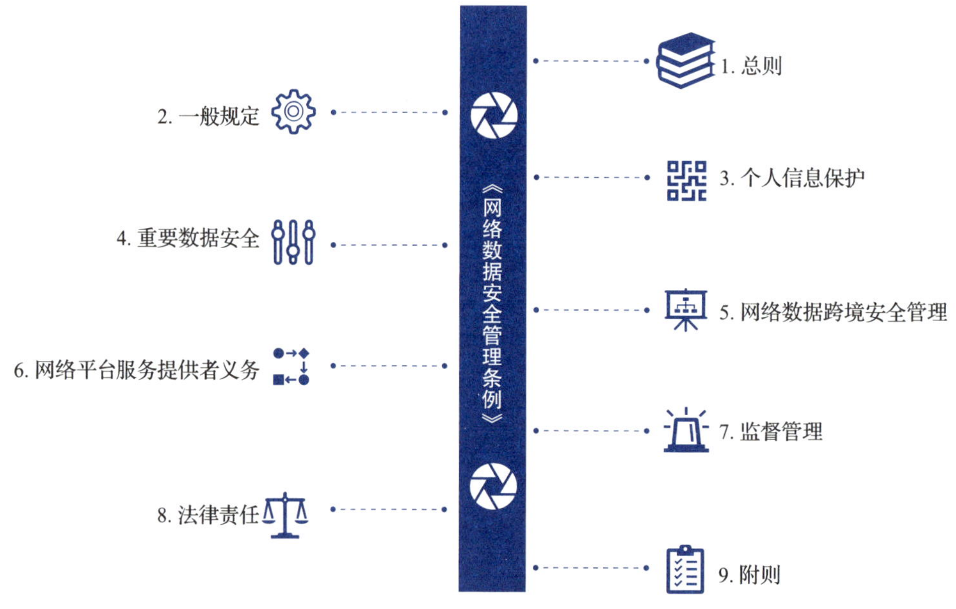

图 4-6 《网络数据安全管理条例》的整体结构

与《网络数据安全管理条例（征求意见稿）》相比，《网络数据安全管理条例》删掉了更具价值的部分，即《网络数据安全管理条例（征求意见稿）》中对重要数据的细化定义。因此，此处更多的是提到《网络数据安全管理条例（征求意见稿）》对数据的分类分级以及对重要数据的细化定义，目的是为数据处理者识别重要数据提供参考。

重要数据的定义之所以关键，是因为重要数据这一概念贯穿了我国数据出境规则的始终，是数据出境监管的重点和难点。《网络安全法》与《数据安全法》虽然提出了重要数据这一概念，但都没有进一步解释什么是重要数据。《网络数据安全管理条例（征求意见稿）》首先落实了《数据安全法》中的分类分级制度，将数据分为一般数据、重要数据、核心数据三个级别，其中核心数据的定义与《数据安全法》保持一致。至于重要数据，《网络数据安全管理条例（征求意见稿）》认为重要数据是指一旦遭到篡改、破坏、泄露或者非法获取、非法利用，可能危害国家安全、公共利益的数据，见表 4-1。

表 4-1　重要数据包含的数据内容

序号	数据内容
1	未公开的政务数据、工作秘密、情报数据和执法司法数据
2	出口管制数据，包括出口管制物项涉及的核心技术、设计方案、生产工艺等相关的数据，以及密码、生物、电子信息、人工智能等领域对国家安全、经济竞争实力有直接影响的科学技术成果数据
3	国家法律、行政法规、部门规章明确规定需要保护或者控制传播的国家经济运行数据、重要行业业务数据、统计数据等
4	工业、电信、能源、交通、水利、金融、国防科技工业、海关、税务等重点行业和领域安全生产、运行的数据，以及关键系统组件、设备供应链数据
5	达到国家有关部门规定的规模或者精度的基因、地理、矿产、气象等人口与健康、自然资源与环境国家基础数据
6	国家基础设施、关键信息基础设施的建设运行及安全数据，国防设施、军事管理区、国防科研生产单位等重要敏感区域的地理位置、安保情况等数据
7	其他可能影响国家政治、国土、军事、经济、文化、社会、科技、生态、资源、核设施、海外利益、生物、太空、极地、深海等安全的数据

《网络数据安全管理条例（征求意见稿）》细化了重要数据的定义与范围，有效弥补了我国数据出境监管的空白，完善了我国数据出境的监管规则。不过，《网络数据安全管理条例（征求意见稿）》只是征求意见稿，不具备实际效力，并且其中对重要数据的定义仅停留在定性描述层面，未达到可以落地操作的标准，暂时无法满足数据处理者进行数据出境的具体需求。

4.2　规章标准细化数据出境安全路径

由于顶层立法确立了数据出境安全的原则和方向，但未涉及具体操作层面的方式与方法，因此基于顶层立法，我国出台了《数据出境安全评估办法》《个人信息出境标准合同管理办法》《促进和规范数据跨境流动规定》等部门规章，并针对个人信息出境和重要数据的识别出台了国家标准，如《网络安全标准实践指南—个人信息跨境处理活动安全认证规范（V2.0-202212）》和《数据安全技术 数据分类分级规则》。同时，国家网信部门最新发布了《数据出境安全评估申报指南（第二版）》和《个人信息出境标准合同备案指南（第二版）》，对申报数据出境安全评估、备案个人信息出境标准合同的方式、流程和材料等具体要求做出说明，进一步保障数据出境安全，细化数据安全出境操作路径。

4.2.1 《数据出境安全评估办法》确立数据出境安全路径

《网络安全法》第三十七条、《数据安全法》第三十一条以及《个人信息保护法》第四十条都规定了关于重要数据和个人信息出境评估的要求。为保障我国数据主权与数据安全，国家互联网信息办公室于 2021 年 10 月根据《网络安全法》《数据安全法》《个人信息保护法》等法律法规起草了《数据出境安全评估办法（征求意见稿）》，并向社会公开征求意见。2022 年 5 月 19 日，国家互联网信息办公室审议通过了《数据出境安全评估办法》，并于 2022 年 9 月 1 日起施行。在法律位阶上，《数据出境安全评估办法》属于部门规章，其法律效力在法律和行政法规之下，立法依据来源于上述三法。

《数据出境安全评估办法》共二十条，明确了评估事项、评估前置流程、评估所需材料、评估申请流程、评估所需期限等内容。对于哪些情形需要申请数据出境安全评估，《数据出境安全评估办法》明确了具体的范围，主要包括：①重要数据出境；②关键信息基础设施运营者和处理 100 万人以上个人信息的数据处理者向境外提供个人信息；③自上年 1 月 1 日起累计向境外提供 10 万人个人信息或者 1 万人敏感个人信息的数据处理者向境外提供个人信息，以及出于兜底需要的其他情形。该办法不仅综合细化了《网络安全法》《数据安全法》《个人信息保护法》中的规定，还与《关键信息基础设施安全保护条例》等形成有效衔接。尤其需要注意的是，对于需要申请数据出境安全评估的第二项情形，关键信息基础设施运营者和处理 100 万人以上个人信息的数据处理者即使向境外提供一条个人信息也需要申报数据出境安全评估。此外，开展数据出境安全评估需要通过所在地省级网信部门向国家网信部门进行申报。申报时应提交的材料包括申报书、数据出境风险自评估报告、数据处理者与境外接收方拟订立的法律文件以及其他相关材料。

在申请数据出境安全评估之前，数据处理者需要先进行数据出境的风险自评估。《数据出境安全评估办法》第五条规定了风险自评估的相关事项，主要包括：①数据出境和境外接收方处理数据的目的、范围、方式等的合法性、正当性、必要性；②出境数据的规模、范围、种类、敏感程度以及可能对国家安全、公共利益、个人或者组织的合法权益带来的风险；③境外接收方承诺承担的责任义务等；④数据出境中和出境后出现安全问题时，个人信息权益的维护渠道；⑤传输协议中的数据安全保护责任义务约定；⑥其他事项。数据处理者在进行风险自评估时，应重点围绕上述六方面内容撰写报告，形成风险自评估报告，以供后续申请数据出境安全评估时使用。

此外，针对上述第⑤点的数据安全保护责任义务的具体约定，《数据出境安全评估办法》第九条强调，数据处理者与境外接收方订立的法律文件中应明确约定数据安全保护责任义务，主要包括：①数据出境的目的、方式和数据范围，以及境外接收方处理数据的用途、方式；②数据在境外保存的地点、期限，以及到期、完成约定目的或法律文件终止后对出境数据的处理措施；③对境外接收方将出境数据再转移给其他组织、个人的约束性要求；④境外接收方在实际控制权或经营范围发生实质性变化，或所在国家、地区的数据安全保护政策法规和网络安全环境发生变化，或发生其他不可抗力情形导致难以保障数据安全时，应采取的安全措施；⑤违反法律文件约定的数据安全保护义务的补救措施、违约责任和争议解决方式；⑥出境数据遭到篡改、破坏、泄露、丢失、转移或被非法获取、非法利用等风险时，妥善开展应急处置的要求和保障个人维护其个人信息权益的途径与方式。

《数据出境安全评估办法》第七条、第十条、第十一条、第十二条、第十三条和第十四条明确了数据出境安全评估从开始申请到有效期届满重新申请的整个周期的流程。不过，后续出台的《数据出境安全评估申报指南（第二版）》对整个周期的流程进行了补充和完善，下文将进行叙述。

4.2.2 《个人信息出境标准合同办法》补充个人信息出境路径

《个人信息保护法》第三十八条对个人信息的出境设置了三条路径，分别为：①进行数据出境安全评估；②进行个人信息出境保护认证；③与境外接收方订立标准合同。目前这三条路径都在逐步落实中，对于个人信息出境需要申报数据出境安全评估的情形，《数据出境安全评估办法》已有规定，而对于个人信息出境需要订立标准合同的情形，则体现在国家互联网信息办公室出台的《个人信息出境标准合同办法》中。至于个人信息出境保护认证的要求，则落实在《网络安全标准实践指南—个人信息跨境处理活动安全认证规范（V2.0-202212）》中。2022 年 6 月，依据《个人信息保护法》，国家互联网信息办公室起草了《个人信息出境标准合同规定（征求意见稿）》向社会征求意见，并于 2023 年 2 月发布《个人信息出境标准合同办法》，自 2023 年 6 月 1 日起正式施行，同时与该办法一起发布的还有《个人信息出境标准合同》的文本。《个人信息出境标准合同办法》共十三条，明确了需要订立标准合同的个人信息出境的情形、前置性条件以及合同备案等相应流程。

《个人信息出境标准合同办法》第四条要求，通过订立标准合同向境外提供个人信息的，必须同时满足下列几个条件：①非关键信息基础设施运营者；②处理的个人信息少于 100 万人；③自上年 1 月 1 日起累计向境外提供的个人信息少于 10 万人；④自上年 1 月 1 日起累计向境外提供的敏感个人信息少于 1 万人；⑤其他情形。对比数据出境安全评估的要求可以发现，订立标准合同出境的门槛低于数据出境安全评估。特别是在个人信息量级方面，标准合同所设定的量级与数据出境安全评估所设定的量级是互斥的两个区间，数据出境安全评估在上，标准合同在下。值得注意的是，第四条强调“个人信息处理者不得采取数量拆分等手段”将本应通过数据出境安全评估的个人信息，转而通过订立标准合同的方式向境外提供。举个例子，某个人信息处理者自上年 1 月 1 日起累计向境外提供 11 万人的个人信息，按照该办法，这是需要申报数据出境安全评估的情形。现在该个人信息处理者利用各种手段将 11 万人的个人信息拆分为 5 万人的个人信息和 6 万人的个人信息，分别通过订立标准合同的方式出境，这种情形是禁止的。

与数据出境安全评估类似，通过订立标准合同向境外传输个人信息之前需要进行个人信息保护影响评估，这也是《个人信息保护法》第五十五条的要求。《个人信息出境标准合同办法》第五条明确了开展个人信息保护影响评估需要重点评估的具体内容，包括：①个人信息处理者和境外接收方处理个人信息的目的、范围、方式等的合法性、正当性、必要性；②出境个人信息的规模、范围、种类、敏感程度，个人信息出境可能对个人信息权益带来的风险；③境外接收方承诺承担的义务，以及履行义务的管理和技术措施、能力等能否保障出境个人信息的安全；④个人信息出境后可能遭到篡改、破坏、泄露、丢失、非法利用等的风险，以及个人信息权益维护的渠道是否通畅；⑤境外接收方所在国家或者地区的个人信息保护政策和法规对标准合同履行的影响；⑥其他可能影响个人信息出境安全的事项。针对第⑤点需要具体评估的要素，标准合同文本中也予以明确，分别为该国家或者地区现行的个人信息保护法律法规及普遍适用的标准、该国家或者地区加入的个人信息保护国际组织以及做出的国际承诺、该国家或者地区落实个人信息保护的机制等具体要素。个人信息处理者进行个人信息保护影响评估需要形成相关的评估报告，并且根据标准合同文本的要求，评估报告至少需保存 3 年。完成个人信息保护影响评估后，个人信息处理者方可订立标准合同。个人信息处理者需在合同生效之日起 10 个工作日内向所在地省级网信部门备案，备案需提交的材料为所订立的标准合同以及个人信息保护影响评估报告。

如果出现向境外提供个人信息的目的、范围、种类、敏感程度、方式、保存地点或者境外接收方处理个人信息的用途、方式发生变化，以及境外接收方所在国家或者地区的个人信息保护政策和法规发生变化等可能影响个人信息权益的情形，个人信息处理者需要重新开展个人信息保护影响评估，补充或重新订立标准合同，并重新进行备案等。

在通过个人信息保护认证方式开展个人信息出境方面，2022 年 6 月全国信息安全标准化委员会发布了《网络安全标准实践指南—个人信息跨境处理活动安全认证规范》，后经调整于当年 12 月发布了《网络安全标准实践指南—个人信息跨境处理活动安全认证规范 V2.0》，对适用情形、认证主体、基本原则、基本要求、个人信息主体权益保障要求进行了标准化规定。由于《网络安全标准实践指南—个人信息跨境处理活动安全认证规范 V2.0》仅属于推荐性标准，不属于强制性标准，因此其相关要求也仅是为个人信息处理者提供参考，并不强制个人信息处理者严格遵照执行。

《网络安全标准实践指南—个人信息跨境处理活动安全认证规范 V2.0》提出主体申请认证的条件包括：①个人信息处理者应取得合法的法人资格，正常经营且具有良好的信誉、商誉；②跨国公司或者同一经济、事业实体下属子公司或关联公司之间的个人信息跨境处理活动可由境内一方申请认证，并承担法律责任；③《中华人民共和国个人信息保护法》第三条第二款规定的境外个人信息处理者，可以由其在境内设置的专门机构或指定代表申请认证，并承担法律责任。对于基本要求，《网络安全标准实践指南—个人信息跨境处理活动安全认证规范 V2.0》中规定的具有法律约束力的文件、个人信息跨境处理规则、个人信息保护影响评估等相关内容，基本与《个人信息出境标准合同办法》以及标准合同文本中的相关要求类似。与数据出境安全评估、订立标准合同等其他两条路径有着清晰的适用范围以及适用流程相比，个人信息保护认证路径缺乏较为具体的认证适用范围以及认证流程，相关适用规则还有待进一步探索。个人信息出境三条路径的对比见表 4-2。

表 4-2　个人信息出境三条路径的对比

	数据出境安全评估	订立标准合同	个人信息保护认证
适用依据	《数据出境安全评估办法》	《个人信息出境标准合同办法》	《网络安全标准实践指南—个人信息跨境处理活动安全认证规范 V2.0》
适用范围	1）关键信息基础设施运营者 2）处理 100 万人以上个人信息的 3）自上年 1 月 1 日起累计向境外提供 10 万人个人信息 4）自上年 1 月 1 日起累计向境外提供 1 万人敏感个人信息	1）非关键信息基础设施运营者 2）处理个人信息不满 100 万人的 3）自上年 1 月 1 日起累计向境外提供个人信息不满 10 万人的 4）自上年 1 月 1 日起累计向境外提供敏感个人信息不满 1 万人的	暂无具体适用范围

（续）

	数据出境安全评估	订立标准合同	个人信息保护认证
审查主体	省级网信部门 / 国家网信部门	个人信息处理者 / 省级网信部门	第三方认证机构
适用路径	风险自评估后通过省级网信部门向国家网信部门申报	个人信息保护影响评估后向省级网信部门备案	暂无具体适用路径

4.2.3 《促进和规范数据跨境流动规定》放宽数据出境监管要求

无论是顶层的三法还是后续出台的《数据出境安全评估办法》《个人信息出境标准合同办法》，其核心逻辑都是为了国家安全与国家数据主权开展的数据出境监管。随着全球数字贸易发展形势的变化以及对接国际高标准经贸规则的需要，我国急需建立便利化的数据跨境流动机制，这也逐步成为体现我国高质量对外开放的关键内容。

1.《促进和规范数据跨境流动规定》主要内容解读

2023 年 9 月 28 日，国家互联网信息办公室发布《规范和促进数据跨境流动规定（征求意见稿）》（简称“征求意见稿”），在保障国家数据安全、保护个人信息权益的基础上，进一步规范和促进数据依法有序自由流动。本次发布的征求意见稿与此前发布的法律法规一道，构成我国更加完善的数据出境规则体系，在厘清数据安全红线的前提下，加快了数据出境的步伐。《规范和促进数据跨境流动规定（征求意见稿）》虽然只有十一条，但纵观整部规定，可见主管部门对数据跨境流动的整体监管逻辑已经有了重大的转变，并为各相关主体划出了更为清晰的数据出境路径。随着全球数据跨境流动日益频繁，参照全球主要经济体对数据跨境流动生态圈的构建，如日本的“可信赖的数据自由流动倡议”、英美的“数据桥”以及欧美之间的《数据隐私框架协议》，本次规定的转变是及时且必要的。

《规范和促进数据跨境流动规定（征求意见稿）》的重点内容如下：

1）重申需申报数据出境安全评估的场景。征求意见稿第六条强调，向境外提供 100 万人以上个人信息的，仍然需要申报数据出境安全评估。至于国家机关及关键信息基础设施运营者等主体向境外提供个人信息和重要数据，以及涉及党政军和涉密单位敏感信息、敏感个人信息、重要数据出境的，征求意见稿第八条、第九条提出依照现行规定执行。这意味着，对于这些关键主体进行数据出境及上述敏感数据的出境，如若符合《网络安全审查办法》《数据出境安全评估办法》规定的情形，仍然需要进行网络安全审查或申报数据出境安全评估。

2）明确不需要申报数据出境安全评估的情形。征求意见稿明确，国际贸易、学术合作、跨国生产制造和市场营销等活动中产生的且不包含个人信息或重要数据的数据出境，以及非境内收集的个人信息以及跨境购物、跨境汇款、机票酒店预订、签证办理、人力资源管理中需要涉及个人信息出境等，不需要申报数据出境安全评估、订立个人信息出境标准合同、通过个人信息保护认证。明确不需要申报数据出境安全评估的情形是本次征求意见稿的重大突破，大大降低了相关主体在数据出境时的合规成本，加快了我国数据出境的效率。

3）赋予自由贸易区制定“负面清单”的权利。征求意见稿第七条规定，自由贸易试验区可自行制定本自贸区数据出境的负面清单，该清单包含主管部门规定需以既定路径出境的数据。对于负面清单之外的数据，征求意见稿强调可以自由出境。此举促进了自贸区内数据跨境流动的便捷性，强化了自贸区在数据跨境流动领域的集聚能力。征求意见稿此次赋予自贸区制定“负面清单”的权利，有助于继续发挥自贸区的示范作用，进一步推动自贸区的高水平开放与制度创新。

2024 年 3 月 22 日，国家互联网信息办公室公布《促进和规范数据跨境流动规定》（简称“正式稿”），并于公布之日起施行。正式稿与征求意见稿相比，将“促进”提前，彰显了我国继续扩大高水平对外开放，促进互利共赢的态度。本次正式稿在内容上有宽有严，呈现出“宽严并举”的特点。

首先，正式稿在“重要数据告知”“自贸区负面清单”，以及国际贸易、跨境运输、学术合作、跨国生产制造和市场营销以及跨境购物、跨境汇款等豁免场景方面与征求意见稿保持一致，降低了数据处理者在数据出境时的合规成本。同时，随着《数据安全技术数据分类分级规则》等多项标准的实施，“重要数据告知”机制与“自贸区负面清单”机制将进一步落地执行，有助于减轻数据处理者在数据出境时的负担。

此前征求意见稿对个人信息出境的量级设有规定：向境外提供 100 万人以上个人信息的需要申报数据出境安全评估；预计 1 年内向境外提供 1 万人以上但不满 100 万人个人信息的，可以采用订立标准合同或个人信息保护认证的方式进行出境；而 1 万人以下的个人信息则可以豁免，自由出境。本次正式稿放宽了标准，提高了个人信息自由出境的豁免量级，规定关键信息基础设施运营者以外的数据处理者自当年 1 月 1 日起累计向境外提供不满 10 万人个人信息（不含敏感个人信息）的，可以不必申报数据出境安全评估、订立个人信息出境标准合同或通过个人信息保护认证。关键信息基础设施运营者以外的数据处理者自当年 1 月 1 日起累计向境外提供 10 万人以上但不满 100 万人个人信息（不含敏感个人信息）的，可以与境外接收方订立个人信息出境标准合同或通过个人信息保护认证进行出境。同时，正式稿还明确了个人信息保护认证的具体适用范围。此外，正式稿的“宽松”体现在数据出境安全评估结果的有效期上。按照《数据出境安全评估办法》规定，数据出境安全评估结果的有效期为 2 年，而正式稿则将评估结果的有效期延长至 3 年，降低了数据处理者的申报成本。

正式稿的“严”则体现在对“敏感个人信息”以及“关键信息基础设施运营者”的强调，这是征求意见稿中所没有的，有利于进一步保证我国的数据安全以及与《个人信息保护法》《关键信息基础设施安全保护条例》等上位法规衔接。对于“敏感个人信息”，正式稿明确关键信息基础设施运营者以外的数据处理者自当年 1 月 1 日起累计向境外提供 1 万人以上敏感个人信息需要申报数据出境安全评估，而不满 1 万人敏感个人信息的，则应当与境外数据接收方订立标准合同或通过个人信息保护认证进行出境。对于“关键信息基础设施运营者”则强调其向境外提供个人信息或者重要数据的，应当申报数据出境安全评估，延续了《数据出境安全评估办法》的规定。对于如何与《数据出境安全评估办法》《个人信息出境标准合同办法》进行衔接适用的问题，《促进和规范数据跨境流动规定》第十三条有明确说明，如果三者出现不一致，则优先适用《促进和规范数据跨境流动规定》，体现了新法优于旧法的立法原则。

2. 主要自贸区对制定数据跨境流动制度的探索

（1）天津自贸区数据出境管理清单

《规范和促进数据跨境流动规定（征求意见稿）》发布后，2024 年 2 月 7 日，天津市商务局与中国（天津）自由贸易试验区管委会联合发布了《中国（天津）自由贸易试验区企业数据分类分级标准规范》（简称《天津标准》），旨在为天津自贸试验区内的企业开展数据分类分级提供指导，促进企业数据安全有序流动。

《天津标准》明确规定，自贸试验区内的企业在生产经营过程中收集、存储、使用、加工、传输、提供、公开的数据应按照所属行业的性质进行分类，共分为 3 层。第 1 层分类包括战略物资和大宗商品类、自然资源和环境类、工业类、国防科技工业类、电信类、广电视听传媒类、金融类、交通运输类、卫生健康和食品药品类、公共安全类、互联网服务和电子商务类、科学技术类以及其他数据类，共 13 类。第 2 层分类在第 1 层分类的基础上，将 13 类数据细分为 40 个子类别。例如，在战略物资和大宗商品类别下，划分了石油、石化和天然气子类别，并描述为包括存储与交易数据、国际贸易数据、战略储备数据等。第 3 层分类按照《天津标准》规定，由数据处理者自行决定，即企业在第 2 层分类的基础上再自行细化相关类别。

《天津标准》确立了 3 级数据分级机制，将企业数据从高到低分为核心数据、重要数据、一般数据 3 个级别。其规定，经综合判定，如果数据要素符合核心数据定义，优先识别为核心数据；不符合核心数据定义时，优先识别为重要数据；依次判定不符合核心数据和重要数据定义时，识别为一般数据。同时，对于重要数据，除明确了统一的识别规则外，如天津自贸试验区企业掌握的 1000 万人以上个人信息或 100 万人以上个人敏感信息被定义为重要数据等，还确定了 13 个大类数据的重要数据范围，如战略物资和大宗商品类的重要数据范围描述为石油、石化、天然气领域可能推算出涉及国家重大战略的重要领域的运行状况、发展态势、增长速度等的产品产量数据、国际贸易数据等。

《天津标准》建立了企业数据分类分级程序。第一步：企业开展数据分类分级。企业首先开展内部数据分类分级工作，明确企业重要数据，并向主管部门报送重要数据目录。第二步：汇总形成重要数据目录汇总表。主管部门梳理汇总企业报送的重要数据目录，形成自贸试验区重要数据目录汇总表，并报送天津市数据安全工作协调机制。第三步：审核确认重要数据。由天津市数据安全工作协调机制对天津自贸试验区重要数据目录汇总表进行确认，形成天津自贸试验区企业重要数据目录，并按程序报送国家数据安全工作协调机制办公室。第四步：数据分类分级变更。当企业因应用场景、业务调整导致数据发生较大变化时，要及时调整数据目录。涉及重要数据变化的，按程序重新报送重要数据目录。

在落实《天津标准》的基础上，2024 年 5 月，天津自贸试验区管委会、天津市商务局发布《中国（天津）自由贸易试验区数据出境管理清单（负面清单）（2024 版）》，围绕生物医药、服务外包、金融、互联网平台、汽车、集成电路、气象、国际贸易等自贸试验区 8 大重点领域的产业发展和监管需要，将企业出境数据分为战略物资和大宗商品类、自然资源和环境类、工业类、金融类等 13 个大类 46 个子类，并对每一类数据的基本内容做出进一步描述，为企业开展数据分类分级、申报数据出境安全评估提供了相应的参考。

（2）北京自贸区数据出境管理清单

北京自贸区是继天津自贸区之后第二个公布数据出境负面清单的自贸区。2024 年 8 月 30 日，北京市互联网信息办公室、北京市商务局、北京市政务服务和数据管理局联合发布了《中国（北京）自由贸易试验区数据出境管理清单（负面清单）（2024 版）》（简称《北京负面清单》）。与《北京负面清单》一起出台的还有《中国（北京）自贸试验区数据出境负面清单管理办法（试行）》《北京市数据跨境流动便利化服务管理若干措施》《中国（北京）自贸试验区数据分类分级参考规则》等多份文件。《中国（北京）自贸试验区数据出境负面清单管理办法（试行）》明确了负面清单的制定及管理、实施等主要内容。

《北京负面清单》共纳入汽车、医药、零售与现代服务、民航、人工智能训练数据等 5 个行业 48 项数据。对于每项数据，《北京负面清单》进行了场景化和字段级的细化，按照数据类别、数据子类、数据基本特征与描述进行排列阐述。例如在《北京负面清单》的民航业列表中，数据类别为重要数据的其中一个数据子类是“涉及民用航空器事故的飞行数据记录器数据”，对这个数据子类的数据基本特征和描述为“包括但不限于：航空器安全保障场景。飞行数据记录器数据包括仿真视频信息、飞机飞行参数信息、机舱通话信息、机舱内部声音信息、飞机机械声音信息等”。《北京负面清单》对重要数据进行了更为细致的划分并给出了相应的应用场景。虽然《北京负面清单》适用于北京自贸区，但它也可以为其他数据处理者在重要数据识别方面提供参考。

4.2.4 《数据安全技术 数据分类分级规则》提出重要数据识别要素

根据《数据出境安全评估办法》与《促进和规范数据跨境流动规定》中的要求，“关键信息基础设施”与“重要数据”是数据出境安全评估的两个关键概念。对于“关键信息基础设施”的定义，《关键信息基础设施安全保护条例》已进行明确说明。尽管《网络数据安全管理条例（征求意见稿）》和《中国（天津）自由贸易试验区数据出境管理清单（负面清单）（2024 年版）》对“重要数据”有一定的定义参考，但这些定义描述过于宽泛，缺乏实质性的分级分类操作。为进一步指导数据处理者开展数据分类分级工作，识别重要数据字段，相关部门在国家标准层面先后发布了两份通用性的标准。一份是 2021 年出台的《信息安全技术 重要数据识别指南（征求意见稿）》，另一份是 2024 年 3 月出台的《数据安全技术 数据分类分级规则》。后发布的《数据安全技术 数据分类分级规则》融合了《数据安全技术 重要数据识别指南（征求意见稿）》的相关内容，并于 2024 年 10 月 1 日正式生效。与此同时，《信息安全技术 重要数据识别指南（征求意见稿）》已被废止。

《数据安全技术 数据分类分级规则》给出了数据分类分级的通用规则。在数据分类规则方面，该标准提出按照“先行业领域分类、再业务属性分类”的思路进行分类。按照行业领域进行分类，可以将数据分为工业数据、电信数据、金融数据、自然资源数据、卫生健康数据、科学数据等。在完成行业领域分类的基础上，再按照本行业领域的业务属性，对本行业领域的数据进行细化分类。按照业务属性进行分类，可以根据描述对象、流程环节、数据主体、内容主题等进行分类，如根据描述对象分类，将数据分为用户数据、业务数据、经营管理数据、系统运维数据等。具体的分类情况则根据具体行业的业务属性进行进一步调整。

根据先分类后分级的思路，《数据安全技术 数据分类分级规则》依据数据在经济社会发展中的重要程度，以及在遭到泄露、篡改、损毁或者非法获取、非法使用、非法共享时，对国家安全、经济运行、社会秩序、公共利益、组织权益、个人权益造成的危害程度，将数据从高到低分为核心数据、重要数据、一般数据三个级别。重要数据指特定领域、特定群体、特定区域或达到一定精度和规模的，一旦被泄露、篡改、损毁，可能直接危害国家安全、经济运行、社会稳定、公共健康和安全的数据。核心数据指对领域、群体、区域具有较高覆盖度或达到较高精度、较大规模、一定深度的，一旦被非法使用或共享，可能直接影响政治安全的重要数据。而一般数据指核心数据、重要数据之外的数据。结合影响对象和数据识别要素，按照特别严重危害、严重危害和一般危害三个等级的影响程度，《数据安全技术 数据分类分级规则》给出了数据分级的规则表，见表 4-3。

表 4-3　数据分级规则表

影响对象	影响程度		
	特别严重危害	严重危害	一般危害
国家安全	核心数据	核心数据	重要数据
经济运行	核心数据	重要数据	一般数据
社会秩序	核心数据	重要数据	一般数据
公共利益	核心数据	重要数据	一般数据
组织权益、个人权益	一般数据	一般数据	一般数据

对于重要数据的识别，《数据安全技术 数据分类分级规则》强调，除了按照上述的数据级别确定规则表进行识别外，还应结合其附录 G“重要数据识别指南”中的识别要素进行进一步的综合识别。附件 G 的相关内容融合了此前《信息安全技术 重要数据识别指南（征求意见稿）》中的相关内容，见表 4-4。

表 4-4 《数据安全技术 数据分类分级规则》附录 G：重要数据识别指南

序号	识别要素
1	直接影响领土安全和国家统一，或反映国家自然资源基础情况，如未公开的领陆、领水、领空数据
2	可被其他国家或组织利用发起对我国的军事打击，或反映我国战略储备、应急动员、作战等能力，如满足一定精度指标的地理数据或与战略物资产能、储备量有关的数据
3	直接影响市场经济秩序，如支撑关键信息基础设施所在行业、领域核心业务运行或重要经济领域生产的数据
4	反映我国语言文字、历史、风俗习惯、民族价值观念等特质，如记录历史文化遗产的数据
5	反映重点目标、重要场所物理安全保护情况或未公开地理目标的位置，可被恐怖分子、犯罪分子利用实施破坏，如描述重点安保单位、重要生产企业、国家重要资产（如铁路、输油管道）的施工图、内部结构、安防情况的数据
6	关系我国科技实力、影响我国国际竞争力，或关系出口管制物项，如反映国家科技创新重大成果，或描述我国禁止出口限制出口物项的设计原理、工艺流程、制作方法的数据，以及涉及源代码、集成电路布图、技术方案、重要参数、实验数据、检测报告的数据
7	反映关键信息基础设施总体运行、发展和安全保护情况及其核心软硬件资产信息和供应链管理情况，可被利用实施对关键信息基础设施的网络攻击，如涉及关键信息基础设施系统配置信息、系统拓扑、应急预案、测评、运行维护、审计日志的数据
8	涉及未公开的攻击方法、攻击工具制作方法或攻击辅助信息，可被用来对重点目标发起供应链攻击、社会工程学攻击等网络攻击，如政府、军工单位等敏感客户清单，以及涉及未公开的产品和服务采购情况、未公开重大漏洞情况的数据
9	反映自然环境、生产生活环境基础情况，或可被利用造成环境安全事件，如未公开的与土壤、气象观测、环保监测有关的数据
10	反映水资源、能源资源、土地资源、矿产资源等资源储备和开发、供给情况，如未公开的描述水文观测结果、耕地面积或质量变化情况的数据
11	反映核材料、核设施、核活动情况，或可被利用造成核破坏或其他核安全事件，如涉及核电站设计图、核电站运行情况的数据
12	关系海外能源资源安全、海上战略通道安全、海外公民和法人安全，或可被利用实施对我国参与国际经贸、文化交流活动的破坏或对我国实施歧视性禁止、限制或其他类似措施，如描述国际贸易中特殊物项生产交易以及特殊装备配备、使用和维修情况的数据
13	关系我国在太空、深海、极地等战略新疆域的现实或潜在利益，如未公开的涉及对太空、深海、极地进行科学考察、开发利用的数据，以及影响人员在上述领域安全进出的数据
14	反映生物技术研究、开发和应用情况，反映族群特征、遗传信息，关系重大突发传染病、动植物疫情，关系生物实验室安全，或可能被利用制造生物武器、实施生物恐怖袭击，关系外来物种入侵和生物多样性，如重要生物资源数据、微生物耐药基础研究数据

（续）

序号	识别要素
15	反映全局性或重点领域经济运行、金融活动状况，关系产业竞争力，可造成公共安全事故或影响公民生命安全，可引发群体性活动或影响群体情感与认知，如未公开的统计数据、重点企业商业秘密
16	反映国家或地区群体健康生理状况，关系疾病传播与防治，关系食品药品安全，如涉及健康医疗资源、批量人口诊疗与健康管理、疾控防疫、健康救援保障、特定药品实验、食品安全溯源的数据
17	其他可能影响国土、军事、经济、文化、社会、科技、电磁空间、网络、生态、资源、核、海外利益、太空、极地、深海、生物、人工智能等安全的数据
18	其他可能对经济运行、社会秩序或公共利益造成严重危害的数据

4.2.5 《数据出境安全评估申报指南（第二版）》等建立申报流程程序

为了指导和帮助数据处理者规范有序地申报数据出境安全评估、备案个人信息出境标准合同，2024 年 3 月 22 日，与《促进和规范数据跨境流动规定》一同发布的还有《数据出境安全评估申报指南（第二版）》以及《个人信息出境标准合同备案指南（第二版）》。两份指南分别对数据处理者开展数据出境的方式、流程和材料等具体要求做出说明。同时，国家互联网信息办公室还开通了“数据出境申报系统”，数据处理者可以通过系统申报数据出境安全评估、备案个人信息出境标准合同。

《数据出境安全评估申报指南（第二版）》规定的申报数据出境安全评估的情形与《促进和规范数据跨境流动规定》一致。值得注意的是，对于不同主体的申报方式，指南进行了区分，涉及数据处理者与关键信息基础设施运营者。对于一般数据处理者申报数据出境安全评估，应当通过数据出境申报系统提交申报材料，系统网址为 https://sjcj.cac.gov.cn。对于关键信息基础设施运营者或者其他不适合线上申报的数据处理者，应当采用线下方式通过所在地省级网信部门向国家网信部门申报数据出境安全评估。

结合《数据出境安全评估办法》《促进和规范数据跨境流动规定》《数据出境安全评估申报指南（第二版）》，对于数据出境安全评估申报流程，整个申报周期如下。

（1）数据处理者需在申报之日前 3 个月内完成自评估

《数据出境安全评估申报指南（第二版）》在《承诺书》和《数据出境风险自评估报告（模板）》中明确要求，数据处理者应在数据出境安全评估申报之日前 3 个月内完成数据出境的自评估工作，且至申报之日时未发生重大变化。

（2）省级网信部门在收到申报材料后，应在 5 个工作日内完成查验

省级网信部门应当自收到申报材料之日起 5 个工作日内完成完备性查验。申报材料齐全的，应当将申报材料报送国家网信部门；申报材料不齐全的，应当退回数据处理者并一次性告知需要补充的材料。

（3）国家网信部门在收到申报材料后的 7 个工作日内予以响应

国家网信部门应当自收到申报材料之日起 7 个工作日内，确定是否受理并书面通知数据处理者。

（4）国家网信部门已开始受理

国家网信部门受理申报后，将根据申报情况组织国务院有关部门、省级网信部门及专门机构进行安全评估。

安全评估过程中，发现数据处理者提交的申报材料不符合要求的，国家网信部门可以要求其补充或更正。数据处理者无正当理由不补充或更正的，国家网信部门可以终止安全评估。

（5）国家网信部门自发放受理通知书之日起 45 个工作日内完成评估

国家网信部门应当自向数据处理者发出书面受理通知书之日起 45 个工作日内完成数据出境安全评估；如遇复杂情况，或需要补充、更正材料的，可适当延长评估时间，并通知数据处理者预计延长的时间。评估结果应当书面通知数据处理者。

（6）对异议可在 15 个工作日内申请复评

数据处理者对评估结果有异议的，可以在收到评估结果后 15 个工作日内向国家网信部门申请复评，复评结果为最终结论。

（7）有效期 3 年及有效期届满前 60 个工作日内重评

通过数据出境安全评估的结果有效期为 3 年，自评估结果出具之日起计算。有效期届满，需要继续开展数据出境活动且发生需要重新申报数据出境安全评估情形

的，数据处理者应当在有效期届满前 60 个工作日内重新申报数据出境安全评估。

有效期届满，需要继续开展数据出境活动且没有发生需要重新申报数据出境安全评估情形的，数据处理者可以在有效期届满前 60 个工作日内通过所在地省级网信部门向国家网信部门提出延长评估结果有效期的申请。经国家网信部门批准，可以将评估结果的有效期延长 3 年。

（8）有效期内情势变更申请重审

在 3 年有效期内，如果出现以下情形，数据处理者需要重新申请数据出境安全评估。

1）向境外提供数据的目的、方式、范围、种类以及境外接收方处理数据的用途、方式发生变化影响出境数据安全的，或者延长个人信息和重要数据境外保存期限的。

2）境外接收方所在国家或地区的数据安全保护政策法规和网络安全环境发生变化以及发生其他不可抗力情形、数据处理者或境外接收方实际控制权发生变化，或数据处理者与境外接收方的法律文件变更等影响出境数据安全的。

3）出现影响数据出境安全的其他情形。

完整的数据出境安全评估申报流程如图 4-7 所示。

《个人信息出境标准合同备案指南（第二版）》要求个人信息处理者需在标准合同生效之日起 10 个工作日内，通过数据出境申报系统备案，系统网址为 https://sjcj.cac.gov.cn。标准合同的备案流程相较于出境安全评估更加简便。结合《个人信息出境标准合同办法》《个人信息出境标准合同备案指南（第二版）》，备案流程如下。

（1）个人信息保护影响评估工作需在备案之日前 3 个月内完成

《个人信息出境标准合同备案指南（第二版）》在《承诺书》和《个人信息保护影响评估报告（模板）》中明确要求，个人信息处理者应在备案之日前 3 个月内完成个人信息保护影响评估，且至申报之日未发生重大变化。

（2）省级网信部门应在 15 个工作日内响应

自个人信息处理者提交备案材料之日起，省级网信部门应当在 15 个工作日内完成材料查验，并向符合备案要求的个人信息处理者发放备案编号。

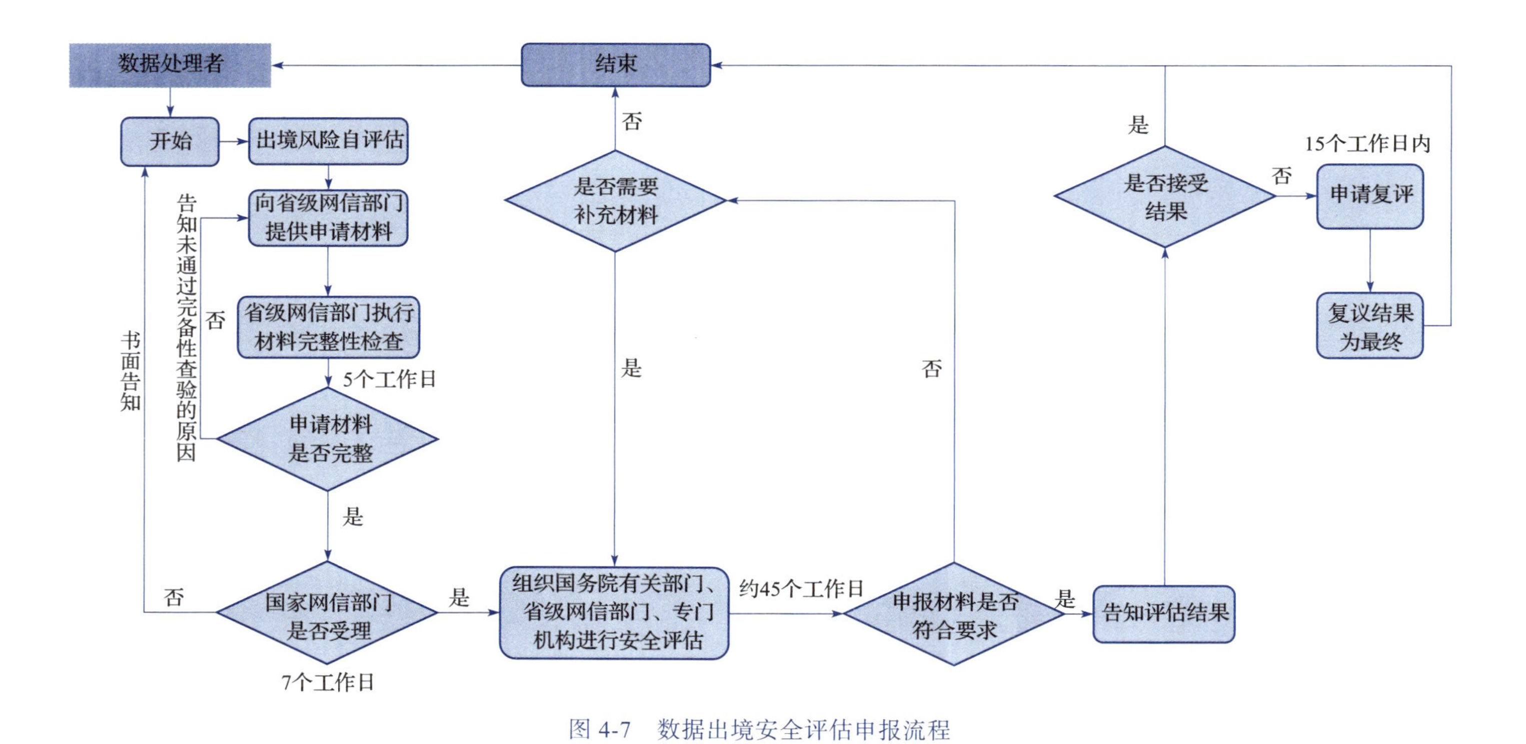

图 4-7 数据出境安全评估申报流程

（3）个人信息处理者应在 10 个工作日内补充材料

需要补充完善材料的，个人信息处理者应当在 10 个工作日内提交补充完善材料；逾期未补充完善材料的，可以终止本次备案程序。

（4）补充或重新备案应在 15 个工作日内完成材料查验

个人信息处理者在标准合同有效期内补充订立标准合同的，应当向所在地省级网信部门提交补充材料；重新订立标准合同的，应当重新备案。补充或重新备案的材料查验时间为 15 个工作日。

个人信息出境标准合同备案流程如图 4-8 所示。

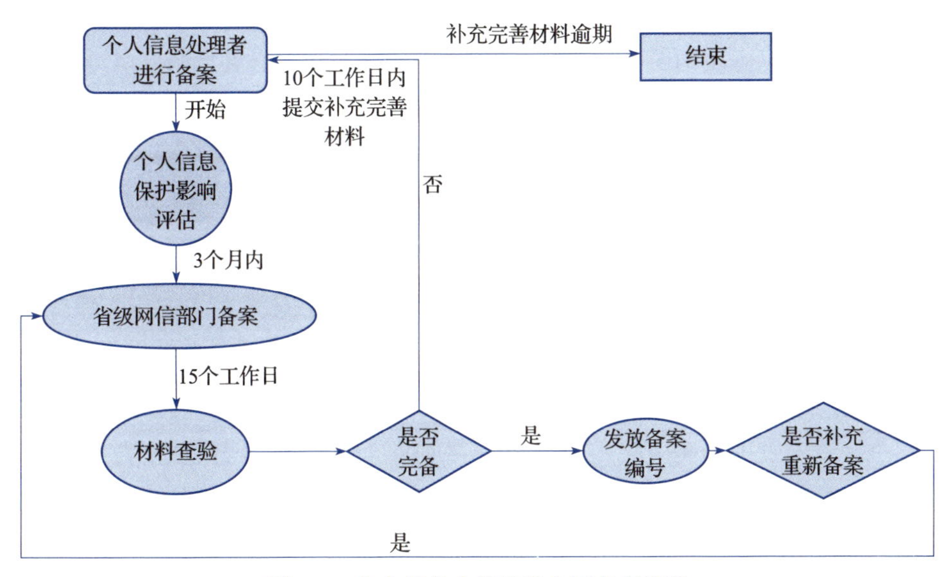

图 4-8　个人信息出境标准合同备案流程

4.3　金融数据出境合规制度体系建设

金融数据一般指金融行业在业务经营过程中所产生的所有数据，这是一个综合的概念，涉及银行、基金、保险、证券、信托等多个细分行业的数据。由于我国金融行业数字化转型时间早、整体数字化水平高，加之金融行业的特殊性，因此国家对金融行业的网络数据安全有严格要求。在立法方面，国家出台了《中华人民共和国证券法》(简称《证券法》)、《中华人民共和国保险法》(简称《保险法》)、《证券期货业信息安全保障管理办法》等规范金融数据要求。同时，为了指导金融从业机构开展网络数据安全保护，金融监管部门牵头出台了《个人金融信息保护技术规范》《金融数据安全 数据生命周期安全规范》等数据安全标准。金融行业的相关立法与数据安全标准和上述通用性立法与标准构成金融数据出境的安全规则体系。

4.3.1 金融数据的概念界定

对于什么是金融数据，目前我国在立法上没有对其做出清晰的概念界定，一般是指金融从业机构归集、产生、使用的数据。按照《金融数据安全 数据安全分级指南》的定义，金融数据是指金融业机构开展金融业务、提供金融服务以及日常经营管理所需或产生的各类数据。个人金融信息是指金融业机构通过提供金融产品和服务或者其他渠道获取、加工和保存的个人信息，包括账户信息、鉴别信息、金融交易信息、个人身份信息、财产信息、借贷信息及其他反映特定个人某些情况的信息，与《个人金融信息保护技术规范》的定义保持一致。关于金融数据与个人金融信息之间的关系，很明显，金融数据包含个人金融信息。

那么，什么是金融业机构呢?《金融数据安全 数据安全分级指南》没有进行说明，不过早于《金融数据安全 数据安全分级指南》实施的《个人金融信息保护技术规范》中给出了定义。其提出，本标准中的金融业机构是指由国家金融管理部门监督管理的持牌金融机构，以及涉及个人金融信息处理的相关机构。因此，参考上述提法，且由于金融数据包含个人金融信息的关系，《金融数据安全 数据安全分级指南》所提出的金融业机构是指由国家金融管理部门监督管理的持牌金融机构，以及涉及金融数据处理的相关机构。

4.3.2 金融数据出境的法律规定

金融数据出境安全的法律法规主要涉及金融数据的行业资质、保密、数据本地化存储及特别监管等方面。辨识金融数据的安全规则是在我国现有数据出境规则框架下开展金融数据出境的安全基础。

当前，我国在金融行业领域的立法主要包括《中华人民共和国反洗钱法》（简称《反洗钱法》）、《中华人民共和国商业银行法》（简称《商业银行法》）、《中华人民共和国中国人民银行法》（简称《人民银行法》）、《证券法》《保险法》《证券期货业信息安全保障管理办法》《中国人民银行金融消费者权益保护实施办法》《涉及恐怖活动资产冻结管理办法》《银行保险机构数据安全管理办法（征求意见稿）》和《中国人民银行业务领域数据安全管理办法（征求意见稿）》等，共同构建起我国金融安全的顶层规则体系。金融数据安全的相关法律要求也散落在上述法律文本中。

在行业资质要求方面，金融业机构向消费者提供支付、征信、贷款、结算等金融服务时，需要持有相应的牌照，获得相应的经营资质，这是处理金融数据的门槛。如《商业银行法》第十一条规定："设立商业银行，应当经国务院银行业监督管理机构审查批准。"再如《征信业务管理办法》第四条规定："从事个人征信业务的，应当依法取得中国人民银行个人征信机构许可；从事企业征信业务的，应当依法办理企业征信机构备案；从事信用评级业务的，应当依法办理信用评级机构备案等。"在保密性要求方面，由于金融数据具备高敏感性，可能涉及国家安全、商业秘密以及个人隐私，因此国家对于金融数据的保密有着严格的要求。《商业银行法》规定，对于存款人的相关信息应予以保密；《人民银行法》《个人存款账户实名制规定》《证券期货业信息安全保障管理办法》亦遵循行业要求，规定了保密义务。如《证券期货业信息安全保障管理办法》第三十条规定："核心机构和经营机构应当加强信息安全保密管理，保障投资者信息安全。"

在数据本地化存储方面，金融监管机构对金融从业机构，尤其是征信业金融机构以及银行业金融机构提出了数据本地化存储的要求，以确保金融数据出境的安全。《征信业管理条例》第二十四条对征信业数据的本地化存储进行了强制性要求，规定："征信机构在中国境内采集的信息的整理、保存和加工，应当在中国境内进行。"中国人民银行 2011 年发布的《关于银行业金融机构做好个人金融信息保护工作的通知》对银行业金融机构的数据本地化存储也进行了明确规定："在中国境内收集的个人金融信息的储存、处理和分析应当在中国境内进行。”

在数据出境特别监管方面，相关的要求主要出现在《证券法》与《涉及恐怖活动资产冻结管理办法》中，强调面对境外的数据调取活动需要征得监管机构的事先同意。《证券法》第一百七十七条第一款规定：“国务院证券监督管理机构可以和其他国家或地区的证券监督管理机构建立监督管理合作机制，实施跨境监督管理。”这里的监管不仅涉及证券相关活动的监管，也涉及证券相关活动所产生数据的监管，因此，关于金融相关数据的出境同时面临国家网信部门和金融监管机构的双重监管。《证券法》第一百七十七条第二款规定：“境外证券监督管理机构不得在中华人民共和国境内直接进行调查取证等活动。未经国务院证券监督管理机构和国务院有关主管部门同意，任何单位和个人不得擅自向境外提供与证券业务活动有关的文件和资料。”相关的要求在《涉及恐怖活动资产冻结管理办法》第十五条中也有提及，规定：“境外有关部门以涉及恐怖活动为由，要求境内金融机构、特定非金融机构冻结相关资产、提供客户身份信息及交易信息的，金融机构、特定非金融机构应当告知对方通过外交途径或司法协助途径提出请求；不得擅自采取冻结措施，不得擅自提供客户身份信息及交易信息。”上述要求旨在维护我国的数据主权，避免国外滥用国际司法互助协议以及对国外有关国家的数据长臂管辖进行反击。

4.3.3　金融数据出境的标准参照

金融数据出境需要申报数据出境安全评估的事项除金融关键信息基础设施外，还有金融行业的重要数据与达到量级的个人金融信息。金融关键信息基础设施和个人金融信息较好衡量识别，难点是金融行业的重要数据。因此，金融数据出境的首要任务是进行数据分级，识别金融行业的重要数据。金融行业的分类分级标准是诸多行业中较为完善成体系的，中国人民银行、中国证监会等金融监管机构发布了《证券期货业数据分类分级指引》《个人金融信息保护技术规范》《金融数据安全 数据安全分级指南》等相关标准，指导金融业机构进行数据分类分级，识别出本领域的重要数据，完善金融数据出境路径。

2018 年，中国证监会发布《证券期货业数据分类分级指引》，将数据级别从高到低分为 4、3、2、1 共四级。4 级数据主要用于行业内大型或特大型机构中的重要业务，通常仅特定人员有资格访问或使用。3 级数据用于重要业务，一般针对特定人员公开，仅允许必须知悉的对象访问或使用。2 级数据用于一般业务，一般针对受限对象公开，通常为内部管理且不宜广泛公开的数据。1 级数据一般指可公开或供公众使用的数据。2020 年 2 月，中国人民银行发布《个人金融信息保护技术规范》，将个人金融信息按敏感程度分为 C3、C2、C1 三类，实质上是对个人金融信息进行分级。C3 类别信息主要为用户鉴别信息。如果遭到未经授权的查看或变更，会对个人金融信息主体的信息安全与财产安全造成严重危害。C2 类别信息主要为可识别特定个人金融信息主体身份与金融状况的信息，以及用于金融产品与服务的关键信息。如果遭到未经授权的查看或变更，会对个人金融信息主体的信息安全与财产安全造成一定危害。C1 类别信息为机构内部使用的个人金融信息，如果遭到未经授权的查看或变更，可能会对个人金融信息主体的信息安全与财产安全造成影响。

2020 年 9 月，中国人民银行结合最新数据安全保护法律要求，融合《证券期货业数据分类分级指引》和《个人金融信息保护技术规范》的相关内容，发布了《金融数据安全 数据安全分级指南》。《金融数据安全 数据安全分级指南》将数据安全级别从高到低划分为 5 级，第 5 级为最高等级，包含重要数据，第 4 级、第 3 级和第 2 级数据依次包括了 C3、C2、C1 三类个人金融信息，见表 4-5。

表 4-5　金融数据分级识别表

数据级别	数据重要程度	数据特征
5 级	极高	• 重要数据，通常主要用于金融业大型或特大型机构、金融交易过程中重要核心节点类机构的关键业务使用，一般针对特定人员公开，且仅为必须知悉的对象访问或使用 • 数据安全性遭到破坏后，对国家安全造成影响，或对公众权益造成严重影响
4 级	高	• 数据通常主要用于金融业大型或特大型机构、金融交易过程中重要核心节点类机构的重要业务使用，一般针对特定人员公开，且仅为必须知悉的对象访问或使用 • 个人金融信息中的 C3 类信息 • 数据安全性遭到破坏后，对公众权益造成一般影响，或对个人隐私或企业合法权益造成严重影响，但不影响国家安全

（续）

数据级别	数据重要程度	数据特征
3 级	中	• 数据用于金融业机构关键或重要业务使用，一般针对特定人员公开，且仅为必须知悉的对象访问或使用 • 个人金融信息中的 C2 类信息 • 数据的安全性遭到破坏后，对公众权益造成轻微影响，或对个人隐私或企业合法权益造成一般影响，但不影响国家安全
2 级	一般	• 数据用于金融业机构一般业务使用，一般针对受限对象公开，通常为内部管理且不宜广泛公开的数据 • 个人金融信息中的 C1 类信息 • 数据的安全性遭到破坏后，对个人隐私或企业合法权益造成轻微影响，但不影响国家安全、公众权益
1 级	低	• 数据一般可被公开或可被公众获知、使用 • 个人金融信息主体主动公开的信息 • 数据的安全性遭到破坏后，可能对个人隐私或企业合法权益不造成影响，或仅造成微弱影响但不影响国家安全、公众权益

此外，有关金融数据的跨境传输，还有一个标准值得重点关注，就是中国人民银行在 2021 年发布的《金融数据安全 数据生命周期安全规范》。在进行金融数据传输时，该标准强调金融业机构应区分内部传输与外部传输，根据传输范围的不同以及传输数据等级的不同，采取不同的传输方式并遵照不同的传输要求。如《金融数据安全 数据生命周期安全规范》明确，4 级及以上数据传输，应对数据进行字段级加密，并采用安全的传输协议进行传输。4 级数据中的个人金融信息原则上不应对外传输，国家及行业主管部门另有规定的除外。同时，《金融数据安全 数据生命周期安全规范》规定在我国境内产生的金融数据原则上应在我国境内存储，并提出“在我国境内产生的 5 级数据应仅在我国境内存储”。

4.4 健康医疗数据出境合规制度体系建设

由于健康医疗数据具备高敏感性，一旦发生数据安全问题将对个人隐私甚至国家安全造成严重损害，因此我国对健康医疗数据的处理一直秉持高标准、高要求的态度。在健康医疗数据立法方面，我国出台了《国家健康医疗大数据标准、安全和服务管理办法（试行）》《人口健康信息管理办法（试行）》《医疗卫生服务单位信息公开管理办法》《医疗卫生机构网络安全管理办法》《中华人民共和国生物安全法》《中华人民共和国人类遗传资源管理条例》《人类遗传资源管理条例实施细则》等法律法规。在标准规范制定方面，则有《信息安全技术 健康医疗数据安全指南》《信息安全技术 基因识别数据安全要求（征求意见稿）》等。有关健康医疗数据的相关要求分散在上述法律法规和标准中，健康医疗行业的立法、行业标准与顶层的通用性法律和通用性标准共同构成我国健康医疗数据出境的合规规则体系。

4.4.1　健康医疗数据的概念界定

健康医疗行业涉及的主体种类及其收集的数据类别通常较为多样和复杂，我国法律法规对于健康医疗数据的定义较为宽泛，很多都分散在各个独立的法律法规中。《中华人民共和国民法典》明确将健康信息纳入个人信息的范畴，为保护健康医疗数据提供了重要立法依据和保障。《个人信息保护法》更严格地将医疗健康信息划定为敏感个人信息，并明确在必要时才能对其进行处理。《电子病历应用管理规范（试行）》《人口健康信息管理办法（试行）》《中华人民共和国人类遗传资源管理条例》《药物临床试验质量管理规范》《用于产生真实世界证据的真实世界数据指导原则（试行）》等法律法规，针对健康医疗领域不同类型数据的内涵进行了定义和规制。《中华人民共和国人类遗传资源管理条例》规定，人类遗传资源信息是指利用人类遗传资源材料产生的数据等信息资料。《人口健康信息管理办法（试行）》规定，人口健康信息是指依据国家法律法规和工作职责，各级各类医疗卫生计生服务机构在服务和管理过程中产生的人口基本信息、医疗卫生服务信息等人口健康信息。《国家健康医疗大数据标准、安全和服务管理办法（试行）》中，对健康医疗数据的概念进行了综合且清晰的明确，根据其第四条规定，健康医疗大数据是指“在人们疾病防治、健康管理等过程中产生的与健康医疗相关的数据。”

除此之外，在标准规范层面，国家尝试根据数据特征对健康医疗数据进行更加全面的划分。例如，《信息安全技术 健康医疗数据安全指南》对健康医疗数据的内涵、分类分级和安全措施等方面给出了详细的规定，认为健康医疗数据包括个人健康医疗数据以及由个人健康医疗数据加工处理后得到的健康医疗相关电子数据。同时，该标准将健康医疗数据分为 6 类，分别是个人属性数据、健康状况数据、医疗应用数据、医疗支付数据、卫生资源数据和公共卫生数据，见表 4-6。

表 4-6 健康医疗数据的类别与范围

数据类别	范围
个人属性数据	1）人口统计信息，包括姓名、出生日期、性别、民族、国籍、职业、住址、工作单位、家庭成员信息、联系人信息、收入、婚姻状态等 2）个人身份信息，包括姓名、身份证、工作证、居住证、社保卡、可识别个人的影像图像、健康卡号、住院号、各类检查检验相关单号等 3）个人通讯信息，包括个人电话号码、邮箱、账号及关联信息等 4）个人生物识别信息，包括基因、指纹、声纹、掌纹、耳廓、虹膜、面部特征等 5）个人健康监测传感设备 ID 等
健康状况数据	主诉、现病史、既往病史、体格检查（体征）、家族史、症状、检验检查数据、遗传咨询数据、可穿戴设备采集的健康相关数据、生活方式、基因测序、转录产物测序、蛋白质分析测定、代谢小分子检测、人体微生物检测等
医疗应用数据	门（急）诊病历、住院医嘱、检查检验报告、用药信息、病程记录、手术记录、麻醉记录、输血记录、护理记录、入院记录、出院小结、转诊（院）记录、知情告知信息等
医疗支付数据	1）医疗交易信息，包括医保支付信息、交易金额、交易记录等 2）保险信息，包括保险状态、保险金额等
卫生资源数据	医院基本数据、医院运营数据等
公共卫生数据	环境卫生数据、传染病疫情数据、疾病监测数据、疾病预防数据、出生死亡数据等

上述的数据类别并不一定涵盖目前健康医疗行业的所有数据类别。随着健康医疗行业的数字化发展及应用场景的变化，相应的数据也会有所变化。因此，纳入健康医疗行业的数据也会有所增减。但是，基于审慎判断，为了确保安全合规，以“增”的思维去囊括健康医疗数据的范围是比较稳妥的办法。

4.4.2 健康医疗数据出境的法律规定

在现阶段，健康医疗数据涉及的范围广泛，不同法律法规中的健康医疗数据可能存在相互包含的关系。随着对健康医疗数据认识和应用的加深，国家可能会进一步出台规范健康医疗数据体系的法律法规，推动健康医疗数据安全合规的发展。纵观健康医疗数据的行业立法，有关数据出境的要求主要强调数据和服务器的本地化部署，同时对于极度敏感数据如人类遗传资源信息等，需进行安全审查。

健康医疗数据安全的总体要求，在《中华人民共和国基本医疗卫生与健康促进法》（简称《基本医疗卫生与健康促进法》）、《中华人民共和国生物安全法》（简称《生物安全法》）、《中华人民共和国传染病防治法》（简称《传染病防治法》）等法律中有所体现。同时，国家卫生健康委员会和国家医疗保障局等部门出台了数据安全指南与管理办法，如《国家健康医疗大数据标准、安全和服务管理办法（试行）》《关于促进和规范健康医疗大数据应用发展的指导意见》《关于加强全民健康信息标准化体系建设的意见》《关于加强网络安全和数据保护工作的指导意见》《国家医疗保障局数据安全管理办法》《医疗卫生机构网络安全管理办法》等。针对不同类别的健康医疗数据，涉及病例资料、临床与临床试验数据、人口健康信息、人类遗传资源、公共卫生信息、卫生资源数据、医疗支付数据等多个类别，相关规定散落在如《电子病历应用管理规范（试行）》《药物临床试验质量管理规范》《用于产生真实世界证据的真实世界数据指导原则（试行）》《中华人民共和国人类遗传资源管理条例》（简称《人类遗传资源管理条例》）、《人口健康信息管理办法（试行）》《关于加强公立医院运营管理的指导意见》《国家医疗保障局关于进一步深化推进医保信息化标准化工作的通知》《国家医疗保障局关于积极推进“互联网+”医疗服务医保支付工作的指导意见》等众多政策法规中。

在健康医疗数据出境安全的大原则上，2022年出台的《医疗卫生机构网络安全管理办法》第二十二条明确规定：“数据全生命周期活动应在境内开展”。如需向境外提供，应依照法律法规的要求进行评估，涉及国家安全的数据处理活动需提交国家审核。在数据出境路径方面，该办法与《数据出境安全评估办法》《促进和规范数据跨境流动规定》等保持一致，落实相关要求。

在数据本地化存储措施方面，《人口健康信息管理办法（试行）》第十条要求不得将人口健康信息存储在境外的服务器上，同时不得托管或租赁在境外的服务器。《国家健康医疗大数据标准、安全和服务管理办法（试行）》第三十条也规定，健康医疗大数据应当存储在境内安全可信的服务器上。

对于更为敏感的健康医疗数据，我国的管控措施更为严格，典型的如人类遗传资源信息。人类遗传资源信息是指利用人类遗传资源材料产生的人类基因、基因组数据等信息资料。当前全球生物安全形势严峻，生物战和以非典、埃博拉病毒、非洲猪瘟等为代表的重大新发突发传染病及动植物疫情等传统生物威胁依然多发，生物恐怖袭击、生物技术误用和实验室生物泄漏等非传统生物威胁凸显。因此，我国陆续出台《生物安全法》《人类遗传资源管理条例》《人类遗传资源管理条例实施细则》等法律法规，旨在保障我国生物资源和人类遗传资源的安全。

《生物安全法》《人类遗传资源管理条例》均要求“外国组织、个人及其设立或者实际控制的机构不得在我国境内采集、保藏我国人类遗传资源，不得向境外提供我国人类遗传资源”。如果将我国人类遗传资源传输至境外，不仅需要满足国家网信部门的出境规定，还需要取得国务院卫生健康主管部门出具的人类遗传资源材料出境证明，参见《人类遗传资源管理条例》第二十七条的规定。此外，如果将人类遗传资源信息向外国组织、个人及其设立或者实际控制的机构提供或者开放使用，需向国务院卫生健康主管部门备案并提交信息备份，具体内容参见《人类遗传资源管理条例》第二十八条的规定。后续发布的《人类遗传资源管理条例实施细则》第三十六条进行了调整，规定：“将人类遗传资源信息向境外组织、个人及其设立或者实际控制的机构提供或者开放使用的，中方信息所有者应当向科技部事先报告并提交信息备份。”同时，对于上述行为可能影响我国公众健康、国家安全和社会公共利益的，还应通过科技部组织的安全审查。应当进行安全审查的情形包括：①重要遗传家系的人类遗传资源信息；②特定地区的人类遗传资源信息；③人数大于500例的外显子组测序、基因组测序信息资源；④可能影响我国公众健康、国家安全和社会公共利益的其他情形。

4.4.3 健康医疗数据出境的标准参照

在健康医疗行业标准方面，基于健康医疗信息和数据的需要，近年来我国陆续发布了《信息安全技术 健康医疗数据安全指南》《国家卫生信息资源分类与编码管理规范》《国家卫生信息资源使用管理规范》《区域卫生信息平台交互标准》《卫生信息共享文档编制规范》《电子病历共享文档规范》《健康档案共享文档规范》等一系列健康医疗领域的行业标准，不断加强数据安全规范建设。其中，《信息安全技术 健康医疗数据安全指南》对健康医疗数据的出境有着重要的指导作用。

《信息安全技术 健康医疗数据安全指南》给出了健康医疗数据的分级规则。依据数据重要程度、风险级别及其对个人健康医疗数据主体可能造成的损害和影响，将数据划分为 5 级，其中 5 级最高。《信息安全技术 健康医疗数据安全指南》并未如《金融数据安全 数据安全分级指南》一样，在第 5 级数据中明确包含重要数据，但其分级规则依然是健康医疗机构识别重要数据和开展数据跨境流动的参考，见表 4-7。

表 4-7　健康医疗数据分级识别表

数据级别	数据重要程度	数据特征
5 级	极高	仅在极小范围内且在严格限制条件下供访问使用的数据。例如特殊病种（例如艾滋病、性病）的详细资料，仅限于主治医护人员访问且需要进行严格管控
4 级	高	在较小范围内供访问使用的数据。例如可以直接标识个人身份的数据，仅限于相关医护人员访问使用
3 级	中	可在中等范围内供访问使用的数据。例如经过部分去标识化处理，但仍可能重标识的数据，仅限于获得授权的项目组范围内使用
2 级	一般	可在较大范围内供访问使用的数据。例如不能标识个人身份的数据，各科室医生经过申请审批可以用于研究分析
1 级	低	可完全公开使用的数据。例如医院名称、地址、电话等，可直接在互联网上面向公众公开

4.5　工业和信息化数据出境合规制度体系建设

工业和信息化领域的数据主要分为两大方面，一是工业领域的数据，二是信息化领域的数据，总体包括工业数据、电信数据和无线电数据三大类数据。针对工业和信息化领域的数据安全，我国工业和信息化部出台了《工业和信息化领域数据安全管理办法（试行）》《工业和信息化领域数据安全风险评估实施细则（试行）》，对核心数据与重要数据等相关定义、分类分级、安全责任、安全要求进行了规定，以保障工业和信息化领域数据的安全。同时，工业和信息化部还发布了《工业数据分类分级指南（试行）》《工业控制系统信息安全防护指南》等相关指南，指导工业数据的分类分级，服务于工业和信息化领域的数据出境。在标准规范方面，国家发布实施了《信息安全技术 数据安全风险评估方法（征求意见稿）》《工业数据质量 通用技术规范》《无人机云系统数据规范》《信息技术服务 数据资产 管理要求》等标准，指导工业和信息化相关企业实施数据安全保护。其中，电信数据的重要数据界定方面取得较大进展，工业和信息化部于 2024 年发布了《电信领域企业重要数据识别指南》代替 2021 年发布的《基础电信企业重要数据识别指南》，有利于电信企业识别重要数据并进行数据出境安全评估申报。

4.5.1 工业和信息化数据的概念界定

如上所述，工业和信息化领域的数据包含工业数据、电信数据和无线电数据。那么，什么是工业数据、电信数据和无线电数据呢？根据 2022 年工业和信息化部出台的《工业和信息化领域数据安全管理办法（试行）》第三条的定义，工业数据是指在工业各行业各领域的研发设计、生产制造、经营管理、运行维护、平台运营等过程中产生和收集的数据。电信数据是指在电信业务经营活动中产生和收集的数据。无线电数据是指在开展无线电业务活动中产生和收集的无线电频率、台（站）等电波参数数据。

《工业和信息化领域数据安全管理办法（试行）》对工业数据的定义较为综合，而《工业数据分类分级指南（试行）》则对工业数据进行了更为具体的划分。《工业数据分类分级指南（试行）》将工业数据细化定义为“工业领域产品和服务全生命周期内产生和应用的数据，包括但不限于工业企业在研发设计、生产制造、经营管理、运维服务等环节中生成和使用的数据，以及工业互联网平台企业（以下简称平台企业）在设备接入、平台运行、工业 APP 应用等过程中生成和使用的数据。”理论上，后文将提到的汽车数据也属于工业数据的一类，但由于汽车数据的应用场景丰富且数据出境争议较多，因此本书将汽车数据单独列出进行讨论分析。此前的《基础电信企业重要数据识别指南》对电信数据的具体划分有所提及，包括但不限于网络和系统规划建设类数据、网络与系统资源类数据、网络与系统运维类数据、网络安全管理类数据、技术研发类数据、战略决策类数据和生产经营类数据。

4.5.2　工业和信息化数据出境的法律规定

关于工业和信息化数据的出境，国内目前暂无具体的顶层立法，有关的规定仅在较早期的《中华人民共和国安全生产法》《中华人民共和国电信条例》中稍微有所涉及，但已难以满足当前数字时代工业和信息化领域发展的安全需求。因此，工业和信息化部近年依据《数据安全法》《网络安全法》接连出台《工业数据分类分级指南（试行）》《工业和信息化领域数据安全管理办法（试行）》《工业和信息化领域数据安全风险评估实施细则（试行）》等规章，进一步规制工业和信息化领域数据的安全。关于工业和信息化数据的出境问题，如数据分类分级、数据本地化等，均在上述工业和信息化部出台的规章中有所规定。

2020 年 2 月，工业和信息化部发布了《工业数据分类分级指南（试行）》，目的在于指导企业提升工业数据管理能力，促进工业数据的使用、流动与共享，释放数据潜在价值。《工业数据分类分级指南（试行）》共四章十六条，分为总则、数据分类、数据分级以及分级管理，其中与数据出境紧密相关的是数据如何分级及分级如何管理。在工业数据的分类方面，该指南要求工业企业结合其生产制造模式，而平台企业则需结合其服务运营模式，两者在完成上述步骤后，再进行业务流程和系统设备的分析梳理，结合行业要求、业务规模、数据复杂程度等实际情况，对工业数据进行分类梳理和标识，最终形成企业工业数据的分类清单。《工业数据分类分级指南（试行）》将工业数据划分为工业企业工业数据与平台企业工业数据两类，并将工业企业工业数据进一步细分为研发数据域、生产数据域和运维数据域等，将平台企业工业数据进一步细分为平台运营数据域和企业管理数据域等。当然，《工业数据分类分级指南（试行）》也提出，以上两大类的细分只是大概分类，并不一定涵盖所有细分类别，具体见表 4-8。

表 4-8 工业数据分类表

数据类别	数据子类	数据内容
工业企业工业数据	研发数据域	研发设计数据、开发测试数据等
	生产数据域	控制信息、工况状态、工艺参数、系统日志等
	运维数据域	物流数据、产品售后服务数据等
	管理数据域	系统设备资产信息、客户与产品信息、产品供应链数据、业务统计数据等
	外部数据域	与其他主体共享的数据等
平台企业工业数据	平台运营数据域	物联采集数据、知识库模型库数据、研发数据等
	企业管理数据域	客户数据、业务合作数据、人事财务数据等

在完成上述工业数据分类的基础上，《工业数据分类分级指南（试行）》给出了工业数据分级的标准。其根据不同类别工业数据遭篡改、破坏、泄露或非法利用后可能对工业生产、经济效益等带来的潜在影响，将工业数据分为 1 级、2 级和 3 级，其中 3 级安全等级最高，见表 4-9。

表 4-9 工业数据分级表

数据级别	数据重要程度	数据特征
3 级	高	• 易引发特别重大生产安全事故或突发环境事件，或造成直接经济损失特别巨大 • 对国民经济、行业发展、公众利益、社会秩序乃至国家安全造成严重影响
2 级	中	• 易引发较大或重大生产安全事故或突发环境事件，给企业造成较大负面影响，或直接经济损失较大 • 引发的级联效应明显，影响范围涉及多个行业、区域或者行业内多个企业，或影响持续时间长，或可导致大量供应商、客户资源被非法获取或大量个人信息泄露 • 恢复工业数据或消除负面影响所需付出的代价较大
1 级	低	• 对工业控制系统及设备、工业互联网平台等的正常生产运行影响较小 • 给企业造成负面影响较小，或直接经济损失较小 • 受影响的用户和企业数量较少、生产生活区域范围较小、持续时间较短 • 恢复工业数据或消除负面影响所需付出的代价较小

对于工业数据的分级管理，《工业数据分类分级指南（试行）》确立了企业的数据主体责任，要求企业做好分类分级，并鼓励企业在做好数据管理的前提下适当共享 1、2 级数据。2 级数据只对确需获取该级数据的授权机构及相关人员开放，而 3 级数据原则上不共享，确需共享的应严格控制知悉范围。同时，指南对 3 级数据提出了更严格的要求。如果 3 级数据发生篡改、破坏、泄露或非法利用等问题时，企业应进行应急处置，并将事件及时上报数据所在地的省级工业和信息化主管部门，在应急工作结束后 30 日内还需补充上报事件处置情况。不过，《工业数据分类分级指南（试行）》虽然给出了分类分级的标准，确立了数据的分级标准，但是对于重要数据的概念却未提及。

鉴于数据安全保护形势的变化以及企业对数据保护需求的增加，2022 年 12 月，工业和信息化部出台了《工业和信息化领域数据安全管理办法（试行）》。该办法共八章四十二条，分为总则、数据分类分级管理、数据全生命周期安全管理、数据安全监测预警与应急管理和数据安全检测、认证、评估管理等。其中，对工业和信息化数据出境有较大参考意义的是“第二章　数据分类分级管理”。

《工业和信息化领域数据安全管理办法（试行）》第二章首先确定了整个工业和信息化领域数据的安全监管机制，明确工业和信息化部组织制定工业和信息化领域数据分类分级、重要数据和核心数据识别认定、数据分级防护等标准规范。同时，工业和信息化部将制定行业重要数据和核心数据具体目录并实施动态管理。地方行业监管部门分别组织开展本地区工业和信息化领域数据分类分级管理及重要数据和核心数据识别工作，确定本地区重要数据和核心数据具体目录并上报、更新给工业和信息化部。数据处理者应当将本单位重要数据和核心数据目录向本地区行业监管部门备案。地方行业监管部门应当在工业和信息化领域数据处理者提交备案申请的二十个工作日内完成审核工作，备案内容符合要求的，予以备案，同时将备案情况报工业和信息化部；不予备案的应当及时反馈备案申请人并说明理由，备案申请人应当在收到反馈情况后的十五个工作日内再次提交备案申请。备案流程如图 4-9 所示。

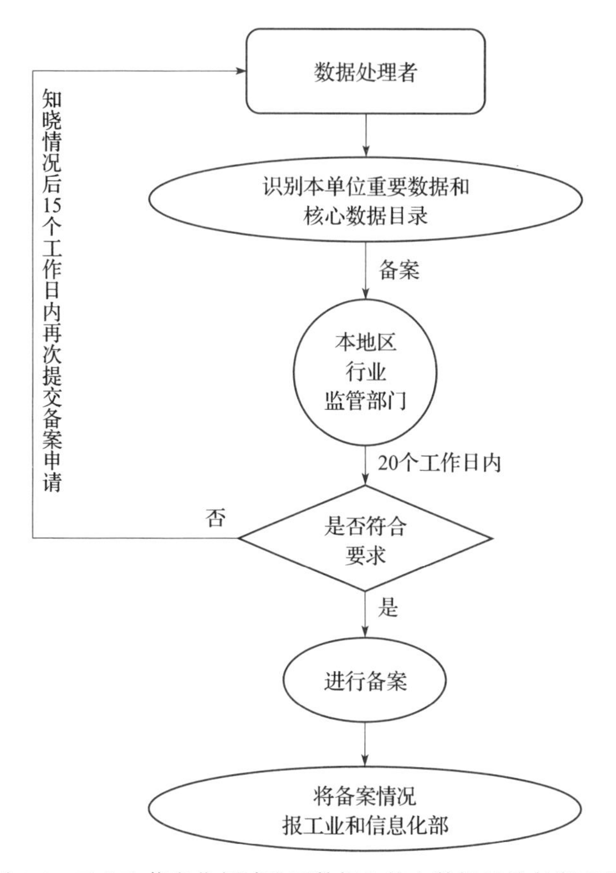

图 4-9　工业和信息化领域重要数据和核心数据目录备案流程

数据分类方面，《工业和信息化领域数据安全管理办法（试行）》参照《工业数据分类分级指南（试行）》的分类方法，根据行业要求、特点、业务需求、数据来源和用途等因素，将数据分类为研发数据、生产运行数据、管理数据、运维数据、业务服务数据等。在数据分级方面，《工业和信息化领域数据安全管理办法（试行）》进行了较大的突破，根据数据遭到篡改、破坏、泄露或非法获取、非法利用，对国家安全、公共利益或个人、组织合法权益等造成的危害程度，将工业和信息化领域数据分为一般数据、重要数据和核心数据三级。当然，数据处理者可在上述分类分级的基础上进一步细分数据的类别和级别。工业和信息化数据分级表见表 4-10。

表 4-10　工业和信息化数据分级表

数据级别	数据特征
核心数据	• 对政治、国土、军事、经济、文化、社会、科技、电磁、网络、生态、资源、核安全等构成严重威胁，严重影响海外利益、生物、太空、极地、深海、人工智能等与国家安全相关的重点领域 • 对工业和信息化领域及其重要骨干企业、关键信息基础设施、重要资源等造成重大影响 • 对工业生产运营、电信网络和互联网运行服务、无线电业务开展等造成重大损害，导致大范围停工停产、大面积无线电业务中断、大规模网络与服务瘫痪、大量业务处理能力丧失等 • 经工业和信息化部评估确定的其他核心数据
重要数据	• 对政治、国土、军事、经济、文化、社会、科技、电磁、网络、生态、资源、核安全等构成威胁，影响海外利益、生物、太空、极地、深海、人工智能等与国家安全相关的重点领域 • 对工业和信息化领域发展、生产、运行和经济利益等造成严重影响 • 造成重大数据安全事件或生产安全事故，对公共利益或者个人、组织合法权益造成严重影响，社会负面影响大 • 引发的级联效应明显，影响范围涉及多个行业、区域或者行业内多个企业，或者影响持续时间长，对行业发展、技术进步和产业生态等造成严重影响 • 经工业和信息化部评估确定的其他重要数据
一般数据	• 对公共利益或者个人、组织合法权益造成较小影响，社会负面影响小 • 受影响的用户和企业数量较少、生产生活区域范围较小、持续时间较短，对企业经营、行业发展、技术进步和产业生态等影响较小 • 其他未纳入重要数据、核心数据目录的数据

其中，一般数据对应《工业数据分类分级指南（试行）》中的 1 级数据甚至 2 级数据，重要数据对应的是 3 级数据。《工业和信息化领域数据安全管理办法（试行）》对核心数据、重要数据、一般数据的定义，为数据处理者识别核心数据、重要数据并进行数据出境提供了有价值的参考标准。

除分类分级外，《工业和信息化领域数据安全管理办法（试行）》对于核心数据和重要数据的出境还有其他规定要求，主要体现在第十七条和第二十一条中。第十七条规定“传输重要数据和核心数据的，应当采取校验技术、密码技术、安全传输通道或者安全传输协议等措施”，因此数据处理者在跨境传输时更应采取上述安全技术措施，以确保数据传输的安全。第二十一条强调了工业和信息化数据的本地化存储及数据出境安全评估等内容，要求“数据处理者在中华人民共和国境内收集和产生的重要数据和核心数据，法律、行政法规有境内存储要求的，应当在境内存储，确需向境外提供的，应当依法依规进行数据出境安全评估。”此外，第二十一条还提出了国际规则的特殊适用情况，工业和信息化部根据有关法律和我国缔结或参加的国际条约、协定，或按照平等互惠原则，可以处理外国工业、电信、无线电执法机构关于提供工业和信息化领域数据的请求。如果没有经过工业和信息化部批准，数据处理者不得随意向外国工业、电信、无线电执法机构提供存储于我国境内的工业和信息化数据。

2024 年 5 月，为了进一步指导企业开展工业和信息化领域重要数据和核心数据的数据安全风险评估活动，工业和信息化部发布《工业和信息化领域数据安全风险评估实施细则（试行）》（简称《细则》）。《细则》明确了重要数据和核心数据的处理者进行数据安全风险评估的频次与流程、评估的内容、评估的方式等。对于评估的频次，《细则》要求重要数据和核心数据处理者每年至少开展一次数据安全风险评估，评估结果有效期为一年，以评估报告首次出具日期计算。对于评估的流程，《细则》要求数据处理者在评估工作完成后的 10 个工作日内，向本地区行业监管部门报送评估报告。之后，地区行业监管部门再将相应的评估结果报送工业和信息化部。对于评估的方式，《细则》第七条明确，重要数据和核心数据处理者可以自行或者委托具有工业和信息化数据安全工作能力的第三方评估机构开展评估。也就是说，自行评估或依托第三方评估机构这两种方式皆可。对于评估的内容，《细则》要求对数据处理活动的目的和方式、业务场景、安全保障措施、风险影响等要素开展数据安全风险评估，主要包括：①数据处理目的、方式、范围是否合法、正当、必要；②数据安全管理制度、流程策略的制定和落实情况；③发生数据遭篡改、破坏、泄露、丢失或者被非法获取、非法利用等安全事件，对国家安全、公共利益的影响范围、程度等风险；④涉及国家法律法规中规定需要申报的数据出境安全评估情形，履行数据出境安全评估要求情况等。开展重要数据和核心数据的安全风险评估也是数据处理者在进行数据跨境传输时需要履行的重要安全义务。

4.5.3 工业和信息化数据出境的标准参照

虽然《工业和信息化领域数据安全管理办法（试行）》等给出了数据分类分

级的标准，并确定了重要数据以及核心数据的特征，同时也要求数据处理者备案重要数据和核心数据目录，但是数据处理者在具体的实践过程中仍有一定的识别难度，也需要一定的过程，因此需要行业主管部门对重要数据和核心数据的具体数据字段给出一定的参考标准。2021 年，工业和信息化部发布了《基础电信企业重要数据识别指南》，为基础电信企业在识别重要数据和进行数据出境安全评估申报方面提供参考。2024 年 7 月，工业和信息化部发布了《电信领域重要数据识别指南》并于 2024 年 10 月 1 日正式实施，用以替换《基础电信企业重要数据识别指南》。此前，工业和信息化部曾在 2020 年发布过《基础电信企业数据分类分级方法》，但相关内容已经整合进最新的《工业和信息化领域数据安全管理办法（试行）》中。

《电信领域重要数据识别指南》中有关电信数据的定义与《工业和信息化领域数据安全管理办法（试行）》保持一致，是指在电信业务经营活动中产生和收集的数据。至于电信领域重要数据，是指一旦遭到篡改、破坏、泄露或者非法获取、非法利用，可能危害国家安全、公共利益的电信数据（包括原始数据和汇聚、整合、分析等处理中以及处理后的衍生数据）。此外，仅影响电信数据处理者自身的电信数据一般不作为重要数据。在定义重要数据后，《电信领域重要数据识别指南》还提供了重要数据识别的整个流程以及重要数据的分类、识别方法。

电信领域重要数据的识别流程主要包括组建工作团队、确定识别范围、制定工作方案、实施重要数据识别、形成重要数据目录等，具体流程如图 4-10 所示。

在给定识别流程之后，《电信领域重要数据识别指南》亦给出了重要数据的细化分类、重要数据的识别要素和影响性分析，以及识别规则等。在重要数据分类方面，该指南结合数据属性、影响范围、影响程度等因素，将电信领域重要数据分为 5 类，分别为网络规划运维数据域、安全保障数据域、经济运行与业务发展数据域、关键技术成果数据域以及兜底的其他数据域。对于此 5 类数据的具体内容，见表 4-11。

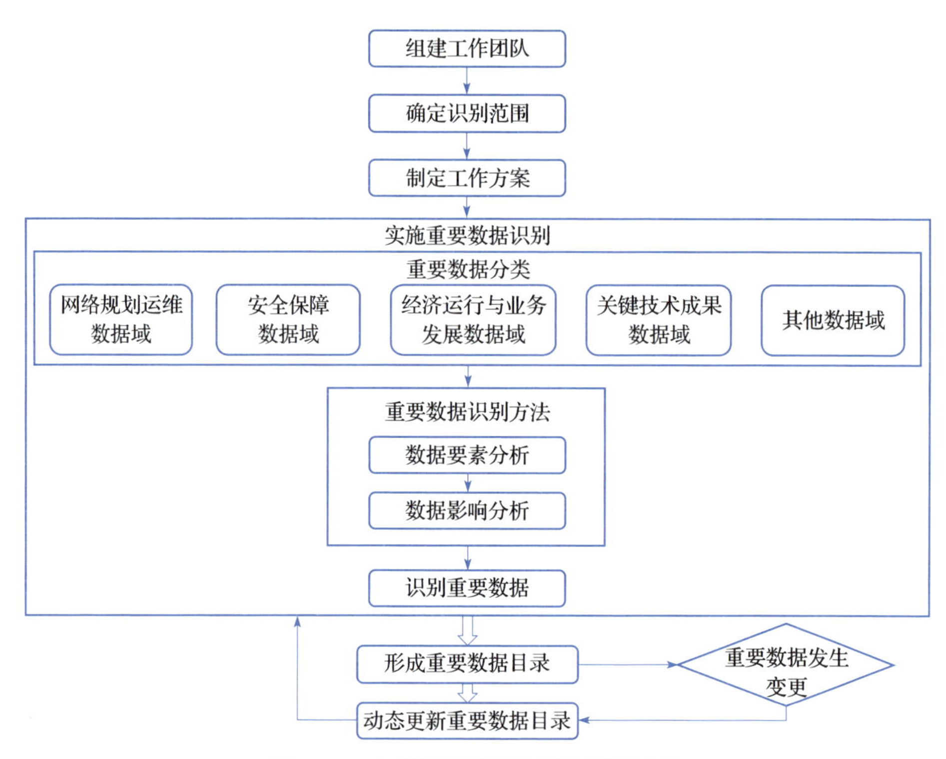

图 4-10 电信领域重要数据的识别流程

表 4-11 电信领域重要数据分类

数据分类	数据内容
网络规划运维数据域	能够反映重要网络设施和信息系统规划、建设、运维等总体发展情况的数据为网络规划运维数据域，主要包括网络规划建设、网络运行维护等数据
安全保障数据域	能够反映重要网络设施和信息系统安全保障情况以及重大应急通信保障情况的数据为安全保障域数据，主要包括网络与数据安全保障、物理安全保障、应急通信保障等数据
经济运行与业务发展数据域	能够反映我国电信领域经济运行总体情况与核心业务发展情况的数据为经济运行与业务发展数据域，主要包括发展战略与重大决策、关系国家和公共利益的非公开统计数据等数据
关键技术成果数据域	能够反映我国先进信息通信技术与产品发展水平的数据为关键技术成果数据域，主要包括涉及电信领域出口管制物项相关数据，重大科技成果、国家科技计划等活动中产生的先进技术数据
其他数据域	一定数量或影响一定范围的个人信息集合，以及主管部门认定的其他电信领域重要数据

对于电信领域重要数据的识别要素，《电信领域重要数据识别指南》中的识别要素与影响分析基本与《数据安全技术 数据分类分级规则》一致，判定要素基本为数据领域、群体、区域、精度、规模、覆盖度、重要性等。值得注意的是，在上述重要数据分类的基础上，《电信领域重要数据识别指南》给出了进一步细化的重要数据识别规则，对电信领域的数据处理者有着极高的参考价值。如对于其他数据域中一定数量或影响一定范围的个人信息集合，该指南给出的范围为：① 100 万人以上的个人信息；② 10 万人以上具有一定特征的个人信息。

4.6　汽车数据出境合规制度体系建设

汽车行业属于工业体系，汽车数据也因此属于工业数据的范畴。但是，由于当前全球自动化驾驶与智能网联汽车产业的蓬勃发展以及对汽车数据出境的旺盛需求，本书将汽车数据单独列出来讨论。国家互联网应急中心（CNCERT/CC）在 2021 年曾对 15 类主流车型 2021 年 8 月至 2021 年 11 月的数据出境情况进行分析，发现分析期间境内与境外汽车数据通联 7 327 654 次，其中汽车数据出境 2 621 348 次，境外共有 146 个国家或地区获取境内车辆数据。也是在 2021 年 10 月，国家发展和改革委员会、工业和信息化部、公安部、交通运输部等部门联合出台《汽车数据安全管理若干规定（试行）》，规范汽车数据处理活动。而在标准层面，则有《信息安全技术 汽车采集数据的安全要求》《信息安全技术 汽车数据处理安全要求》《汽车采集数据处理安全指南》等，指导汽车企业开展汽车数据处理活动。汽车数据的处理活动包括汽车数据的跨境传输活动，因此，关于汽车数据的出境安全要求也包含在上述法律和标准中。

4.6.1　汽车数据的概念界定

汽车数据一般指汽车行业企业在生产汽车过程中产生的数据。由于智能网联汽车的发展，汽车会对车辆周边信息进行收集，因此汽车数据还包括智能网联汽车运行过程中的相关数据。《汽车数据安全管理若干规定（试行）》对汽车数据进行了归纳总结，认为汽车数据包括汽车设计、生产、销售、使用、运维等过程中涉及的个人信息数据和重要数据。其中，个人信息指以电子或其他方式记录的与已识别或可识别的车主、驾驶人、乘车人、车外人员等有关的各种信息，不包括匿名化处理后的信息。由于个人信息可能涉及敏感个人信息，因此规定中给出了敏感个人信息的定义。敏感个人信息是指一旦泄露或非法使用，可能导致车主、驾驶人、乘车人、车外人员等受到歧视或人身、财产安全受到严重危害的个人信息，包括车辆行踪轨迹、音频、视频、图像和生物识别特征等信息。而重要数据是指一旦遭到篡改、破坏、泄露或非法获取、非法利用，可能危害国家安全、公共利益或个人、组织合法权益的数据。2023 年实施的《信息安全技术 汽车数据处理安全要求》在相关定义上与《汽车数据安全管理若干规定（试行）》保持一致，不过敏感个人信息的定义有所细化。《信息安全技术 汽车数据处理安全要求》指出，敏感个人信息包括行踪轨迹、音频、视频、图像、医疗健康、宗教信仰等个人信息，指纹、心律、声纹、面部识别特征等生物识别特征信息，居民身份证、军官证、工作证、社保卡、居住证等能标识特定身份的个人身份信息，银行账户、鉴别信息（口令）、金融账户等个人财产信息，以及不满十四周岁未成年人的个人信息。

4.6.2 汽车数据出境的法律规定

在汽车数据的顶层立法方面，主要有《网络安全法》《数据安全法》《个人信息保护法》等法律。为了落实这些法律，并结合汽车行业的数据安全保护需求，我国出台了《汽车数据安全管理若干规定（试行）》《网络预约出租汽车经营服务管理暂行办法》等相关法规，旨在规范汽车数据处理活动并促进汽车数据的合理开发利用。此外，由于智能网联汽车的快速发展，对周边地理信息的收集及汽车数据中涉及的地理信息处理，尤其是数据出境问题，可能还需要遵守《国家测绘地理信息局非涉密测绘地理信息成果提供使用管理办法》《对外提供我国涉密测绘成果审批程序规定》《测绘资质管理办法和测绘资质分类分级标准》《地图管理条例》等相关规定。

《汽车数据安全管理若干规定（试行）》不仅定义了汽车数据，还明确了汽车数据处理者包括哪些企业。按照规定，汽车数据处理者是指开展汽车数据处理活动的组织，包括汽车制造商、零部件和软件供应商、经销商、维修机构以及出行服务企业等，这些企业必须遵守相应的规定。在数据出境安全规制方面，《汽车数据安全管理若干规定（试行）》的最大突破在于明确了重要数据的内涵。《汽车数据安全管理若干规定（试行）》第三条提出了重要数据的定义，汽车数据的重要数据包括：①军事管理区、国防科工单位以及县级以上党政机关等重要敏感区域的地理信息、人员流量、车辆流量等数据；②反映经济运行情况的车辆流量、物流等数据；③汽车充电网的运行数据；④包含人脸信息、车牌信息等的车外视频、图像数据；⑤涉及个人信息主体超过 10 万人的个人信息；⑥国家网信部门和国务院发展改革、工业和信息化、公安、交通运输等有关部门确定的其他可能危害国家安全、公共利益或者个人、组织合法权益的数据。汽车数据重要数据的界定，为汽车数据处理者开展数据传输申报和数据出境安全评估提供了清晰的申报范围，提高了汽车数据出境的便利性。

在明确重要数据范围的基础上，《汽车数据安全管理若干规定（试行）》第十一至十四条规定了汽车数据处理者向境外提供重要数据的一系列要求，包括本地化存储、配合抽查、报告数据安全管理情况等。第十一条要求“重要数据应当依法在境内存储”，即本地化存储的要求。如果确需向境外提供，则应按照《数据出境安全评估办法》《促进和规范数据跨境流动规定》等进行安全评估。2022 年新修订的《网络预约出租汽车经营服务管理暂行办法》第二十七条中也提出了汽车数据本地化存储的要求，规定网约车平台公司所采集的个人信息和生成的业务数据，应在我国内地存储和使用，保存期限不少于 2 年，且除法律法规另有规定外，上述信息和数据不得外流。同时，《汽车数据安全管理若干规定（试行）》第十一条也提出了国际规则的适用问题，如果我国加入了国际条约且没有保留条款，即使该国际条约与国内法产生冲突，也可优先适用该国际条约。第十二条要求汽车数据处理者向境外提供重要数据时，不得超出出境安全评估时明确的目的、范围、方式和数据种类、规模等，还需配合相关部门对前述事项的抽查，并以可读等便利方式展示。第十三条、第十四条则规定汽车数据处理者向境外提供重要数据时，应当在每年 12 月 15 日前向省、自治区、直辖市网信部门和有关部门报送年度汽车数据安全管理情况。汽车数据重要数据出境报告事项见表 4-12。

表 4-12　汽车数据重要数据出境报告事项

序号	事项
1	汽车数据安全管理负责人、用户权益事务联系人的姓名和联系方式
2	处理汽车数据的种类、规模、目的和必要性
3	汽车数据的安全防护和管理措施，包括保存地点、期限等
4	向境内第三方提供汽车数据情况
5	汽车数据安全事件和处置情况
6	汽车数据相关的用户投诉和处理情况
7	境外接收者的基本情况
8	出境汽车数据的种类、规模、目的和必要性
9	汽车数据在境外的保存地点、期限、范围和方式
10	涉及向境外提供汽车数据的用户投诉和处理情况
11	国家网信部门会同国务院工业和信息化、公安、交通运输等有关部门明确的向境外提供汽车数据需要报告的其他情况、安全管理情况

2022 年 8 月，自然资源部针对智能网联汽车（包括智能汽车、网约车、智能公交以及移动智能配送装置等）有关测绘地理信息数据采集和管理的问题，出台了《自然资源部关于促进智能网联汽车发展维护测绘地理信息安全的通知》。通知第一条提及，智能网联汽车安装或集成了卫星导航定位接收模块、惯性测量单元、摄像头、激光雷达等传感器后，在运行、服务和道路测试过程中，对车辆及周边道路设施空间坐标、影像、点云及其属性信息等测绘地理信息数据进行采集、存储、传输和处理的行为，属于《中华人民共和国测绘法》规定的测绘活动，应依照测绘法律法规政策进行规范和管理。按照《中华人民共和国测绘法》第五章相关规定，需要从事相关数据收集、存储、传输和处理的车企、服务商及智能驾驶软件提供商等，属于内资企业的，应依法取得相应测绘资质，或委托具有相应测绘资质的单位开展相应测绘活动；属于外商投资企业的，应委托具有相应测绘资质的单位开展相应测绘活动，由被委托的测绘资质单位承担收集、存储、传输和处理相关空间坐标、影像、点云及其属性信息等业务及提供地理信息服务与支持。《国家测绘地理信息局非涉密测绘地理信

息成果提供使用管理办法》《对外提供我国涉密测绘成果审批程序规定》《测绘资质管理办法和测绘资质分类分级标准》《地图管理条例》等法律法规中对于地理信息的收集与出境也有相应的资质要求。此外，该通知要求内资企业严格管理专业类别测绘资质的使用。由于《外商投资准入特别管理措施（负面清单）（2021 年版）》的规定，地面移动测量、导航电子地图编制等属外资禁入领域，取得这些专业类别测绘资质的内资企业，应严格执行国家有关规定。

4.6.3　汽车数据出境的标准参照

2021 年 4 月，全国网络安全标准化技术委员会（简称国家信安标委）就《信息安全技术　网联汽车采集数据的安全要求（征求意见稿）》向公众征求意见，截至 2024 年 9 月，尚未公布正式稿件。《信息安全技术　网联汽车采集数据的安全要求（征求意见稿）》在数据跨境方面将数据分为两种：一种是不得出境的数据，另一种是符合国家相关规定可以出境的数据。不得出境的数据包括网联汽车通过摄像头、雷达等传感器从车外环境采集的道路、建筑、地形、交通参与者等信息，以及车辆位置、轨迹相关数据。至于网联汽车行驶状态参数、异常告警信息等数据如需出境，应当符合国家关于数据出境的相关规定。此外，《信息安全技术　网联汽车采集数据的安全要求（征求意见稿）》还要求，网联汽车通过加密方式跨境传输数据的，当监管部门开展抽查验证时，应提供传输的数据格式、加密方式等信息，并按要求明文提供相关数据内容。虽然该标准尚不属于正式文稿，但是对汽车数据处理者在数据出境安全合规方面依然具有重要参考价值。2021 年 10 月，全国信息安全标准化技术委员会正式发布《汽车采集数据处理安全指南》，其中对数据出境也有相应的要求。首先，《汽车采集数据处理安全指南》要求车外数据、座舱数据、位置轨迹数据不得出境；其次，运行数据如需出境，则需通过数据出境安全评估后方可出境；最后，该指南要求汽车制造商应为主管监管部门开展数据出境抽查提供技术手段，如传输的数据格式，以及便于读取的数据展示方式等。

对于什么是车外数据、座舱数据、位置轨迹数据和运行数据，《汽车采集数据处理安全指南》也进行了明确说明，见表 4-13。

表 4-13　汽车行业禁止出境的数据类别

数据类别	数据描述
车外数据	通过摄像头、雷达等传感器从汽车外部环境采集的道路、建筑、地形、交通参与者等数据，以及对其进行加工后产生的数据。其中，交通参与者是指参与交通活动的人，包括机动车、非机动车、其他交通工具的驾驶员与乘员，以及其他参与交通活动相关的人员；车外数据可能包含人脸、车牌等个人信息以及车辆流量、物流等法律法规标准所规定的重要数据
座舱数据	通过摄像头、红外传感器、指纹传感器、麦克风等传感器从汽车座舱采集的数据，以及对其进行加工后产生的数据。座舱数据可能包含驾驶员和乘员的人脸、声纹、指纹、心律等敏感个人信息；座舱数据不包括对汽车采集数据处理产生的操控记录数据
位置轨迹数据	基于卫星定位、通信网络等各种方式获取的汽车定位和途径路径相关的数据
运行数据	通过车速传感器、温度传感器、轴转速传感器、压力传感器等从动力系统、底盘系统、车身系统、舒适系统等电子电气系统采集的数据

2022 年 10 月出台的《信息安全技术　汽车数据处理安全要求》从标准层面对汽车数据的全生命周期安全提出了相应要求。在数据出境安全方面，《信息安全技术　汽车数据处理安全要求》仅提出数据本地化存储等通用性规则，其规定涉及座舱数据、位置轨迹数据、车外视频和车外图像数据，以及涉及个人信息主体超过 10 万人的个人信息，汽车数据处理者应依法在我国境内存储。

4.7　自然资源数据出境合规制度体系建设

无论是《网络数据安全管理条例（征求意见稿）》还是《数据安全技术　数据分类分级规则》，在重要数据的定义中均涉及自然资源领域，但是对于自然资源领域数据究竟包含哪些细分领域，其具体的定义并未给出答案。因此，为了进一步澄清概念，明确自然资源领域数据的定义，自然资源部于 2024 年 3 月出台了《自然资源领域数据安全管理办法》，规范自然资源领域数据。此外，《国家民用卫星遥感数据国际合作管理暂行办法》所规范的国家民用卫星遥感数据、《国家基础地理信息数据使用许可管理规定》管理的基础地理信息数据以及《中华人民共和国测绘成果管理条例》所管理的测绘成果信息也属于自然资源领域数据范畴。而在自然资源数据的标准制定方面，更多的标准还是围绕地理信息进行制定，尚未形成统一完整的自然资源领域数据标准。

4.7.1　自然资源数据的概念界定

对于自然资源领域数据的定义，《自然资源领域数据安全管理办法》中提出：“本办法所称‘自然资源领域数据’，是指在开展自然资源活动中收集和产生的数据，主要包括基础地理信息、遥感影像等地理信息数据，土地、矿产、森林、草原、水、湿地、海域海岛等自然资源调查监测数据，总体规划、详细规划、专项规划等国土空间规划数据，用途管制、资产管理、耕地保护、生态修复、开发利用、不动产登记等自然资源管理数据。”《国家民用卫星遥感数据国际合作管理暂行办法》则针对国家民用卫星遥感数据给出了定义，认为国家民用卫星遥感数据是指全部或部分使用中央财政资金支持的民用卫星所获取的遥感数据。《国家基础地理信息数据使用许可管理规定》对基础地理信息给出了定义，认为国家基础地理信息数据是指按照国家规定的技术规范、标准制作的、可通过计算机系统使用的数字化的基础测绘成果。至于基础测绘成果包含哪些信息，《中华人民共和国测绘成果管理条例》列出了答案，其规定：①为建立全国统一的测绘基准和测绘系统进行的天文测量、三角测量、水准测量、卫星大地测量、重力测量所获取的数据、图件；②基础航空摄影所获取的数据、影像资料；③遥感卫星和其他航天飞行器对地观测所获取的基础地理信息遥感资料；④国家基本比例尺地图、影像图及其数字化产品；⑤基础地理信息系统的数据、信息等。这些都属于基础测绘成果。

4.7.2　自然资源数据出境的法律规定

《自然资源领域数据安全管理办法》提出，自然资源部要制定自然资源领域数据分类分级、重要数据和核心数据识别认定、数据安全保护等标准规范，指导开展数据分类分级管理工作，编制行业重要数据和核心数据目录并实施动态管理。对于与数据出境关联度较大的数据分类分级等，《自然资源领域数据安全管理办法》进行了相关规定。在数据分类方面，根据行业特点和业务应用，自然资源领域数据分类类别包括但不限于地理信息、自然资源调查监测、国土空间规划、自然资源管理等。在数据分级方面，办法通过对自然资源领域数据的重要性、精度、规模、安全风险，以及数据价值、可用性、可共享性、可开放性等进行综合分析，判断数据遭到篡改、破坏、泄露或者非法获取、非法利用后的影响对象、影响程度、影响范围进行分级，将数据分为一般数据、重要数据和核心数据。

《自然资源领域数据安全管理办法》将核心数据定义为对领域、群体、区域具有较高覆盖度或达到较高精度、较大规模、一定深度的重要数据，一旦被非法使用或共享，可能直接影响政治安全。核心数据主要包括关系国家安全重点领域的数据，关系国民经济命脉、重要民生和重大公共利益的数据，以及经国家有关部门评估确定的其他数据。重要数据是指特定领域、特定群体、特定区域或达到一定精度和规模的，一旦被泄露、篡改或损毁，可能直接危害国家安全、经济运行、社会稳定、公共健康和安全的数据。一般数据是指除重要数据和核心数据以外的其他数据。同时，结合自然资源领域数据的特点，《自然资源领域数据安全管理办法》给出了重要数据判定指标，见表 4-14。

表 4-14　自然资源领域重要数据判定指标

满足以下两项（含）以上参考指标的为重要数据	
序号	指标
1	支撑党中央和国务院赋予的“两统一”职责产生的具有不可替代性和行业唯一性的，一旦发生数据篡改、泄露或服务中断等安全事故，将影响自然资源部门履行职责，对全国范围内服务对象产生重要影响的数据
2	涉及国民经济和重要民生的，为其他行业、领域提供自然资源基础数据支撑的，一旦发生数据安全事故会对其他行业、领域造成重要影响的数据
3	覆盖多个省份甚至全国，规模大、精度高，且极具敏感性、重要性的数据
4	直接影响国家关键信息基础设施正常运行服务的数据
5	危害国家安全、国家经济竞争力、危害公众接受公共服务、危害公民生存条件和安定工作生活环境、危害公民的生命财产安全和其他合法利益、导致社会恐慌等的数据
6	我国法律法规及规范性文件规定的其他自然资源重要数据
符合重要数据指标，且关系国家经济命脉、重要民生和重大公共利益、影响政治安全的数据为核心数据	

在完成重要数据和核心数据判定之后，自然资源部所属的数据处理者需要将本单位重要数据和核心数据目录向自然资源部报备，国家林业和草原局所属的数据处理者需要将本单位重要数据和核心数据目录向国家林业和草原局报备，

其他数据处理者需要将本单位重要数据和核心数据目录向本地区行业监管部门报备。报备的内容包括但不限于数据类别、级别、规模、精度、来源、载体、使用范围、对外共享、跨境传输、安全情况及责任单位情况等，不包括数据内容本身。

在报备流程方面，按照《自然资源领域数据安全管理办法》的规定，地方行业监管部门应当在数据处理者提交报备申请后的二十个工作日内完成审核工作，报备内容符合要求的，报自然资源部审核认定，自然资源部接到申请后二十个工作日完成重要数据认定，核心数据须报国家数据安全工作协调机制认定；不符合要求的，应当及时反馈申请单位并说明理由。申请单位应当在收到反馈后的十五个工作日内再次提交申请。如果报备内容发生重大变化，数据处理者应当在发生变化的三个月内履行变更手续。重大变化是指数据内容发生变化导致原有级别不再适用，或某类重要数据和核心数据规模变化 30% 以上。自然资源领域重要数据的判定规则目前来看较为宏观，细化操作还需进一步探索。不过在自然资源某些领域，如基础地理信息，已经识别出具体重要数据。《中华人民共和国测绘成果管理条例》第二十三条规定，重要地理信息数据包括：①国界、国家海岸线长度；②领土、领海、毗连区、专属经济区面积；③国家海岸滩涂面积、岛礁数量和面积；④国家版图的重要特征点，地势、地貌分区位置；⑤国务院测绘行政主管部门商国务院其他有关部门确定的其他重要自然和人文地理实体的位置、高程、深度、面积、长度等地理信息数据。

此外，对于重要数据的跨境传输，《自然资源领域数据安全管理办法》第二十条也规定了数据本地化存储的要求："数据处理者在中华人民共和国境内收集和产生的重要数据，应当在境内存储"，需要出境的则需要申报数据出境安全评估。

《国家民用卫星遥感数据国际合作管理暂行办法》中对于国家民用遥感卫星数据跨境传输的规定主要集中在第十五条和第十六条。第十五条要求对中国境内观测的卫星遥感数据未经授权不得向境外组织或个人提供；涉及敏感地区、敏感时段的遥感数据需实行授权分发；向境外提供对中国境内观测的卫星遥感数据必须取得相应授权。第十六条规定原则上只向国外合作用户提供其本国范围内的陆地观测卫星数据；若国外合作用户为区域性组织，则可向其提供区域性组织框架内相关国家的陆地观测卫星数据。对于可能对中国政治、安全、经济、外交等方面造成不利（或负面）影响的卫星遥感数据，严禁对外提供。对于有领土争议或安全热点地区的卫星遥感数据，开展国际合作前须获得相关部门审批。

1999 年实施的《国家基础地理信息数据使用许可管理规定》首先明确了国家基础地理信息数据实行使用许可制度。使用国家基础地理信息数据的部门、单位和个人，必须获得使用许可，并签订《国家基础地理信息数据使用许可协议》。同时，使用许可协议是非独占和不可转让的。因此，如果要开展基础地理信息数据的跨境传输，数据处理者首先必须获得使用许可。《国家基础地理信息数据使用许可管理规定》中具体有关基础地理信息数据出境的规定条款主要是第十八条和第二十七条。第十八条要求香港特别行政区、澳门特别行政区、台湾地区的公民、法人和其他组织在需要使用国家基础地理信息数据时，需向省级以上测绘主管部门提出申请，按国家有关规定进行审批。第二十七条则设立了事前审批制度，要求未经国务院测绘行政主管部门批准，任何部门、单位和个人不得将未公开的国家基础地理信息数据携带或者邮寄出境，不得以任何方式将其传输至境外。

4.7.3 自然资源数据出境的标准参照

为规范地理信息数据产品及应用服务，促进地理信息资源的互联互通和高效开发应用，国家测绘局组织制定了《地理信息分类与编码规则》《地理信息 数据产品规范》《基础地理信息服务质量评价》《地理信息 万维网地图服务接口》等标准，可为数据处理者开展地理信息数据跨境传输时提供一定的参考。

例如，《地理信息分类与编码规则》主要涉及地理信息的分类方法和编码规则，用于对地理实体进行系统化的分类和编码，方便地理信息的管理、查询和分析。该标准适用于对多源地理信息进行统一分类、组织和编码，实现不同专业地理空间数据的一体化组织、建库、存储，以及保证数据交换的一致性。而《地理信息 数据产品规范》提出对地理信息数据产品进行规范化描述和标准化要求，以确保地理信息数据产品的质量、可靠性和互操作性，指导数据产品规范的编制。

4.8 本章小结

《网络安全法》《数据安全法》《个人信息保护法》《关键信息基础设施安全保护条例》《数据出境安全评估办法》《促进和规范数据跨境流动规定》等立法以及《数据安全技术 数据分类分级规则》等标准构成我国数据出境的通用性规则。由于数据来源于细分的各行各业，因此在开展数据跨境传输时还需要结合各个行业的法律标准进行综合合规参考。目前，金融、健康医疗、工业和信息化、汽车、自然资源等行业的法律法规及标准制定较为完善，尤其在重要数据、核心数据的识别方面，可为数据处理者申报数据出境安全评估提供一定的参考与借鉴，从而推动数据跨境流动。

| 第三部分 |

操作指引

|第 5 章| CHAPTER

数据处理者数据出境合规指南

第 4 章介绍了我国目前有关数据出境的法律法规以及国家标准，这些法律法规和国家标准均属于顶层制度，数据处理者如何按照现有的顶层制度实现数据出境活动的合规急需进一步厘清。鉴于此，本章将给出数据处理者（主要是企业）开展数据出境活动的合规指南，旨在细化数据处理者开展数据出境活动的合规操作流程，确保数据出境活动安全合规。该合规指南主要涵盖以下内容：数据出境合规战略制定、数据出境业务梳理、内部数据出境合规制度建设、数据出境合规的要点与举措以及影响数据出境安全评估的要点等。本章将给出整体性、全面性的合规指南，数据处理者在日常开展数据出境活动时可根据自身情况进行参考，采纳全部或部分流程均可。

5.1 数据出境合规战略制定

随着全球化和数字化的深入发展，数据处理者在日常运营中经常需要跨国或跨区域进行数据流动，特别是在全球范围内的业务扩展中，数据处理者面临大量的个人信息和自身内部数据的跨境传输需求。为保障数据出境安全，我国构建了完善的数据出境法律体系，同时还出台了一系列可操作的国家标准，旨在规范数据处理者的数据出境行为。为有效应对数据出境的合规性问题，数据处理者需要制定一套系统化、可操作的合规战略，以确保在满足业务需求的同时遵循我国数据出境相关法律法规的要求。在构建和实施数据出境战略时，数据处理者应该首先明确战略的目标以及原则，并基于合规战略的目标、原则确立数据出境合规战略的核心组成要素。数据出境合规战略的框架及要素如图 5-1 所示。

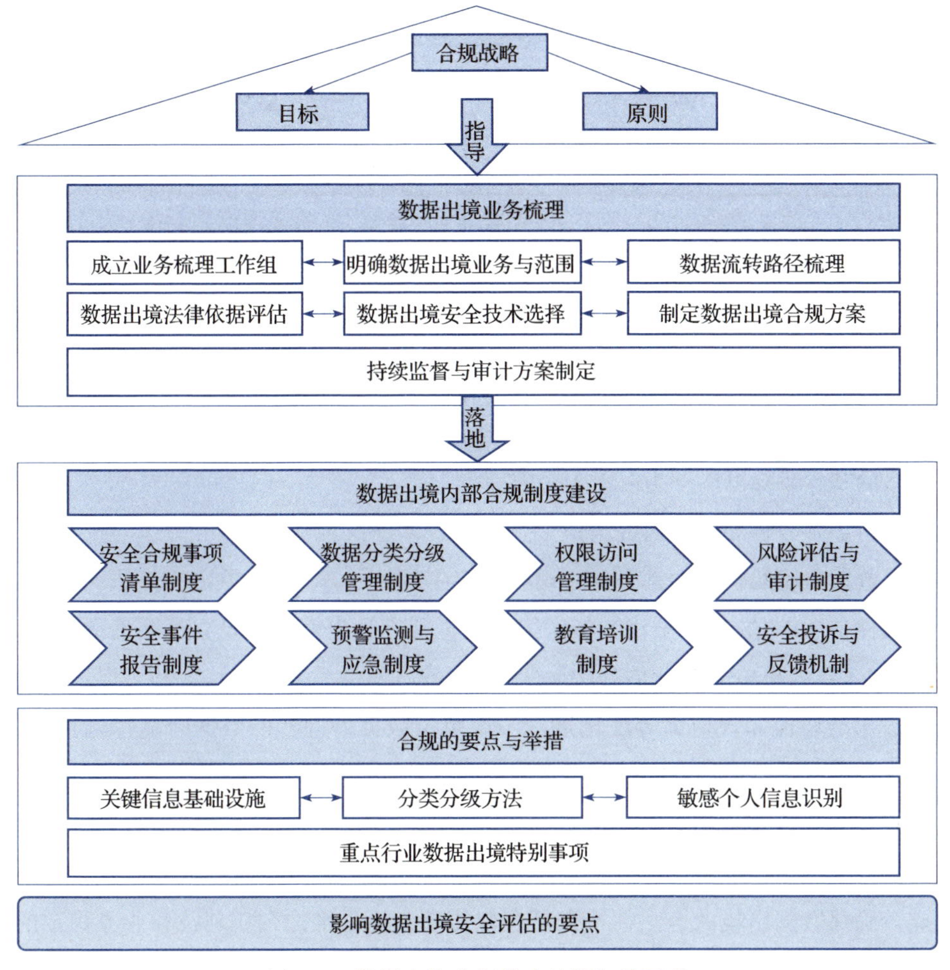

图 5-1　数据出境合规战略的框架及要素

5.1.1 基本目标与原则

数据处理者制定数据出境合规战略的目标是确保在跨境传输过程中，数据的合法性、安全性和个人隐私得到充分保障，同时保障自身内部业务的持续性并扩展国际业务。基于这些目标，数据处理者可以确立相应的原则，主要包括合法性原则、透明性原则、最小化原则、必要性原则、平衡性原则以及风险评估与应对原则。基本目标与原则的框架如图 5-2 所示。

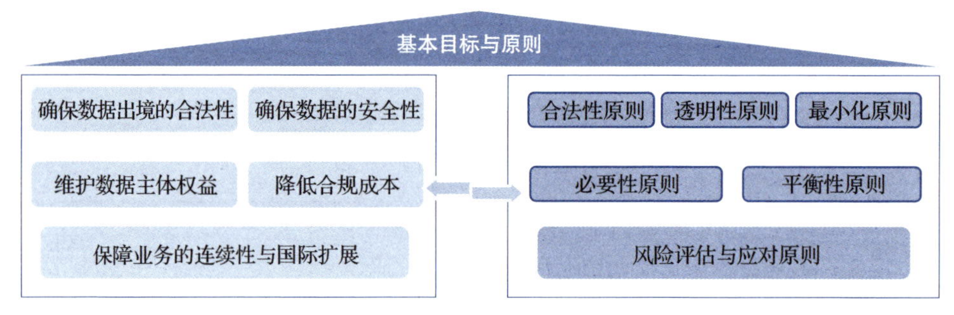

图 5-2 基本目标与原则的框架

1. 合规战略的基本目标

为了保障数据出境的合法性，确保业务正常、可持续开展，数据出境合规战略的基本目标可以分为以下五个方面。

（1）确保数据出境的合法性

数据出境的合法性是企业合规战略的首要目标。我国《网络安全法》《个人信息保护法》《数据安全法》等法律对数据处理和出境活动设立了明确的要求。此外，《数据出境安全评估办法》《个人信息出境标准合同办法》和《促进和规范数据跨境流动规定》等法规进一步规范了数据处理者的数据跨境传输行为。数据处理者在跨境传输数据时，必须遵循这些法律要求，确保数据传输的目的、方式和接收方符合相关法律法规的要求。如未遵循这些法律法规，数据处理者可能会面临法律风险，如处罚、声誉受损等，进而影响自身的业务和发展。因此，确保数据出境的合法性不仅是合规要求，更是维护企业利益和业务稳定的重要措施。

（2）确保数据的安全性

数据跨境传输过程中面临的安全问题主要包括数据泄露、数据篡改、非法访问、数据丢失、技术互不兼容以及个人隐私侵害等。其中较有代表性的是数据泄露问题。在数据跨境传输过程中，数据可能被恶意攻击者或未经授权的人员截获，导致敏感信息泄露。这种泄露可能会给企业带来严重的财务损失、声誉损失，甚至让企业违反法律。同时，数据可能被不具备合法权限的第三方访问，这种非法访问可能导致敏感数据的滥用或泄露，如黑客通过网络攻击获取数据，或者内部员工未经授权访问数据。因此，在企业数据出境过程中，保障数据的安全性是合规战略中的核心目标之一，数据处理者必须采取一系列强有力的技术和管理措施来确保数据的安全性。

（3）维护数据主体权益

在个人信息出境过程中，个人隐私保护是各国数据保护法的重点。数据处理者在制定数据出境合规战略时必须确保数据主体的隐私和权利不会因跨境传输而受到损害，充分尊重并保护数据主体的权利。数据主体有权知晓其个人数据的跨境传输情况，并对数据的处理过程进行监督和控制。按照我国《个人信息保护法》的规定，个人信息主体享有知情权、访问权、更正权、查阅权、删除权以及可携带权等，这些权利在数据出境过程中以及出境后应得到保障。企业应通过信息披露、明确数据处理目的、征得数据主体同意等方式，确保个人隐私得到充分保护，并为数据主体提供便捷的方式，让其能够随时查询、纠正或删除跨境传输的个人数据。

（4）降低合规成本

数据出境带来的法律风险和合规成本可能会对数据处理者的运营产生较大影响。数据出境过程中，数据处理者不仅需要遵守复杂的法律法规，还要面对高昂的合规成本，包括合规审查、风险评估、技术投入以及管理制度维护等。若无法有效控制这些成本，将对数据处理者的运营和业务造成较大的压力。因此，数据出境合规战略应着眼于通过合理的法律和技术手段，尽可能地降低企业的合规成本。通过合法合规的方式进行数据传输，可避免因违法操作而产生的巨额罚款或法律诉讼。与此同时，数据处理者在日常合规过程中应进一步优化数据跨境传输流程，减少冗余的合规步骤，最终形成标准化的数据出境流程，提高合规效率，从而降低合规成本。此外，在战略制定过程中，数据处理者还应将定期审查和更新数据出境的合规政策纳入战略目标，确保能够及时地应对法律法规的变化。

（5）保障业务的连续性和国际扩展

在全球化的市场环境中，跨境数据流动对于数据处理者，尤其是企业的业务连续性和国际扩展至关重要。一方面，跨国企业数字化转型使数据在全球范围内疾速流转；另一方面，跨国企业子公司与总部公司之间的业务联系也日益依赖网络数据的传输，因此，企业需要时刻保证数据的正常传输以维持业务的连续性。同时，在数字时代，国际市场、国际社会的联通也依赖彼此之间的数据信息流转，数据流动对业务的国际扩展日益重要。因此，数据出境合规战略的另一个重要目标是，在合规的前提下，确保数据能够顺利跨境传输，从而支持数据处理者的全球业务发展。

2. 数据出境合规战略的原则

为了实现上述目标，数据处理者在制定数据出境合规战略时，需要遵循若干基本原则。这些原则是数据处理者确保数据跨境传输过程中的安全性、合法性与合规性的基础。

（1）合法性原则

合法性是制定数据出境合规战略的首要原则。数据处理者在进行数据出境时，必须遵守我国有关数据出境的法律法规，同时也要确保境外数据接收者符合我国的法律法规并能够遵守相关要求。

（2）透明性原则

透明性原则要求数据处理者在数据出境的整个过程中，向数据主体和监管机构清晰披露跨境传输的相关信息。透明性不仅有助于维护数据主体的知情权，也有助于提升企业的信誉。

（3）最小化原则

最小化原则要求数据处理者在进行数据出境时，只传输为实现特定目的的所必需的最少量数据。通过减少跨境传输的数据量，数据处理者可以降低数据泄露的风险，并简化数据管理。

（4）必要性原则

必要性原则要求数据处理者在进行数据跨境传输时，必须确保该行为具备充分必要性。该原则旨在规范数据处理者在全球化背景下的数据流动行为，防止数据的滥用、非法传输，避免潜在的隐私安全风险。

（5）平衡性原则

平衡性原则是指在全球化业务背景下，数据处理者在进行数据跨境传输时，必须兼顾业务发展和数据安全，在二者之间找到平衡点，既能利用数据流动带来经济效益，又能防范潜在的安全风险。

（6）风险评估与应对原则

数据出境可能伴随着一定的风险。数据处理者在制定合规战略时，必须充分评估数据跨境传输所带来的风险，并采取合适的应对措施。风险评估应涵盖数据传输的各个方面，包括数据的传输方式、接收方的数据保护水平、接收国的法律框架等。

5.1.2　数据出境合规战略管理体系

前文提到，数据处理者的数据出境合规战略包含多种要素，不仅涉及顶层的战略制定，还涉及整体战略所包含的合规内容，如内部合规制度的建设、合规要点的操作等。此外，在合规战略制定过程中，数据处理者还需考虑内部合规战略管理体系的构建，从而实现内部合规战略的协同性与整体性。数据出境合规战略的基本要素将在后文具体介绍，此处将重点介绍数据处理者（以企业为例）内部数据出境合规战略管理体系的组成部分及各组成部分的主要内容。

为制定及实施数据出境安全合规战略，企业在管理体系方面需要设计分层管理体系，包括决策层、管理层、执行层和监察层四个层次。每个层级由特定的组织人员构成，承担不同的职责，同时每个层次之间相互协作，共同保障合规战略的实施，如图 5-3 所示。

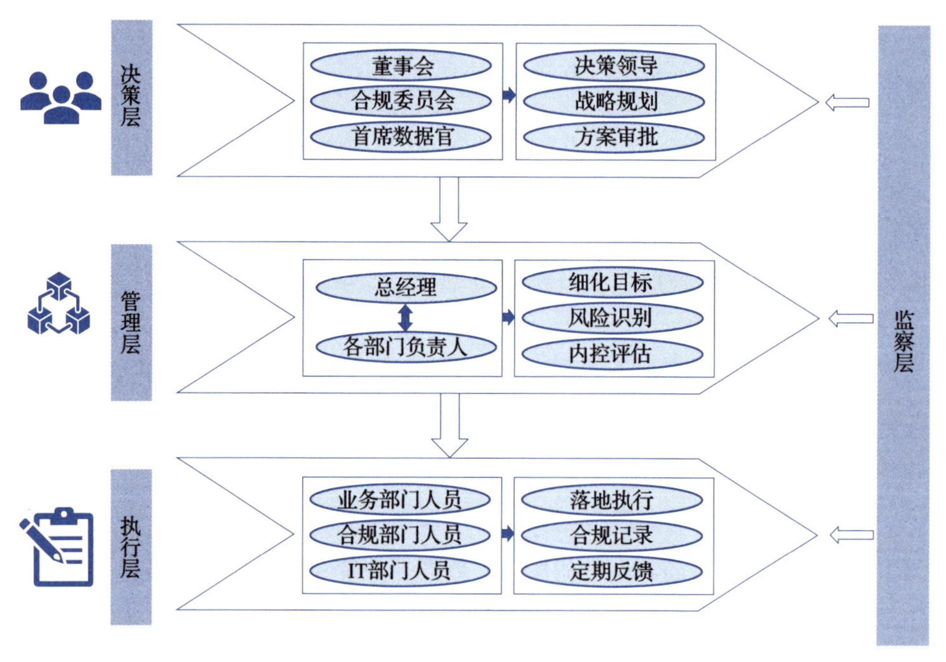

图 5-3　数据出境合规战略管理体系

1. 决策层

决策层是合规战略的最高决策者。合规战略的决策层通常由企业的董事会、合规委员会、首席数据官（CDO）或其他高级管理人员组成。作为合规战略管理体系的最顶层，决策层负责确定企业数据出境的合规方向、战略方针，并为合规管理的实施提供资源支持。

（1）决策层的主要职责

- 决定合规目标和优先事项：决策层需要根据企业的风险评估，确定需要重点关注的合规领域，并设定相应的目标和关键绩效指标。
- 制定规划合规战略：根据企业的经营状况和外部环境变化，决策层需制定整体的合规战略，包括遵循法律法规、行业标准以及维护道德准则。
- 资源分配与支持：决策层有责任提供有效运行合规战略管理体系所需的人力、物力和财力资源，确保管理层能够顺利推行合规战略和实现合规目标。

（2）决策层的组成

- 董事会：作为企业的最高权力机构，董事会负责对合规战略做最终决策，并确保企业运营符合股东和其他利益相关者的期望。
- 合规委员会：为高效开展合规业务，除董事会外，企业一般可设置合规委员会来专门处理数据合规事务，数据出境合规也属于合规委员会的管理事项。合规委员会为董事会提供数据出境的相关专业性意见，并参与合规战略的制定。
- 首席数据官：当前大型企业普遍设置首席数据官岗位，负责向董事会和合规委员会汇报数据合规管理的进展，同时协调管理层与执行层的合规工作。

2. 管理层

管理层主要负责将决策层制定的合规战略具体化，制定详细的合规政策和程序，并在日常运营中确保这些政策得到有效执行。管理层起到了承上启下的作用，既是合规战略的实施者，也是执行层的管理者。

（1）管理层的主要职责

- 细化合规战略和程序：根据决策层的战略，管理层需细化合规目标，并制定具体的操作指南，确保合规要求嵌入企业的每个环节。
- 合规风险识别：管理层需要持续监控企业的合规风险，识别潜在风险点，并定期进行风险评估，以便采取适当的应对措施。
- 内部控制与评估：管理层需建立内部控制体系，确保各部门、各业务单元能够严格按照合规要求运作，并在必要时采取纠正措施。
- 培训与沟通：管理层需定期对员工进行合规培训，增强全员的合规意识，确保每个员工能够理解和执行合规政策。

（2）管理层的组成

管理层的组成因企业的规模和性质不同而有所差异，通常包括以下职能部门和人员：

- 总经理：主要负责各项战略的实施和对进度的把控，对数据出境合规战略进行整体管理等。

- **合规部门负责人**：负责执行合规战略，确保企业的各部门运作符合合规要求；同时，识别和评估企业面临的合规风险，并协调制定应对措施。
- **法律事务部门负责人**：负责为企业提供法律支持，确保企业的数据出境活动符合法律法规要求。
- **IT 部门负责人**：负责为企业的数据出境活动提供技术咨询和技术支持，防止数据在跨境传输过程中出现安全问题。

3. 执行层

执行层在合规战略管理体系中负责合规政策的具体执行，确保日常工作符合合规要求。执行层通常由企业各个业务部门的员工组成，负责落实合规政策。

（1）执行层的主要职责

- **操作执行**：执行层需根据管理层制定的合规策略和程序，负责日常业务活动中的具体操作，确保每一个操作环节都符合数据出境合规要求。
- **记录与报告**：执行层需对数据出境合规的执行情况进行记录，并定期向管理层汇报执行结果及遇到的困难或问题。
- **定期反馈**：执行层应定期向管理层反馈在合规战略执行过程中遇到的各种现实挑战与问题，同时尽可能提出相应的优化路径。

（2）执行层的组成

执行层主要由各个部门的工作人员组成，如 IT 部门、合规部门和各业务部门，包括：

- **业务部门人员**：直接参与日常运营的业务部门人员是合规战略管理体系的关键执行者，其工作的合规性直接决定了企业的合规表现。
- **合规部门人员**：合规部门人员负责日常的监控与指导，确保各部门的工作流程符合法律和内部规章制度。
- **IT 部门人员**：IT 部门人员直接负责数据出境的技术操作，同时确保数据跨境传输时的网络和数据安全。

4. 监察层

监察层主要负责监督企业的数据出境合规操作和内部审计，确保数据出境行为符合现有法律法规，避免违规操作。

（1）监察层的主要职责

- **监督合规战略实施**：监察层通过定期检查、内部审计和风险评估，监督企业是否按照既定的合规原则和计划执行。
- **合规调查与纠正措施**：一旦发现违规行为，监察层负责进行调查并采取纠正措施，以防止类似事件再次发生。
- **报告与反馈**：监察层应定期向高层管理团队和董事会汇报企业的合规状态、存在的风险及已采取的措施，以确保合规策略的透明度和有效性。
- **联系监管机构**：监察层应与外部监管机构保持联系，确保企业的数据出境活动符合政府和行业的监管要求，同时在监管审查时提供必要的合规证明。

（2）监察层的组成

- **股东代表**：企业若包含多个股东，则监察层可由股东派代表参与，开展数据出境合规监察等。
- **法律部门代表**：负责解读数据出境的相关法律法规，为数据出境合规的监察提供具体的法律意见等。
- **审计部门代表**：定期检查和评估企业数据出境的合规风险，并配合监察层定期开展数据出境合规监察。
- **合规部门代表**：识别、评估和管理企业可能面临的数据出境合规风险，并向监察层提供专业意见。

5.2　数据出境业务梳理

数据处理者在进行数据出境前，必须先对自身业务进行全面梳理，以确保数据流转符合相关法律法规要求，降低数据出境的合规风险。同时，业务梳理也让数据处理者清楚地了解自身拥有哪些数据，以及哪些数据必须进行数据跨境传输。此外，《促进和规范数据跨境流动规定》规定了相应的数据出境豁免场景。例如，根据第三条规定，“国际贸易、跨境运输、学术合作、跨国生产制造和市场营销等活动中收集和产生的数据向境外提供，不包含个人信息或者重要数据”是可以向境外自由传输的；根据第五条规定，跨境购物、跨境寄递、跨境汇款、跨境支付、跨境开户、机票酒店预订、签证办理、考试服务、跨境人力资源管理等场景在满足一方作为当事人合同需要的情况下，可以自由进行数据出境。因此，进行业务梳理是数据出境合规的重要前置步骤。通过业务梳理，数据处理者可以全面了解数据的类型、使用场景、传输路径、风险点以及豁免场景，从而制定相应的合规措施。数据出境业务梳理流程如图 5-4 所示。

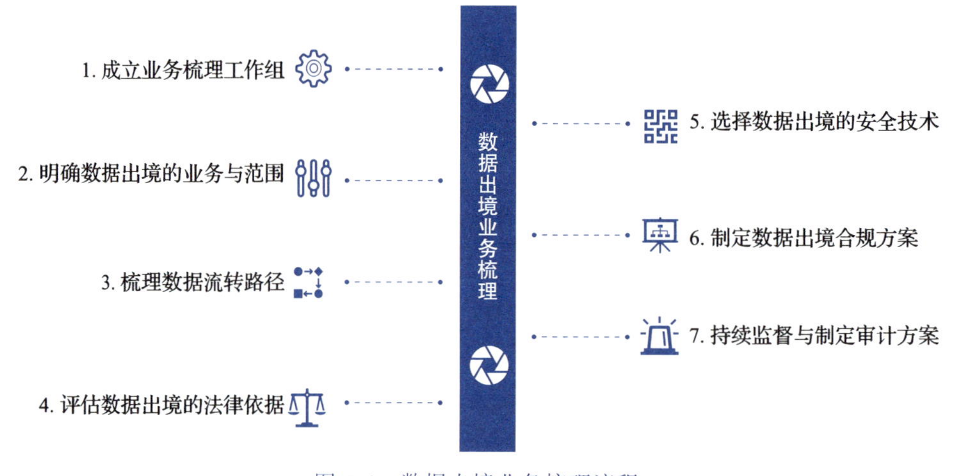

图 5-4　数据出境业务梳理流程

5.2.1　成立业务梳理工作组

为了进一步推动数据出境相关业务的梳理，明确数据出境的类型、范围、路径等具体内容，管理层与执行层需要配合成立一个专门的业务梳理工作组。工作组由管理层及执行层的相关人员组成，确保各部门在业务梳理过程中提供专业意见和支持，同时也保证工作组的相关任务能够高效开展。

1. 业务梳理工作组的关键任务

（1）确定负责人和工作组成员

首先需确定数据出境业务梳理的负责人，该负责人应具备丰富的数据管理经验和良好的组织协调能力。负责人将对整个业务梳理过程负责，确保各项工作按计划推进。工作组其他成员则应包括各部门的关键人员，这些人员需要对数据出境业务有深入了解，并能够在自己的领域内提供专业的意见和建议。

（2）确立业务梳理的主要内容

工作组需要确定涉及数据出境的业务，确定具体业务后再明确出境数据的类型和范围。同时，工作组还需要研判数据出境的流转路径、数据出境的法律依据等相关内容。

（3）制定业务梳理的时间表和执行计划

制定详细的时间表和执行计划是确保业务梳理顺利进行的关键。时间表应包括主要的里程碑和阶段性目标，每个阶段的任务和时间节点需明确，以便跟踪进度和调整计划。

2. 业务梳理工作组的工作流程

工作组的工作流程涉及与管理层和执行层的工作协调，以及与决策层的关系，如图 5-5 所示。

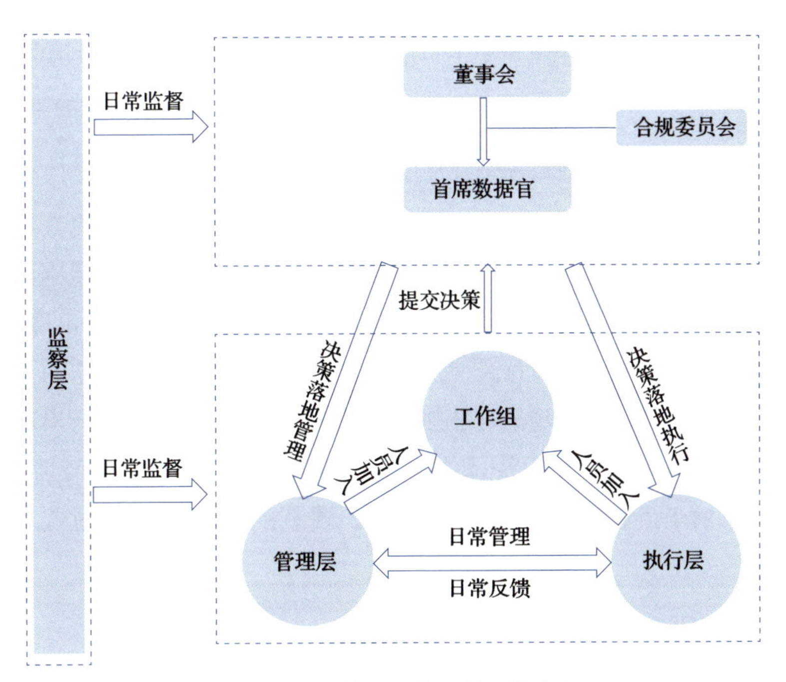

图 5-5　业务梳理工作组的工作流程

1）由管理层和执行层指派人员加入工作组，工作组负责人由管理层人员担任。

2）工作组梳理出数据出境相关业务和方案后，报决策层进行决策。

3）首席数据官收到工作组提交的方案后进行内容审核，并报合规委员会讨论修订，达成一致后最终报董事会审批。

4）董事会审批完成后，将决策结果反馈给管理层和执行层，管理层负责整体方案的落地管理，执行层负责整体方案的落地执行。

5）监察层负责对决策层、管理层、执行层以及工作组的工作进行日常监督与审计。

5.2.2 明确数据出境的业务与范围

企业在梳理数据出境业务时，首先需要明确有哪些业务涉及数据出境，以及需要数据出境的具体业务场景和数据出境的必要性；其次，明确出境数据的类型和范围。根据业务需求，企业的数据出境可能涵盖多种类型的数据，而每种类型的数据在现行的法律框架下可能有不同的合规要求。因此，明确需要数据出境的具体业务和出境数据的类型、范围，是数据出境合规管理的第一步。

1. 识别数据出境的业务场景及出境必要性分析

在业务梳理过程中，企业根据自身业务及基于业务发展的信息系统分析其究竟有哪些数据需要进行传输。完成业务数据梳理后，企业还需识别出境数据在不同业务场景中的实际应用，确定数据出境的场景。确定数据出境场景后，企业可按照《促进和规范数据跨境流动规定》第三条与第五条规定的豁免场景进行对照梳理，确定豁免场景与非豁免场景。此外，企业还需进行出境数据字段的必要性分析，必要性分析主要按照“最小化”和“必要性”两个原则进行。上述行为有助于企业理解数据出境的目的、频率和方式，并根据这些业务场景制定合适的安全措施和合规策略。

2. 梳理出境数据类型

按照企业业务的不同，数据内容包括开发数据、用户数据、合同数据、后台数据、标签数据、统计数据等。这些数据可以按照对象划分为个人信息、敏感个人信息、敏感业务数据、一般业务数据、重要数据及核心数据，如图 5-6 所示。

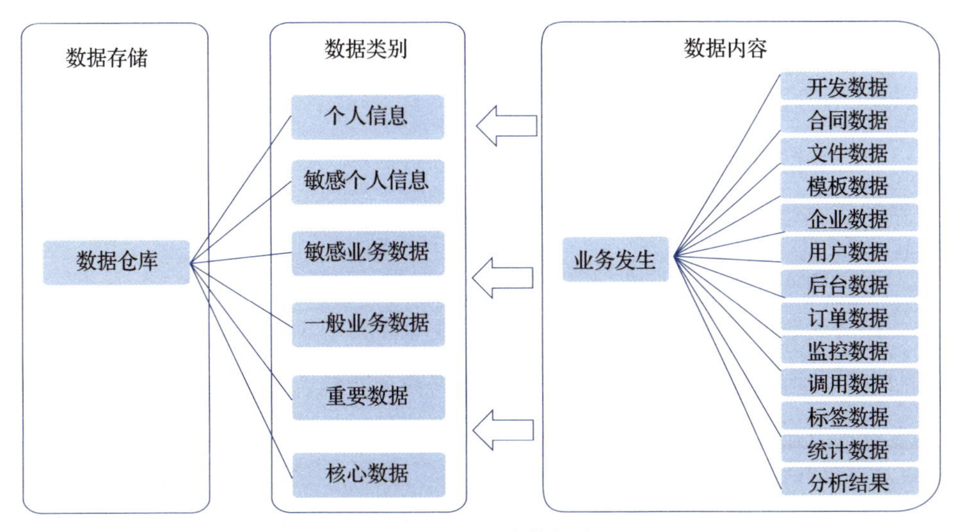

图 5-6 梳理出境数据类型

（1）个人信息

个人信息包括但不限于客户、员工、合作伙伴、供应商等相关的个人信息，如姓名、地址、联系方式、支付信息等。

（2）敏感个人信息

敏感个人信息是指一旦泄露或被非法使用，容易导致自然人的人格尊严受到侵害或人身、财产安全受到危害的个人信息，包括生物识别、宗教信仰、特定身份、医疗健康、金融账户、行踪轨迹等信息，以及不满 14 周岁未成年人的个人信息。

（3）敏感业务数据

敏感业务数据是指涉及企业商业秘密的数据，包括财务数据、健康数据、知识产权信息、技术和研发数据等。

（4）一般业务数据

一般业务数据是指不包含企业自身商业秘密的数据，如公开市场数据、非敏感业务运营数据等。

（5）重要数据

重要数据是指一旦遭到篡改、破坏、泄露或者非法获取、非法利用等，可能危害国家安全、经济运行、社会稳定、公共健康和安全等的数据。不同行业基于其特点会形成不同的重要数据字段。

（6）核心数据

核心数据是指关系到国家安全、国民经济命脉、重要民生和重大公共利益的数据。

3. 确定出境数据的范围与量级

在确定数据内容以及数据类型之后，企业需要基于业务和场景识别数据出境的范围，例如在某个特定场景下需要跨境传输哪些字段，以及在哪些业务场景下需要出境哪些字段。当前，我国对个人信息、敏感个人信息、重要数据和核心数据的跨境传输有特定的监管要求，对于敏感业务数据及一般业务数据，如果不涉及上述四类数据，其跨境传输往往取决于企业自身的需要。而对于个人信息与敏感个人信息，现有监管规则是按照出境累计量级来进行监管，企业需要确定这两类数据的出境累计量级。

5.2.3 梳理数据流转路径

在完成出境业务及出境数据范围的梳理后，企业需要对数据在业务流程中的流转路径进行全面梳理。企业应绘制数据跨境流转图，并重点识别出数据跨境的关键节点，以及评估数据跨境传输的要点等，旨在保证数据跨境传输过程中数据流转路径的清晰和可追溯。

1. 绘制数据跨境流转图

绘制数据跨境流转图是梳理数据在业务流程中流向的首要任务，而数据跨境流转图则涵盖数据从业务流入直至境外接收者，以及接收者后续的业务流程的整个过程。通过数据跨境流转图，企业可以直观地展示出数据从流入到流出的全过程，明确数据在哪些系统、哪些位置存储，并识别出数据跨境传输的路径。这类图示能够帮助企业更好地理解数据的流向，同时也是发现潜在问题的重要工具。在绘制数据跨境流转图时，企业可以采用流程图的形式，标明每个节点的数据收集方式、存储位置、传输手段以及最终流出方式。针对每个关键节点，企业还可以进一步标注数据类型、敏感性等级以及该节点是否符合相关的安全和合规要求。

2. 识别数据跨境的关键节点

在数据的流转路径中，有一些节点是数据跨境安全管理的关键。识别这些关键节点对于企业开展数据保护至关重要。通常情况下，数据的收集、存储、内部传输和跨境传输、出境后数据处理环节都是关键节点。每个节点都涉及数据的不同操作方式，可能带来不同的风险，企业应尤其重视内部存储、内部传输、跨境传输以及出境后数据处理环节的相关节点。

3. 评估数据跨境传输的要点

随着全球业务的扩展，跨境传输数据的场景越来越多，因此识别并评估数据跨境传输的要点是企业必须重视的任务之一。跨境传输可能包括从国内服务器传输数据到国外服务器，或者从国内客户端传输数据到海外供应商的系统等。在跨境传输要点的评估过程中，企业需要考虑以下几点：在存储环节，企业需关注数据的加密措施和访问权限控制，重点识别数据处理服务器的位置等；在传输环节，企业需要考虑传输的加密性和完整性，以及后续数据出境的惯例等；在跨境传输环节，企业应重点考虑数据传输路径、数据传输方式和传输的安全技术等；在出境后数据处理环节，企业应重点考虑境外接收者的数据流转路径，境外接收者与境外第三方的业务流转路径等。

5.2.4　评估数据出境的法律依据

目前，我国针对数据出境制定了一系列监管规则。因此，企业需要根据自身数据的具体情况，评估数据出境的法律依据，确保数据跨境传输具有合法基础，避免法律风险。

1. 确定法律依据

如第 4 章所述，我国数据出境安全的顶层规则有《网络安全法》《数据安全法》《个人信息保护法》《关键信息基础设施安全保护条例》等，具体规则有《数据出境安全评估办法》《个人信息出境标准合同办法》《促进和规范数据跨境流动规定》等。此外，针对金融、医疗、自然资源、工业等领域，也有行业性的规则需要企业进行评估，如自然资源领域数据的《自然资源领域数据安全管理办法》，工业和信息化领域的《工业和信息化领域数据安全管理办法（试行）》等均对行业数据出境的安全做出了相关规定。企业首先需要确定数据出境的法律依据，然后根据自身业务数据情况选择合规出境路径。

2. 选择数据出境路径

1）确定是不是关键信息基础设施运营者，如果是，向境外提供个人信息或重要数据需要申报数据出境安全评估。

2）如果不是关键信息基础设施运营者，但向境外提供重要数据，需要申报数据出境安全评估。

3）如果不是关键信息基础设施运营者，但自当年 1 月 1 日起，累计向境外提供 100 万人以上的个人信息（不含敏感个人信息），需要申报数据安全评估。

4）如果不是关键信息基础设施运营者，但自当年 1 月 1 日起，累计向境外提供敏感个人信息超过 1 万人的，需申报数据出境安全评估。

5）如果不是关键信息基础设施运营者，且自当年 1 月 1 日起累计向境外提供 10 万人以上、不满 100 万人的个人信息（不含敏感个人信息），需要订立个人信息出境标准合同或者通过个人信息保护认证进行跨境传输。

6）如果不是关键信息基础设施运营者，且自当年 1 月 1 日起累计向境外提供的敏感个人信息未满 1 万人的，需要订立个人信息出境标准合同或通过个人信息保护认证进行跨境传输。

7）自当年 1 月 1 日起，累计向境外提供个人信息不满 10 万人（不含敏感个人信息）的，可以自由进行跨境传输。

8）符合《促进和规范数据跨境流动规定》第三条、第五条的其他豁免情形。

综合上面的路径可见，如果涉及重要数据的出境，无论是不是关键信息基础设施运营者，都需要申报数据出境安全评估。而对于个人信息而言，针对关键信息基础设施运营者未有量级划分，出境个人信息需要申报数据出境安全评估；对于非关键信息基础设施运营者，则按照不同的量级有不同的出境合规路径。至于非重要数据、非个人信息的数据，无论是不是关键信息基础设施运营者，目前都未有约束性规定。数据出境路径的判定流程如图 5-7 所示。

3. 进行数据出境自评估

按照《数据出境安全评估办法》的规定，在申报数据出境安全评估之前，数据处理者需要开展数据出境风险自评估。评估内容包括出境数据的规模、范围、种类、敏感程度及数据出境可能对国家安全、公共利益、个人或者组织合法权益带来的风险等。而按照《个人信息保护法》与《个人信息出境标准合同办法》规定，开展个人信息保护影响评估是个人信息出境的前置条件，重点评估出境个人信息的规模、范围、种类、敏感程度及个人信息出境可能对个人信息权益带来的风险。因此，无论是申报数据出境安全评估还是订立标准合同备案出境，数据处理者都需要进行数据出境前的自评估。

5.2.5 选择数据出境的安全技术

在数据跨境传输过程中，数据的安全性始终是首要关注点。数据处理者需要通过技术手段和管理措施来降低数据在跨境传输和处理过程中的风险。此处仅简单描述数据处理者的技术选择路径，更具体和详细的技术路径将在第 7 章中进行介绍。

1. 隐私计算技术

隐私计算技术是一种在保护数据隐私的前提下进行数据处理和计算的技术手段。其核心目标是在不暴露原始数据的情况下完成计算任务，从而保护数据的隐私性。目前隐私计算中的秘密共享、同态加密、差分隐私等技术在数据跨境流动中有所应用，可以确保各国数据无须出境，直接在本地进行计算，并将计算结果汇总，这样可以遵循各国的数据保护法律，避免数据跨境带来的法律风险。

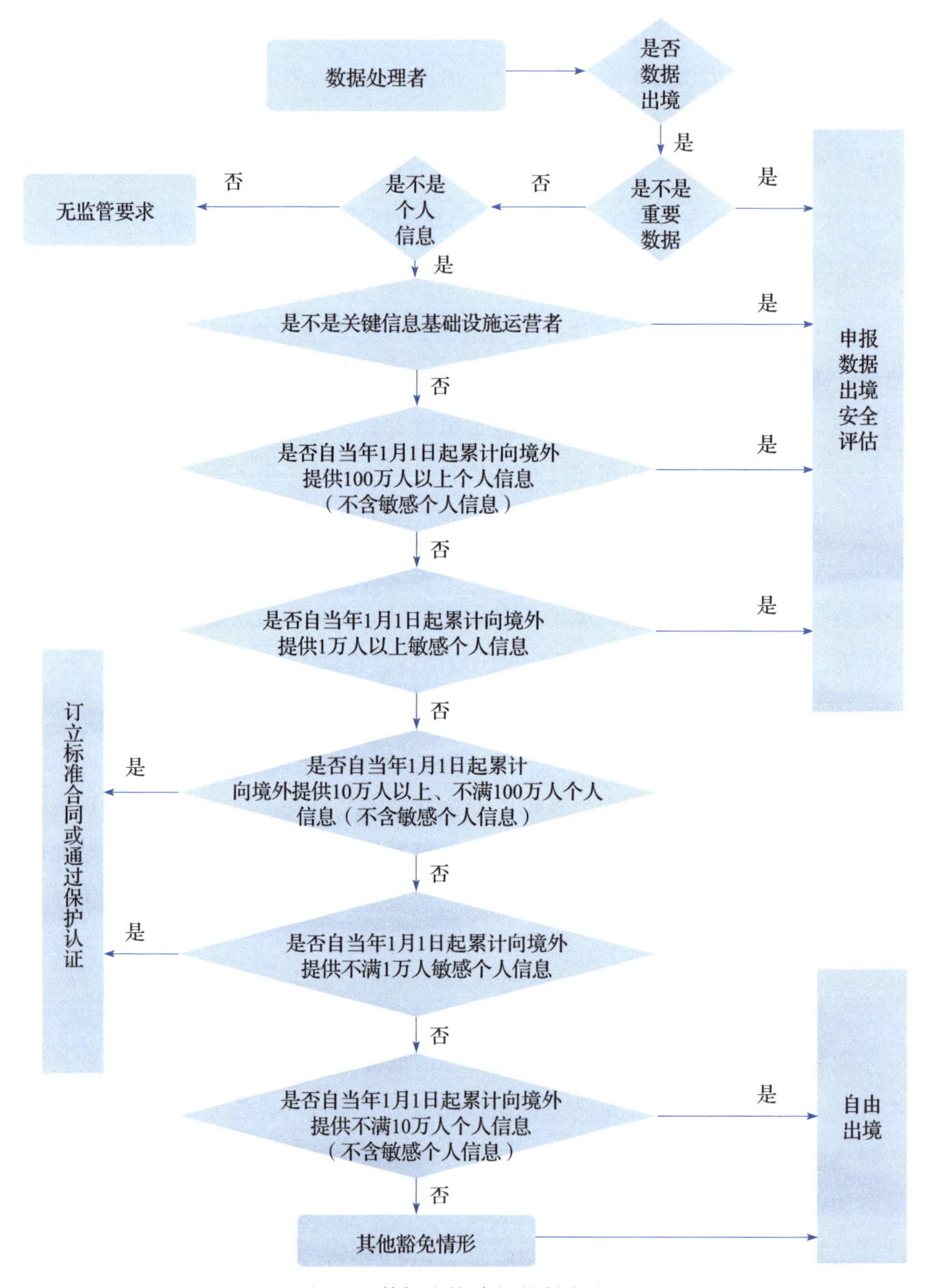

图 5-7 数据出境路径的判定流程

2. 区块链技术

区块链技术是一种去中心化的分布式账本技术，其核心特点包括去中心化、不可篡改、透明和安全。区块链技术通过密码学方法保证数据完整性，并通过共识机制确保多个节点对数据的一致认同。区块链技术在数据跨境流动中的应用主要体现在数据流转的溯源以及与其他技术叠加应用，从而保护数据出境的安全。

3. 数字身份技术

数字身份技术是一种用于在数字世界中验证和管理个人、组织或设备身份的方法。它通过密码学、区块链、分布式账本等技术手段，实现身份的认证、授权和隐私保护。数字身份技术的核心目标是提供一种安全、可信、可验证且用户可控制的身份体系。在数据跨境传输过程中，数字身份技术为数据安全、隐私保护、合规性和信任建立提供了重要支撑，包括跨境身份认证与验证、数据访问控制与授权等。

4. 个人信息匿名化与去标识化技术

在个人信息出境时，为了保障个人的隐私，数据处理者可以采用匿名化技术或者去标识化技术。所谓个人信息匿名化是指个人信息经过处理无法识别特定自然人且不能复原的过程，而个人信息去标识化是指个人信息经过处理，在不借助额外信息的情况下无法识别特定自然人的过程，具体的技术包括数据泛化、数据删除、标识符替换等。

5.2.6　制定数据出境合规方案

在完成业务梳理、数据出境范围明确、流转路径分析、法律依据评估、技术路径选择等流程后，数据处理者根据业务梳理和各类风险评估的结果，制定详细的数据出境合规方案，明确各项合规措施的执行方式和责任部门。

1. 明确合规措施

列出所有数据出境所需的合规措施，包括技术手段和管理流程。技术手段包括隐私计算、区块链、数字身份、匿名化与去标识化等相关技术。管理流程包括方案审批流程、风险评估流程、合规监察审计周期与流程等。

2. 责任分配

明确各项合规措施的责任部门和执行人员，确保措施落实到位，包括决策层、管理层、执行层、监察层以及工作组的角色、工作职责与工作流程。

3. 合规方案论证

制定完合规方案后，必须对方案进行内部论证，以确保其可行性和有效性。方案的论证首先需要对合规方案的各项措施进行详细的风险评估，确保每项措施在实际操作中都是可行的。其次，在可能的情况下，对关键措施进行模拟测试，验证其在实际操作中的有效性。最后，根据论证结果，对方案中的不足之处进行修改和优化，确保最终方案的完善。

5.2.7 持续监督与制定审计方案

数据出境并非一次性操作，数据处理者需要建立持续的监控与审计机制，确保在数据出境后仍能有效管控数据风险，防止合规漏洞的出现。在持续监督与制定审计方案方面，数据处理者中的监察层扮演着重要的决策角色。

1. 数据流动监控

数据处理者应采用技术工具对数据的跨境流动进行实时监控，记录并追踪每次数据传输活动，确保在任何时间出现异常或未授权的传输时都能够及时发现并处理。

2. 定期审计与合规检查

数据处理者的监察层应定期对数据出境活动进行内部审计和合规检查，评估数据出境的安全性与合规性，确保数据出境行为始终符合法律法规的要求。

3. 风险评估的动态调整

由于法律和技术环境的不断变化，数据处理者需要根据最新的合规要求和风险评估结果，动态调整其数据出境策略和安全措施。

5.3　内部数据出境合规制度建设

在数据出境的全流程中，除了梳理出境业务外，数据处理者为了配合数据安全出境还需要在内部制定相关的合规制度。这些合规制度不仅适用于数据出境活动，也适用于数据处理的全生命周期。按照现有的法律法规规定，数据处理者应建设的合规制度包括数据安全合规事项清单制度、数据分类分级管理制度、数据权限访问管理制度、数据风险评估与审计制度、数据安全事件报告制度、数据安全预警监测与应急制度、数据安全教育培训制度以及数据安全投诉与反馈制度等。整体结构如图 5-8 所示。

图 5-8　内部数据出境合规制度整体结构

5.3.1　数据安全合规事项清单制度

从实践中看，许多数据处理者，尤其是中小企业，往往缺乏足够的法律资源和能力来理解复杂的数据跨境传输法律规定与合规事项，对于需要开展哪些合规工作也不清楚。因此，建立合规事项清单可以帮助企业明确数据出境时应遵守的具体规则和流程，从而减少合规风险。数据处理者在内部建设合规事项清单制度，旨在为自身提供明确的指导，帮助更好地理解并遵守数据出境相关的法律法规。同时，数据处理者内部的合规清单制度可以提高监管透明度和一致性，有效识别潜在风险和违规行为，并及时采取措施防范或惩戒违规行为。

数据安全合规事项清单的主要内容包括数据处理的全生命周期合规、数据出境范围类型的合规、数据出境路径选择的合规、数据出境内部合规建设制度的合规以及其他围绕数据出境安全所应开展的合规工作事项。数据处理者作为数据出境的主体，应当根据合规清单中的事项逐一落实数据出境合规安全，建立完善的数据合规管理体系，并制定数据跨境传输的内部规范等。

5.3.2 数据分类分级管理制度

数据分类分级管理制度是当前数据安全管理中的核心要素之一，也是开展数据出境活动的前置性重要工作之一。为了更好地保障数据安全，数据处理者需要合理划分不同数据的类别和等级，并采取差异化的保护措施，建立数据分类分级管理制度显得尤为重要。数据分类分级管理是指根据数据的重要性、敏感性以及其对国家安全、企业运营和个人隐私的潜在影响将数据进行分类，并依据不同类别的数据设定相应的管理等级，从而实施有针对性的安全防护措施。关于数据分类分级的具体方法与核心要素将在后文详细提及，此处仅聚焦内部制度的建设。

数据处理者需要制定一套清晰的数据分类分级政策，明确各类数据的定义、分级标准及对应的保护措施；同时还应制定相应的操作流程，确保数据在采集、处理、存储、销毁和跨境传输等环节中遵循分类分级要求。数据分类分级管理制度包括数据分类标准的制定、数据分级标准的制定以及数据分类分级的流程管理。分类标准是数据管理的基础，根据数据的业务、来源、性质等可以将数据划分为不同类别，而分级是数据管理的核心，是对不同类别数据的重要性进一步细化。数据处理者的数据分类分级制度应贯穿数据的整个生命周期，包括数据的采集、存储、使用、传输和销毁。在每个阶段，数据应按照其分类和分级受到相应的保护，尤其是在数据存储、销毁、出境等环节，数据处理者需要采取妥善的加密、销毁和备份管理措施。在出境环节，数据处理者还需要按照数据分类分级管理制度识别出重要数据，从而选择具体的出境合规路径。

5.3.3 数据权限访问管理制度

完成数据分类分级后，数据处理者应根据数据的类别和级别，建立数据权限访问管理制度。数据权限访问管理制度是数据安全管理的重要组成部分。通过合理的权限划分、严格的分配与审批流程、有效的监控与审计机制，数据处理者可以大幅减少数据泄露和内部滥用的风险。在实施过程中，数据处理者不仅需要技术手段的支持，还需要强化内部员工的安全意识，确保制度的有效落地。通过构建完善的数据权限访问管理制度，数据处理者能够在保障数据安全的同时，促进业务的持续健康发展。

数据权限访问管理制度是指通过制定明确的访问权限规则，确保不同用户角色只能访问与其职能相关的数据，从而避免数据滥用、泄露或未经授权的修改。数据处理者内部的敏感数据、商业秘密、客户信息等在没有完善的权限管理制度的情况下，可能会被内部人员或外部攻击者不正当地访问、使用或泄露，带来巨大的安全隐患。权限访问管理制度能够确保敏感数据只被必要人员访问，减少违规操作的可能性。除了外部攻击，数据处理者也面临着来自内部的安全威胁。滥用权限、内部人员泄露数据等问题常引发重大安全事故。通过合理的权限控制，可以有效防范内部威胁，降低数据泄露和损坏的风险。通过明确的数据权限划分，数据处理者可以确保员工只接触与其工作相关的数据，避免不必要的干扰，从而提高整体的工作效率和数据管理的透明度。

权限访问管理制度的基础在于明确的角色与权限设计。数据处理者需要对组织架构和业务流程进行分析，将不同的岗位或职能划分为不同的角色。每个角色对应特定的权限级别，只有符合角色职能的用户才能获得相应的数据访问权限。权限分配应严格按照既定流程进行。首先，用户向管理者提出权限申请，明确其需要访问的数据范围及目的。接下来，管理者审核申请的合理性和必要性。最终，权限管理系统对已批准的申请进行实施，分配相应的权限。此外，权限管理应随着用户角色的变更或项目的结束进行相应的调整或回收，避免出现权限滞留或超出工作需求范围的问题。数据级别与权限等级示例如图 5-9 所示。

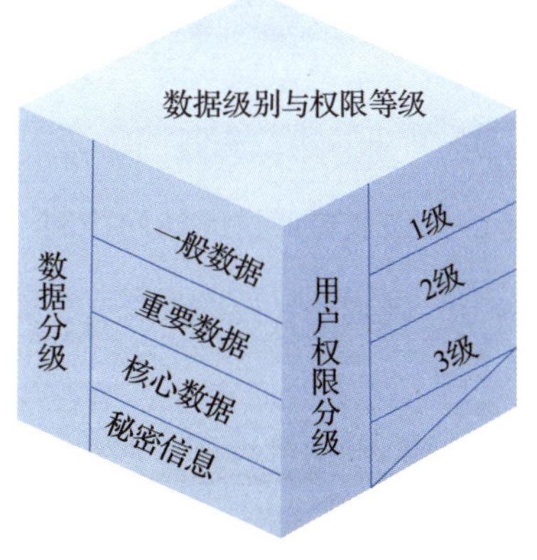

图 5-9　数据级别与权限等级示例

5.3.4 数据风险评估与审计制度

构建数据风险评估与审计制度能够帮助数据处理者及时识别并评估潜在的安全风险，减少数据安全事故的发生。同时，数据处理者内部的违规操作和数据滥用行为是数据泄露的主要原因之一。通过实施严格的数据审计制度，可以有效监控数据使用情况，及时发现不合规操作，并采取相应的纠正措施。数据风险评估与审计制度主要分为两部分：一是数据风险的评估，二是数据安全的审计。

1. 数据风险评估流程

数据处理者内部的数据风险评估制度建设需要重点明确整个数据风险评估的具体流程，主要包括重要性识别（与前述的数据分类分级管理制度有所联系）、风险威胁识别、风险分析与评估、风险应对策略等。

1）数据重要性识别：数据处理者应按照数据分类分级管理制度识别关键数据，明确哪些数据对企业的运营、合规和声誉具有重要意义，如客户信息、财务数据、核心业务数据等。

2）风险威胁识别：数据处理者需要分析可能影响数据安全的威胁，包括内部威胁（如员工违规操作）、外部威胁（如黑客攻击）以及自然灾害（如设备故障、火灾等）。

3）风险分析与评估：通过评估威胁发生的可能性及其对数据的影响，数据处理者可以确定每个数据资产面临的风险等级，风险等级通常可以划分为低、中、高三个层次。

4）风险应对策略：针对不同等级的风险，数据处理者应制定相应的应对措施，如采取更严格的访问控制、强化数据加密、部署入侵检测系统等。

2. 数据审计制度的设计

1）数据访问审计：监控所有的数据访问操作，记录访问时间、访问者身份、访问目的以及操作的数据内容。特别是对于敏感数据和重要数据，审计日志应更详细，以便在发生安全事件时追溯到具体责任人。

2）权限管理审计：定期审查用户的访问权限，确保每个用户的权限设置与其职务和职责相匹配，避免出现权限滥用的情况。高权限用户的活动更应受到严格监控和审计。

3）数据变更审计：针对数据的创建、修改、删除等操作进行详细记录，确保数据在整个生命周期中受到严格审查，防止数据被非法篡改或删除。

4）审计报告与分析：定期生成审计报告，审查数据访问和操作的合规性。通过分析审计日志，可以识别出潜在的违规行为或异常操作，并及时采取措施纠正。

5.3.5　数据安全事件报告制度

数据安全事件报告制度是数据处理者数据安全管理的重要组成部分。明确的报告流程和内容要求使数据处理者能够在事件发生后快速响应，降低损失。同时，通过对事件的分析和总结，数据处理者可以不断提升其数据安全管理水平。

1. 事件定义与分类

数据处理者在风险评估和审计要求的基础上明确数据安全事件的判断标准，以及如何对这些事件进行分类。通常而言，常见的数据安全事件包括以下几种：

1）数据泄露：未授权的数据访问或披露。

2）数据篡改：非法修改或删除数据。

3）系统入侵：未经授权的系统访问行为，包括黑客攻击、恶意软件感染等。

4）数据丢失：由于设备故障、操作失误等原因造成的数据丢失。

根据事件严重程度和影响范围，数据处理者可以将数据安全事件划分为一般、较大、重大三级，以便制定相应的报告流程和应对措施。

2. 报告流程

1）初步报告：一旦发现数据安全事件，发现者应立即向管理层或指定的应急响应团队报告，包括事件的基本情况、发现时间、可能的影响范围等。

2）详细报告：管理层应对事件进行初步调查，并在获取更多信息后形成详细的事件报告。详细报告应包括事件的性质、影响范围、可能的原因、已采取的应对措施等。

3）后续报告：在事件处理过程中，应根据情况变化和进展，及时更新报告内容，确保相关各方了解最新情况。

3. 报告内容要素

1）事件描述：详细描述事件的发生经过，包括发现时间、发现方式、事件类型等信息。

2）影响分析：评估事件对业务运营、数据完整性和客户信息等方面的潜在影响。

3）初步处理措施：描述为应对事件已采取的初步措施，如隔离受影响的系统、阻断恶意活动等。

4）后续计划：提出后续的处理计划和补救措施，包括加强安全防护、改进流程等。

5.3.6 数据安全预警监测与应急制度

数据安全预警监测与应急制度的建设是保障企业数据安全不可或缺的一环。通过实时预警监测，企业能够提前发现安全威胁，并通过应急响应机制迅速采取行动，防止安全事件带来更大的损失。

1. 数据安全预警监测制度的建设

数据安全预警监测包括网络安全监测、数据流量分析、用户行为预测、预警等级划分和预警处理流程等内容，数据安全预警监测流程如图 5-10 所示。

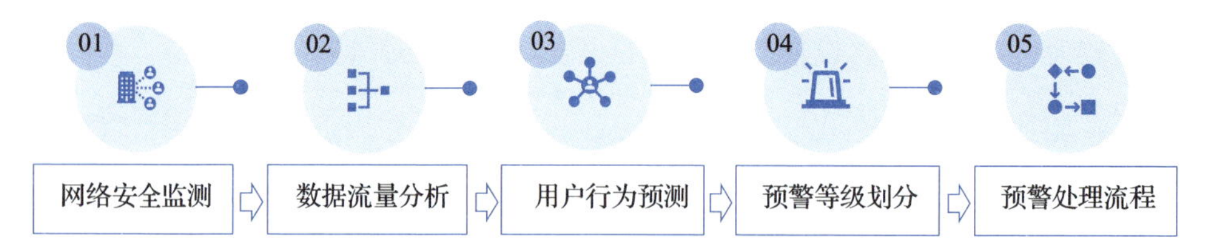

图 5-10　数据安全预警监测流程

1）网络安全监测：通过部署入侵检测系统（Intrusion Detection System，IDS）、防火墙、网络行为监测工具等，监控网络流量中的异常行为，如大规模数据传输、异常登录尝试、恶意软件活动等。

2）数据流量分析：对数据传输过程进行实时监控，分析数据流量的异常情况，及时发现数据泄漏或未经授权的数据访问操作。

3）用户行为监测：监测用户的访问行为，检测异常操作模式，如非工作时间的高频数据下载、超权限的数据访问等，以识别内部潜在威胁。

4）预警等级划分：根据威胁的紧急程度和潜在影响，将数据安全预警分为不同等级，一般分为低级预警、中级预警与高级预警。低级预警针对不常见的异常活动，可能是误报或小规模安全隐患，需要进一步监控。中级预警涉及潜在的安全威胁，如多次失败的登录尝试或未经授权的敏感数据访问，需迅速调查和采取初步防护措施。高级预警涉及明确的安全攻击或数据泄露行为，需立即启动应急响应流程，并向管理层报告。

5）预警处理流程：当系统检测到异常或威胁时，应按照预警等级采取不同的处理措施。对于低级和中级预警，安全团队应首先进行初步调查，判断是否为误报。如果确定为真实威胁，则升级预警等级并启动相应的应急响应流程。对于高级预警，安全系统应自动或手动隔离受攻击的系统或网络，阻止威胁扩散；同时，应锁定相关的访问权限，避免进一步的损害。数据安全团队应及时通知执行层和管理层，并根据情况向外部发布预警信息。

2. 数据安全应急响应制度的建设

数据处理者应设立专门的应急响应团队，成员从执行层中的各部门抽取，包括数据安全专家、IT 运维人员、法律顾问、业务管理人员等，同时管理层也需派人员加入应急响应团队。该团队负责在安全事件发生时，协调各部门迅速采取应对措施。数据安全的应急响应流程如图 5-11 所示。

1）事件接收与确认：应急响应团队接到预警信号后，首先确认事件的真实性和严重性，判断是否需要启动应急响应。

2）事件分析与处理：针对确认的安全事件，团队应进行详细分析，查找事

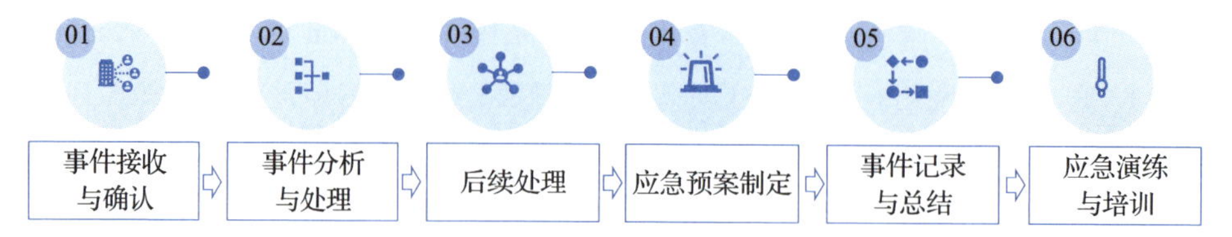

图 5-11 数据安全的应急响应流程

件源头，并采取措施阻断威胁和修复漏洞。

3）后续处理：事件初步得到控制后，团队应对受影响的系统进行修复并恢复正常运营。同时，团队还需评估事件中的数据损失，并向监管机构和受影响的客户报告事件情况。

4）应急预案制定：数据处理者应为常见的安全事件制定标准的应急预案，例如数据泄露、勒索软件攻击、DDoS 攻击等。预案应明确处理步骤、责任分工、响应时限以及对外沟通策略，以确保事件发生时能够迅速行动。

5）事件记录与总结：在每次应急响应结束后，数据处理者应对整个事件的处理过程进行复盘，记录事件的详细情况，包括威胁来源、应对措施、损失评估等。总结报告应指出应急响应中的不足，并提出改进措施，以帮助企业优化未来的安全管理。

6）应急演练与培训：数据处理者应定期进行应急演练，确保团队熟悉预警监测和应急响应流程；同时，应对全体员工进行安全意识培训，提升其识别安全威胁的能力及配合预警系统的程度。

5.3.7 数据安全教育培训制度

数据安全教育培训制度是数据处理者构建内部数据安全防护体系的重要组成部分。通过系统化、层次化和持续性的培训，数据处理者可以提高全员的数据安全意识水平和技能水平，降低因人为因素引发的数据安全风险。同时，通过建立有效的培训机制，数据处理者可以更好地应对不断变化的安全威胁和合规要求，为其可持续发展提供坚实的保障。数据安全教育培训主要包括数据安全意识培训、岗位专项培训、应急响应培训、合规性与法律法规培训等内容。

1. 数据安全意识培训

1）数据安全基础知识：介绍数据安全的基本概念、重要性和常见威胁，如网络钓鱼、恶意软件、社会工程攻击等。

2）数据处理者的安全管理政策与规定：解读数据处理者的安全管理政策和规定，使内部人员了解合规操作的重要性及违规行为的后果。

3）重要数据保护：如何识别、处理和保护重要数据，避免数据泄露或滥用。

2. 岗位专项培训

1）决策层培训：侧重于数据安全的战略决策、风险管理和合规要求，帮助决策层理解数据安全的商业价值及其对企业持续运营的重要性。

2）管理层培训：重点讲解数据安全流程管理，以及数据安全合规管理控制要求。

3）执行层培训：重点讲解网络安全技术、入侵检测、防火墙配置、数据加密、数据出境等技术性、政策性内容，并通过实际案例分析和攻防演练提高实战能力。

4）普通人员培训：注重日常工作中的安全操作规范，例如如何设置强密码、不点击未知链接和附件、不随意外传敏感数据等。

3. 应急响应培训

1）事件应对流程：培训在发现数据安全事件（如数据泄露、系统入侵）时的应对步骤和报告流程，以确保事件能够得到快速处理。

2）应急演练：定期组织模拟数据安全事件的应急演练，帮助员工熟悉应急响应流程，提升其应对突发事件的能力。

4. 数据安全法律法规培训

1）数据保护法律法规解读：介绍国内外主要的数据保护法律法规及其合规要求，如《网络安全法》《数据安全法》《个人信息保护法》《促进和规范数据跨境流动规定》，以及欧盟的《通用数据保护条例》(GDPR）等。

2）合规风险意识：通过典型案例讲解数据泄露事件的法律后果和数据处理者面临的潜在风险，增强内部人员的合规风险意识。

5.3.8 数据安全投诉与反馈制度

数据安全投诉与反馈制度不仅能够帮助数据处理者及时发现并解决数据安全问题，还能够增强客户和员工之间的信任感，提升数据处理者的安全管理水平。通过有效的投诉渠道、明确的处理流程和持续的优化机制，数据处理者能够确保数据安全问题得到及时、透明和公正的处理。数据安全投诉与反馈制度包括投诉与反馈渠道、投诉与反馈流程、处理时限与跟踪、投诉与反馈分析改进以及责任划分与问责机制等内容。

1. 投诉与反馈渠道

1）**多样化的投诉途径**：为确保所有利益相关方能够便捷地提出投诉和反馈，数据处理者应提供多种渠道，如电话、电子邮件、在线投诉平台、手机应用程序等。这些渠道应在企业内部网络和外部网站上公开，并告知员工和客户如何使用。

2）**匿名投诉机制**：为了鼓励员工和客户无惧报复地报告潜在的数据安全问题，数据处理者应当提供匿名投诉机制，确保投诉者的身份不会被泄露。

2. 投诉与反馈流程

1）**接收与记录**：一旦收到投诉或反馈，数据处理者应立即进行初步接收，并记录投诉的详细内容，包括问题描述、投诉时间、涉及的数据和系统等信息。

2）**问题评估与分类**：根据问题的严重性、影响范围和紧急程度，数据处理者应对投诉进行评估和分类。轻微问题可以由数据安全团队或客服部门处理，重大问题则需要立即上报管理层和决策层，并启动应急响应机制。

3）**问题处理与反馈**：对于较为紧急或严重的投诉，应由决策层成立专项调查小组处理，调查安全问题的根源，并采取相应的修复和防护措施。处理完毕后，数据处理者应及时向投诉者反馈处理结果，说明解决方案和后续跟进措施。

3. 处理时限与跟踪

1）**明确处理时限**：制度应明确规定每类投诉的处理时限，如轻微投诉应在

3 个工作日内处理完毕，问题较为严重的则需在 24 小时内启动应急措施，确保所有投诉都有明确的处理进度。

2）跟踪与审查：对于处理完毕的投诉，数据处理者应对后续效果进行跟踪，确保问题不会再次发生，同时定期审查投诉处理流程，确保其有效性和合理性。

4. 投诉与反馈的分析和改进

1）数据分析：数据处理者应汇总和分析所有投诉与反馈，找出高频发生的安全问题，评估当前数据安全策略的薄弱环节，并据此提出改进建议。

2）报告与改进：管理层汇总反馈分析后，定期向决策层提交投诉与反馈分析报告，针对常见问题或严重问题，制订改进计划，提升整体数据安全管理水平。

5. 责任划分与问责机制

1）明确责任人：制度应明确处理投诉的责任部门和具体负责人，确保投诉与反馈能够得到迅速有效的回应和处理。

2）问责机制：对于因工作失职或违反安全政策导致的数据安全问题，数据处理者应设立问责机制，根据问题的严重程度追究相关人员责任。

5.4　数据出境合规的要点与举措

第 4 章中介绍了我国有关数据出境的法律法规以及重要标准，对于数据处理者而言，在复杂且多元的合规框架体系下应如何做好数据出境的相关合规工作呢？这就需要数据处理者识别数据出境的合规要点并基于这些合规要点采取相关合规举措。为了安全开展数据出境活动，数据处理者如果被确定为关键信息基础设施运营者，则需要满足其安全要求。同时为了识别重要数据，数据处理者需要按照识别要素，使用技术手段对数据进行分类分级。对于个人信息，数据处理者则需要做好个人信息出境的相关安全措施，并识别敏感个人信息的范围。此外，由于数据出境涉及具体的行业数据，对于特定行业有关数据出境的特殊要求也需要重点关注。

5.4.1 关键信息基础设施运营者安全合规要求

关键信息基础设施运营者在进行重要数据和个人信息出境时需要向监管机构申报数据出境安全评估。由于关键信息基础设施作为数据的载体，其安全关系到整个数据出境过程的要求，因此数据处理者在开展数据出境活动时，也应重点关注《关键信息基础设施安全保护条例》中的相关安全要求，包括网络安全制度建设、网络安全教育培训、定期安全检测与评估等。关键信息基础设施运营者还需考虑《网络安全审查办法》中的相关要求，例如采购网络产品和服务可能影响国家安全时，应进行网络安全审查。

如何落实《关键信息基础设施安全保护条例》的安全保护要求呢？关键信息基础设施运营者可以参照《信息安全技术 关键信息基础设施安全保护要求》中的相关要求进行安全保护。按照规定，关键信息基础设施安全保护包括分析识别、安全防护、检测评估、监测预警、主动防御、事件处置六个方面，如图 5-12 所示。

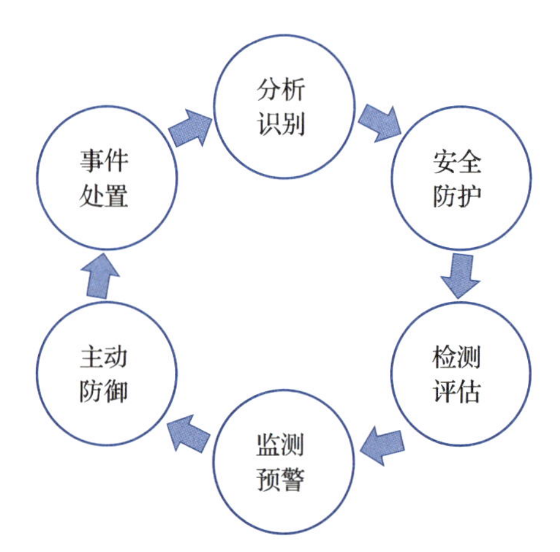

图 5-12 关键信息基础设施安全保护六大方面

1. 分析识别

分析识别是围绕关键信息基础设施承载的关键业务，开展业务依赖性识别、关键资产识别、风险识别等活动，以及在关键信息基础设施发生改建、扩建等重大变更时的重新识别。

业务依赖性识别的关键步骤包括：①识别关键业务及其相关的外部业务；②识别关键业务对外部业务的依赖性；③识别关键业务对外部业务的重要性；④梳理关键业务链，明确支撑关键业务的关键信息基础设施的分布和运营情况。

关键资产识别的关键步骤包括：①识别关键业务链所依赖的资产，建立关键业务链相关的网络、系统、服务、数据和其他相关资产的清单；②基于资产类别和资产重要性确定资产防护的优先级；③采用相关技术动态更新关键业务依赖资产的情况。

风险识别的关键步骤包括：①依据《信息安全技术 信息安全风险评估方法》等标准，对关键业务链开展安全风险分析；②识别关键业务链各环节面临的威胁，分析主要安全风险点；③确定风险处置优先级，形成安全风险报告。

2. 安全防护

根据已识别的关键业务、资产和安全风险，运营者应在安全管理制度、安全管理机构、安全管理人员、安全通信网络、安全计算环境、安全建设管理和安全运维管理等方面实施安全管理和技术保护措施，确保关键信息基础设施的运行安全。

在安全管理制度方面，运营者需要重点考虑落实国家网络安全等级保护制度的相关要求，制定网络安全保护计划，建立管理制度和安全策略等。

在安全管理机构方面，运营者应成立网络安全工作委员会或领导小组，负责管理关键信息基础设施的安全保护工作，同时设置专门的网络安全管理机构，并明确一名安全管理责任人。

在安全管理人员方面，运营者需要对安全管理负责人和关键岗位人员进行背景审查和安全技能考核，安排他们参与网络安全相关活动，并建立网络安全培训教育制度等。

在安全通信网络方面，运营者应重点关注网络架构、互联安全、边界防护、安全审计等内容，如网络架构要实现通信线路“一主多备”的多运营商、多路由保护，以及网络关键节点和关键设施的“双节点”冗余备份等。

在安全计算环境方面，运营者应首先重点关注业务操作、用户操作和异常操作行为的清单制定以及网络的访问控制；其次进行入侵防范，如提高对高级可持续威胁（APT）等网络攻击行为的入侵防范能力；最后要使用自动化工具来支持系统账户、配置、漏洞、补丁、病毒库等的管理。

在安全建设管理和安全运维管理方面，当进行关键信息基础设施建设、改造等环节时，运营者应实现网络技术措施与关键信息基础设施主体的同步使用、同步建设。在关键信息基础设施运维过程中，运营者应确保运维点在我国境内，并开展保密、恶意代码监测等工作。

在供应链安全方面，运营者需要制定供应链安全管理策略，形成网络产品和服务年度采购清单，建立合格供应商目录，并加强采购渠道管理等。

3. 检测评估

为检验安全防护措施的有效性，发现网络安全风险隐患，运营者应建立相应的检测评估制度，确定检测评估流程，开展安全检测与风险隐患评估，分析潜在安全风险可能引发的安全事件。

首先，运营者需要建立检测评估的相关制度，制度需包括检测评估的流程、方式方法、周期、人员组织和资金保障等。其次，运营者需明确检测评估的重点内容，这些重点内容包括：网络安全制度的落实情况、组织建设情况、人员经费投入情况、教育培训情况、网络安全等级制度的落实情况、技术防护情况、应急演练情况、数据安全情况、云计算服务安全评估情况以及供应链安全情况等。

4. 监测预警

运营者需要建立并实施网络安全监测预警和信息通报制度，针对发生的网络安全事件或发现的网络安全威胁，提前或及时发出安全警示；还需建立威胁情报和信息共享机制，落实相关措施，提高主动发现攻击的能力。

监测预警制度建设的重点要求包括：建立并落实常态化监测预警与快速响应机制，关注国内外安全事件并进行分析研判；建立预警信息报告和响应处置程序；建立预警及协作处置机制和网络信息安全共享机制等。

在进行监测时，运营者需要在网络边界、网络出入口等关键节点部署攻击监测设备，对关键业务系统进行监测，分析系统通信流量或事态模式，建立系统通信流量或事态的模型，并全面收集网络安全日志，构建违规操作模型、攻击入侵模型、异常行为模型等。

进行预警时，运营者需要将预警工具设置为自动化模型，并对网络安全共享信息和报警信息进行综合分析、研判，必要时生成内部预警信息；持续获取预警发布机构的安全预警信息，分析、研判相关事件或威胁的损害程度，必要时启动应急预案等。

5. 主动防御

主动防御就是以攻击行为的监测发现为基础，主动采取收敛暴露面、捕获、溯源、干扰和阻断等措施，开展攻防演习和威胁情报工作，提升对网络威胁与攻击行为的识别、分析和防御能力。

在收敛暴露面时，运营者需要识别和减少互联网与内网资产的 IP 地址、端口、应用服务的暴露面，压缩互联网出口数量；减少对外暴露的组织架构、邮箱账号、组织通信等内部信息，防范社会工程学攻击；转移公共存储空间中可能被攻击者利用的技术文档，如网络拓扑图、源代码等。

在攻击发现和阻断方面，运营者需要分析网络攻击的方法和手段，针对攻击制定总体技术方案并分析攻击路线和攻击目标，设置多道防线，采取捕获、干扰、阻断、封控和加固等多种技术手段切断攻击路径，快速处置网络攻击。

在攻防演练方面，运营者需要围绕关键业务的可持续运行设定演练场景，定期开展攻防演练，并将关键相关单位纳入演练范畴。而在威胁情报工作方面，运营者需要建立威胁情报共享机制，开展威胁情报收集、加工、共享和处置等。

6. 事件处置

关键信息基础设施运营者应对网络安全事件进行报告和处置，并采取适当的应对措施，恢复因网络安全事件而受损的功能或服务。

为开展事件处置工作，运营者首先需要建立相应的制度。这些制度包括：建立网络安全事件管理制度；确立事件分类分级标准与处置流程；制定应急预案等。应急预案中需要明确如下内容：一旦信息系统中断、受损或者发生故障时，需要维护的关键业务功能，以及遭受破坏时恢复关键业务和恢复全部业务的时间周期。

在事件响应和处置方面，运营者首先需要明确事件报告机制，如及时生成事件报告并向安全管理机构报告等；其次需要明确事件处理和恢复的要求，例如协调组织内部多个部门和外部相关组织进行事件处理，以及事件通报的相关要求。

5.4.2 数据分类分级的方法

在国际标准化组织（ISO）的 ISO/IEC 38505-3《信息技术 数据治理 第三部分 数据分级指南》以及我国的《数据安全技术 数据分类分级规则》中，已有明确的分类分级识别要素，但是数据处理者需要使用具体的方式将《信息技术 数据治理 第三部分 数据分级指南》及《数据安全技术 数据分类分级规则》中的规则进行落地执行。通常而言，数据分类分级的方法可以分为静态方法和动态方法。静态方法主要依赖人为规则和标准的制定，通常适用于数据内容和形式较为稳定的场景；而动态方法则依赖自动化工具和机器学习算法，适合处理大规模、复杂的数据场景。数据处理者可以根据自身的业务需求，采用合适的分类分级框架与方法进行数据分类分级。

1. 数据分类分级框架

《信息技术 数据治理 第三部分 数据分类分级指南》中给出了数据分类分级三个阶段的框架：第一阶段是创建必要的环境，第二阶段是识别执行数据分类分级的要素，第三阶段是实施数据分类分级。

第一阶段的关键动作包括确认数据政策、明确分级收益和制定分类分级政策等。第二阶段的关键动作包括识别数据资源、识别数据控制者和识别数据限制情况等。第三阶段的关键动作包括执行风险评估、实施数据分类分级和制定数据共享协议等。ISO/IEC 38505-3 数据分类分级框架如图 5-13 所示。

《数据安全技术 数据分类分级规则》中明确了数据处理者开展数据分类分级的框架，尤其强调按照“先行业领域分类，再业务属性分类”的思路进行分类。

按照行业领域，数据可分为工业数据、电信数据、金融数据、能源数据、交通运输数据、自然资源数据、卫生健康数据、教育数据、科学数据。

按照业务属性，可以根据业务领域、责任部门、描述对象、流程环节、数据主体、内容主题、数据用途、数据处理、数据来源等细化分类。如果涉及法律法规有专门管理要求的数据类别（如个人信息等），应按照有关规定和标准进行识别和分类。《数据安全技术 数据分类分级规则》的数据分类框架如图 5-14 所示。

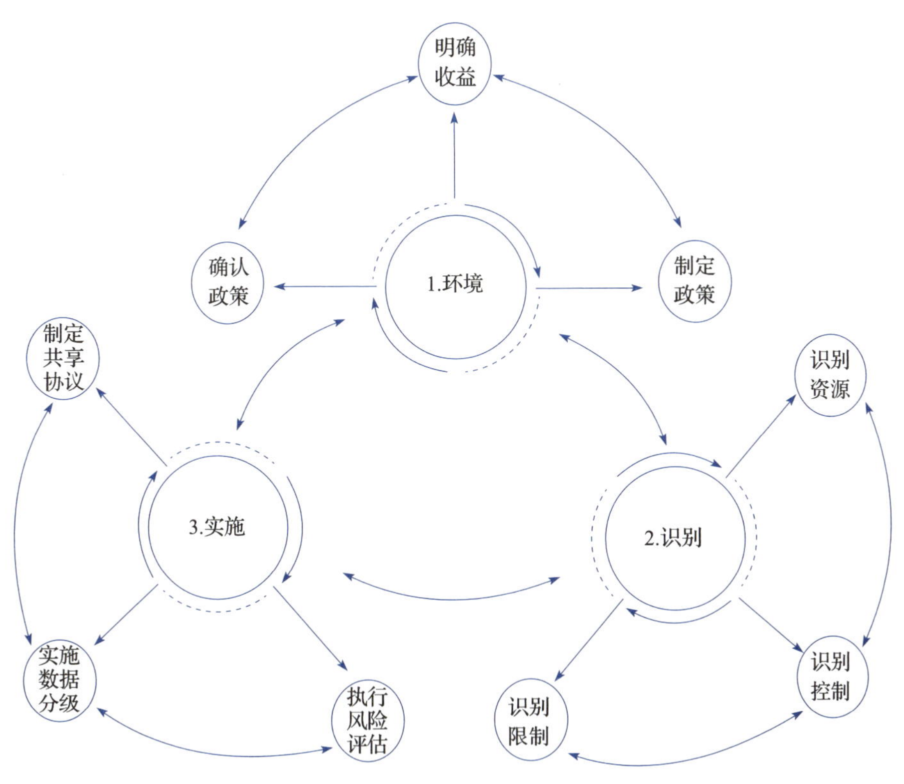

图 5-13 ISO/IEC 38505-3 数据分类分级框架

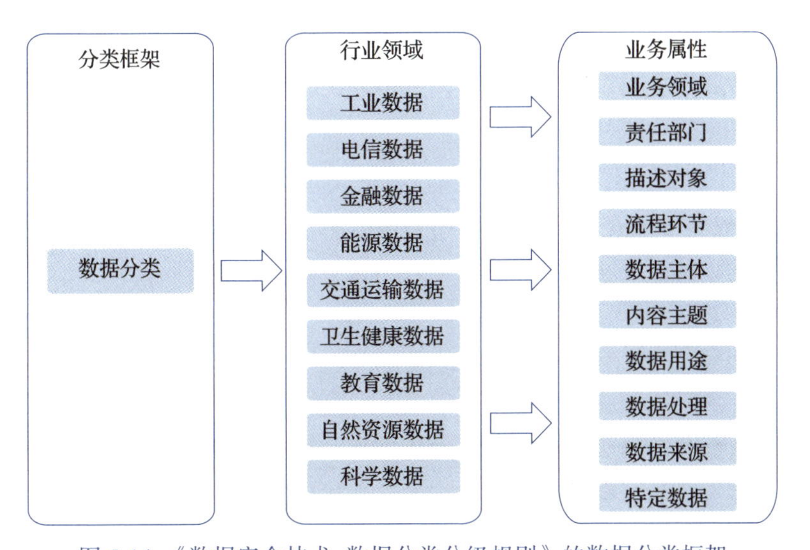

图 5-14 《数据安全技术 数据分类分级规则》的数据分类框架

在数据分级方面，《数据安全技术 数据分类分级规则》给出的分级框架较为简单，即根据数据在经济社会发展中的重要程度，以及一旦遭到泄露、篡改、损毁或者非法获取、非法使用、非法共享，对国家安全、经济运行、社会秩序、公共利益、组织权益、个人权益造成的危害程度，将数据从高到低分为核心数据、重要数据、一般数据三个级别。

上述两种数据分类分级框架，数据处理者可以根据自身情况选择适合自身业务的分类分级框架，也可以将两种分类分级框架进行融合应用，以满足自身业务发展需要。

2. 静态数据分类分级方法

静态数据分类分级方法通常基于预定义的规则、标准以及流程等。常用的静态分类分级方法包括基于规则的分类与基于风险的分级。静态方法的优势在于规则明确、执行简单，但缺乏灵活性，难以应对大规模、复杂的数据管理需求。无论是《信息技术 数据治理 第三部分 数据分类分级指南》还是《数据安全技术 数据分类分级规则》中给出的分类分级方法，都是静态的数据分类分级方法。

1）基于规则的分类：根据业务需求、数据特征、法规要求等制定明确的分类规则。例如，《数据安全技术 数据分类分级规则》中采用的“先行业领域分类，再业务属性分类”的思路，以及数据分类、细分方法，都是基于规则的分类方法。

2）基于风险的分级：根据数据泄露或误用的潜在风险来确定数据的敏感等级。《数据安全技术 数据分类分级规则》根据数据在经济社会发展中的重要程度以及危害程度，将数据从高到低分为核心数据、重要数据、一般数据三个级别。

3. 动态数据分类分级方法

动态数据分类分级方法依赖自动化工具、算法模型和大数据分析技术，能够适应快速变化的业务环境和数据规模。常用的动态方法包括基于机器学习的分类分级、基于数据流的分类分级和自适应分类分级等。动态方法的优势在于灵活性强、适应性好，能够应对大规模、多样化的数据环境。

1）基于机器学习的分类分级：利用机器学习算法对数据进行自动分类。通过对大量历史数据的训练，机器学习模型可以自动识别出不同类别的数据。使用自然语言处理（NLP）技术分析文档内容，可以将文本自动分类为合同、报告、邮件等类别。可利用的机器学习算法主要包括分类算法、聚类算法以及自然语言处理等。分类算法主要为支持向量机（SVM）、决策树、随机森林等，用于自动分类数据。聚类算法主要为 K-Means、DBSCAN（Density-Based Spatial Clustering of Applications with Noise）等，通过无监督学习将数据聚类到不同的类别中。自然语言处理（NLP）用于分析文本数据，自动进行分类和分级，如通过对电子邮件的主题、内容进行分析，可以自动判断邮件的敏感性和重要性。

2）基于数据流的分类分级：在实时数据流处理中，数据处理者能够利用动态分类分级方法，根据数据流的特征自动对数据进行分类与分级。例如，金融行业的实时交易数据可以根据交易的风险等级自动进行分级。

3）自适应分类分级：通过反馈机制不断调整分类和分级的标准。例如，某类数据最初被归为一般数据，但随着使用频率或价值的增加以及潜在危害的增大，可以通过系统自动调整为更高等级的数据。

4. 混合型分类分级方法

混合型方法结合了规则方法和机器学习方法的优点。它既可以基于业务需求和法律法规制定明确的规则，又能够通过机器学习进行动态调整。在初始阶段，系统可以基于规则进行分类和分级。而随着数据的不断增长和变化，系统可以利用机器学习模型自动优化分类和分级标准。这种方法的优点在于既有规则的确定性，又有机器学习的灵活性，适合应对复杂的数据环境。

5.4.3　识别敏感个人信息

对于敏感个人信息的识别也是数据处理者开展数据出境活动的重要举措。如果自当年 1 月 1 日起，累计向境外提供不满 1 万人的敏感个人信息，数据处理者需要订立个人信息出境标准合同或者通过个人信息保护认证进行跨境传输；

如果向境外提供超过 1 万人的敏感个人信息，数据处理者需要申报数据出境安全评估。

那么，什么是敏感个人信息呢？首先，按照《个人信息保护法》第二十八条的规定，敏感个人信息是指一旦泄露或者非法使用，容易导致自然人的人格尊严受到侵害或者人身、财产安全受到危害的个人信息，包括生物识别、宗教信仰、特定身份、医疗健康、金融账户、行踪轨迹等信息，以及不满十四周岁未成年人的个人信息。2024 年 9 月发布的《网络安全标准实践指南—敏感个人信息识别指南》对《个人信息保护法》第二十八条所规定的敏感个人信息进行了进一步细化，并给出了识别敏感个人信息的方法。

对于识别敏感个人信息，《网络安全标准实践指南—敏感个人信息识别指南》给出了三个条件，只要符合其中一个条件，即应识别为敏感个人信息：①个人信息一旦遭到泄露或者非法使用，容易导致自然人的人格尊严受到侵害；②个人信息一旦遭到泄露或者非法使用，容易导致自然人的人身安全受到危害；③个人信息一旦遭到泄露或者非法使用，容易导致自然人的财产安全受到危害。此外，数据处理者还应注意多项一般个人信息汇聚或融合后的整体属性，分析其一旦泄露或非法使用可能对个人权益造成的影响。如果符合上述三大条件，应将汇聚或融合后的个人信息整体参照敏感个人信息进行保护。

除识别方法外，《网络安全标准实践指南—敏感个人信息识别指南》还给出了常见敏感个人信息类别的示例，涵盖生物识别信息、宗教信仰信息、特定身份信息、医疗健康信息、金融账户信息、行踪轨迹信息、不满十四周岁未成年人的个人信息和其他敏感个人信息等，见表 5-1。

表 5-1　常见敏感个人信息类别示例

类别	示例
生物识别信息	1. 包括个人基因、人脸、声纹、步态、指纹、掌纹、眼纹、耳廓、虹膜等生物识别信息 2. 个人基因信息，按照《信息安全技术　基因识别数据安全要求》的规定，是指使用技术手段从人类遗传物资源材料中提取的与自然人遗传或遗传特征有关的个人信息，包括基因组核酸序列数据、功能基因组数据、基因检测结果以及提取过程中的原始数据和中间数据等

（续）

类别	示例
生物识别信息	3. 人脸信息即人脸识别数据，是指可识别自然人身份的人脸图像、人脸特征（也称面部识别特征）等。其中人脸图像是指可提取自然人脸部特征的照片、视频等，人脸特征是指从人脸图像中提取的反映自然人脸部信息特征的参数 4. 步态信息即步态识别数据，是指可识别自然人身份的步态样本、步态剪影、步态特征等。其中步态样本是自然人步态周期的原始（剪切）视频或连续图像序列，步态剪影是步态样本经过分割后得到的序列，步态特征是从步态剪影中提取的用于比对的数据 5. 声纹信息即声纹识别数据，是指可识别自然人身份的声纹语音样本、声纹特征项、声纹模型等。其中声纹语音样本是指可提取声纹的语音样本，智能语音交互过程中收集的语音（如未经过特殊处理）属于声纹语音样本，而采用参数合成方法生成的语音样本不属于声纹语音样本；声纹特征项是指从声纹语音样本中提取的用于声纹识别的参数，如频谱、倒频谱、音高等；声纹模型是指对某个自然人的声纹特征项进行描述的数学模型
宗教信仰信息	个人信仰的宗教、加入的宗教组织、宗教组织中的职位、参加的宗教活动、特殊宗教习俗等个人信息
特定身份信息	残障人士身份信息、不适宜公开的职业身份信息等个人信息
医疗健康信息	1. 与个人的身体或心理的伤害、疾病、残疾、疾病风险或隐私有关的健康状况信息，如病症、既往病史、家族病史、传染病史、体检报告、生育信息等 2. 在疾病预防、诊断、治疗、护理、康复等医疗服务过程中收集和产生的个人信息，如医疗就诊记录（如医疗意见、住院志、医嘱单、手术及麻醉记录、护理记录、用药记录）、检验检查数据（如检验报告、检查报告）等 3. 个人的体重、身高、血型、血压、肺活量等基本体质信息，如果与个人的疾病和医疗就诊无关，则可认为不属于敏感个人信息范畴
金融账户信息	个人的银行、证券、基金、保险、公积金等账户的账号及密码，公积金联名账号、支付账号、银行卡磁道数据（或芯片等效信息）以及基于账户信息产生的支付标记信息、个人收入明细等个人信息
行踪轨迹信息	连续精准定位轨迹信息、车辆行驶轨迹信息、人员活动轨迹信息等个人信息
不满十四周岁未成年人的个人信息	不满十四周岁未成年人的个人信息
其他敏感个人信息	1. 精准定位信息、身份证照片、性取向、性生活、征信信息、犯罪记录信息、展示个人身体私密部位的照片或视频信息等个人信息 2. 通过调用个人手机精准位置权限（如安卓系统 ACCESS_FINE_LOCATION 权限）采集的位置信息是精准定位信息，连续采集的精准定位信息可用于生成行踪轨迹 3. 犯罪记录，是指我国国家专门机关对犯罪人员的客观记载，如罪名、刑罚等记录

数据处理者在处理敏感个人信息时，除满足《个人信息保护法》中告知处理目的、处理方式和个人信息种类、取得个人同意等一般要求外，还需要具有特定目的和充分必要性，甚至取得书面同意。不满 14 周岁未成年人个人信息的处理还应当取得其父母或者其他监护人的同意。

5.4.4 重点行业数据出境合规的特别事项

各行业在数据出境时需要遵守通用性的顶层规则，但在具体实践中由于存在行业特性，因此数据处理者在进行数据出境活动时，除了需要遵守顶层规则外，还需要遵循数据所在行业的规则。由于行业差异较明显，各行业在数据出境活动中需要注意的特别事项也不同。

1. 金融行业机构主体资质合规与保密要求

金融行业由于其强监管特性，因此设定了较高的准入门槛，机构需要在开展相关业务时获得行业资质。在行业资质要求方面，金融机构向消费者提供支付、征信、贷款、结算等金融服务时，需要获得相应的牌照，持有相应的经营资质，这也是处理金融数据的门槛。《商业银行法》第十一条规定："设立商业银行，应当经国务院银行业监督管理机构审查批准"。《征信业务管理办法》第四条规定："从事个人征信业务的，应当依法取得中国人民银行个人征信机构许可；从事企业征信业务的，应当依法办理企业征信机构备案；从事信用评级业务的，应当依法办理信用评级机构备案。"当前，由于数据可在不同主体间流动，金融业机构在金融数据出境前，应识别自身是否有处理该类金融数据的资格，这是金融数据出境的首要前提条件。

在保密性要求方面，由于金融数据涉及国家安全、商业秘密以及个人隐私，属于重要数据，具备高敏感性，因此国家对金融数据的保密有着严格的要求，保密措施通常高于普通的个人隐私保护措施。基于金融数据的严格保密要求，金融机构在做好自身保密工作的同时，应通过约定确保数据出境后保密要求得以继续执行。《商业银行法》规定对存款人的相关信息应予以保密，《中国人民银行法》《个人存款账户实名制规定》亦遵循行业要求，规定了保密的义务。

2. 健康医疗行业关键数据处理的行政许可与国家安全审查要求

健康医疗行业的数据处理者在处理健康医疗数据过程中不可避免地会涉及某些关键数据，如基因组数据、地区或国家医疗统计数据等。对于这些关键数据，数据处理者需要获取相应的行政许可。同时，向境外传输相关数据时，除了要申报数据出境安全评估外，数据处理者还需要向主管部门申请国家安全审查。如《人类遗传资源管理条例实施细则》第二十七条规定，对于重要遗传家系人类遗传资源采集活动、特定地区人类遗传资源采集活动，以及用于大规模人群研究且人数大于 3000 例的人类遗传资源采集活动，都需要获得科技部的行政许可。这是健康医疗数据处理者处理上述数据的前提。第二十七条还规定了例外情形：为取得相关药品和医疗器械在我国上市许可的临床试验的人类遗传资源采集活动，不需要申请人类遗传资源采集行政许可。健康医疗数据处理者还应注意关键数据的国家安全审查问题，避免安全合规风险。如《人类遗传资源管理条例实施细则》第三十七条要求，向境外传输人类遗传资源应当通过科技部组织的安全审查等。

3. 健康医疗行业数据处理服务器的部署要求

由于健康医疗数据具有高度的敏感性，因此数据处理者在处理相关数据时应关注健康医疗数据的本地化存储和数据服务器的部署问题。如《人口健康信息管理办法（试行）》第十条要求，不得将人口健康信息存储在境外的服务器中，也不得托管或租赁境外的服务器。《国家健康医疗大数据标准、安全和服务管理办法（试行）》第三十条规定，健康医疗大数据应存储在境内安全可信的服务器上。因此，健康医疗数据处理者在处理数据时需按照上述要求做好合规工作。此外，在识别合规要点时，还需要区分健康医疗数据处理者的类别，不同类型的数据处理者可能具有不同的合规义务。例如，医院除了关注数据本地化存储和服务器部署外，还需关注关键信息基础设施运营者的义务要求，而医药企业则较少涉及关键信息基础设施运营者义务的履行问题。

4. 汽车行业测绘资质行政许可的合规性

汽车，尤其是智能网联汽车，在运行、服务和道路测试过程中，对车辆及周边道路设施的空间坐标、影像、点云及其属性信息等测绘地理信息数据进行采集、存储、传输和处理的行为，属于《中华人民共和国测绘法》所规定的测绘活动。汽车数据处理者如果开展测绘活动并处理相关数据，按照现有法律规定，需要首先获得测绘活动资质及相关的行政许可。《国家测绘地理信息局非涉密测绘地理信息成果提供使用管理办法》《测绘资质管理办法和测绘资质分类分级标准》《地图管理条例》等文件对于测绘行为、地图信息采集等，都有相应的资质要求，这是汽车数据处理者处理该类数据的前提条件。汽车数据处理者向国外、境外组织、国内合资合作单位的外方、外资企业及在国内的外国组织提供相关涉密测绘成果，应按照《对外提供我国涉密测绘成果审批程序规定》进行程序审批。

5. 汽车行业禁止出境的数据识别与重要数据细化

根据第 4 章中汽车数据合规制度体系的相关内容，智能网联汽车通过摄像头、雷达等传感器从车外环境采集的道路、建筑、地形、交通参与者等数据，以及车辆位置、轨迹相关数据不允许出境。汽车数据处理者应严格遵循规定，不得将上述数据进行跨境传输。同时，基于上述数据，数据处理者应采取从严原则尽量识别禁止出境的数据。

在汽车数据的重要数据方面，目前定义超过 10 万人的个人信息为重要数据，这比较容易操作。但是，对于其他类别的重要数据，如军事管理区、国防科工单位及县级以上党政机关等重要敏感区域的地理信息、人员流量、车辆流量等数据，以及反映经济运行情况的车辆流量、物流数据；汽车充电网的运行数据，以及包含人脸信息、车牌信息等的车外视频、图像数据，由于颗粒度不同，汽车数据处理者可考虑在上述范围内进一步细化重要数据字段，从而完善自身的重要数据目录。

6. 零售行业衍生数据中的重要数据识别

《数据安全技术 数据分类分级规则》中提出了衍生数据的概念，指经过统计、关联、挖掘、聚合、去标识化等加工活动而产生的数据。零售行业由于涉及面广，同时涵盖个人消费、地区消费的整体情况，因此基于零售数据所产生的衍生数据有可能属于重要数据，甚至是核心数据。零售行业的数据处理者在处理衍生数据时，可依照《数据安全技术 数据分类分级规则》中的规则进行分类分级。分类相较于分级来说更为简单，且分类方式多样，分级则较为复杂。数据处理者可按照上述标准将达到一定精度、规模、重要性或深度，或直接影响政治、经济安全的数据定为重要数据或核心数据。

至于精度、规模、深度、重要性，依据《数据安全技术 数据分类分级规则》，精度是指数据的精确或准确程度，可包括数值精度、空间精度、时间精度等因素；规模是指数据规模及数据描述对象的范围或能力大小，可包括数据存储量、群体规模、区域规模、领域规模、生产加工能力等因素；深度是指通过数据统计、关联、挖掘或融合等加工处理，对数据描述对象的隐含信息或多维度细节信息的刻画程度，可包括数据在描述对象中的经济运行、发展态势、行踪轨迹、活动记录、对象关系、历史背景、产业供应链等方面的情况；重要性是指数据在经济社会发展中的重要程度，可包括数据在经济建设、政治建设、文化建设、社会建设、生态文明建设等方面的重要程度。

5.5 数据出境安全影响评估的要点

根据《数据出境安全评估办法》的要求，数据处理者在申报数据出境安全评估之前，需要开展数据出境风险自评估，并形成数据出境风险自评估报告供后续申报安全评估使用。同样，根据《个人信息出境标准合同办法》的要求，个人信息处理者在向境外提供个人信息前，应当开展个人信息保护影响评估，并形成个人信息保护影响评估报告供后续备案使用。

5.5.1 开展数据出境风险自评估

1. 重点评估事项

- 数据出境以及境外接收方处理数据的目的、范围、方式等的合法性、正当性、必要性。

- 出境数据的规模、范围、种类、敏感程度，以及数据出境可能对国家安全、公共利益、个人或组织合法权益带来的风险。
- 境外接收方承诺承担的责任义务，以及履行责任义务的管理措施、技术措施和能力，能否保障出境数据的安全。
- 数据出境过程中和出境后遭到篡改、破坏、泄露、丢失、转移或者被非法获取、非法利用等风险，个人信息权益维护渠道是否通畅等。
- 与境外接收方拟订立的数据出境相关合同或者其他具有法律效力的文件（以下简称法律文件）是否充分约定了数据安全保护责任义务。
- 其他可能影响数据跨境安全的事项。

2. 数据出境风险自评估报告填报事项

在填写数据出境风险自评估报告的过程中，需要关注以下重点事项。

1）数据处理者基本情况中的基本情况简介应至少包含：申报主体的名称、成立时间、员工人数、主营业务、注册地址、分支机构、上市情况、股权构成、比例及实际控制人、有无境外控股、是否存在 VIE 架构、境内外投资的企业名称及其实际控股人、注册地点、持股比例和主营业务等信息。

2）数据处理者基本情况中的组织架构和数据安全管理机构信息应包含：组织内部机构，重点阐述与数据出境相关的业务部门及管理部门，说明其主要业务领域和工作职责；数据安全管理机构的组织架构、负责人、部门职责、人员配置等相关信息。

3）数据处理者基本情况中的整体业务与数据资产情况应至少包含：申报主体的主营业务情况，包括非出境业务情况；整体掌握数据的种类及数量；涉及的个人信息的类别以及涉及的自然人总数（相关人数统计需要去重）；重要数据涉及的领域和数量。

4）拟出境数据情况中的数据出境涉及业务、数据资产等情况应至少包含：出境业务场景的名称和描述、业务规模、业务流程、与主营业务的关系，数据出境的国家、频次等内容，以及出境数据的种类、数量、所有权、采集方式、分类分级情况等。

5）拟出境数据情况中的数据出境及境外接收方处理数据的目的、范围、方式及其合法性、正当性、必要性等应包含：出境目的、传输与接收方式，境外接收方对所接收数据的处理范围与处理方式，及其收集、存储、使用、加工、传输、提供、公开数据的合法性、正当性、必要性等内容。

6）拟出境数据情况中的拟出境数据在境内存储的系统平台、数据中心（含云服务）等情况，数据出境链路情况，计划出境后存储的系统平台、数据中心等情况应至少包含：数据中心或云平台的名称、物理位置、所有者和运营者名称、服务器数量、出境链路提供商、链路类型、链路数量与带宽、IP 地址（动态 IP 地址需提供近 3 个月使用过的地址和当前使用的地址）等。

7）拟出境数据情况中的数据出境后向境外其他接收方提供的情况。如果数据出境存在二次转移或委托处理，情况说明应至少包含：其他境外接收方的名称、提供数据的目的、数量、转移或处理方式、存储地点、存储期限和协议约束等。

8）境外接收方情况中，境外接收方的基本情况应至少包含：境外接收方的名称、所在国家、员工数量、主营业务、与数据处理者的关系等。

9）境外接收方情况中，境外接收方处理数据的用途、方式等应至少包含：境外接收方处理数据的相关业务、接收数据后的用途、处理数据的方式等。

10）境外接收方情况中，境外接收方履行责任义务的管理和技术措施、能力等应至少包含：境外接收方所建立的数据安全管理体系和管理制度、技术保障能力及保障措施、所取得的安全资质及安全认证等情况。

11）法律文件约定数据安全保护责任义务的情况等应详细阐述拟与境外接收方签订的法律文件的名称、主要内容、有效期等。

5.5.2 开展个人信息保护影响评估

1. 重点评估事项

- 个人信息处理者和境外接收方处理个人信息的目的、范围、方式的合法性、正当性和必要性。

- 出境的个人信息的规模、范围、种类、敏感程度，以及个人信息出境可能对个人信息权益带来的风险。
- 境外接收方承诺承担的义务，以及保障出境个人信息安全的管理和技术措施、能力等。
- 个人信息在出境后遭到篡改、破坏、泄露、丢失，或者被非法利用等风险，个人信息权益维护的渠道是否通畅等。
- 境外接收方所在国家或地区的个人信息保护政策和法规对标准合同履行的影响。
- 其他可能影响个人信息出境安全的因素。

2. 个人信息保护影响评估报告填报事项

在个人信息保护影响评估报告填写过程中，需要关注以下几点事项。

1）个人信息处理者基本情况中的基本情况简介应至少包含：申报主体名称、成立时间、员工人数、主营业务、注册地址、股权结构、实际控制人、境内外投资情况、组织结构和个人信息保护机构信息等。

2）个人信息处理者基本情况中的整体业务与处理个人信息情况应至少包含：申报主体的主营业务情况（包括非出境业务等），整体掌握的个人信息种类及数量、涉及的个人信息类型，以及涉及的自然人总数（需去重）等。

3）拟出境的个人信息情况至少应包含个人信息出境涉及的业务、个人信息收集使用情况、信息系统等内容，具体包括：出境业务场景名称及描述、业务规模、业务流程、与主营业务的关系，个人信息出境的国家和频次，以及拟出境个人信息的数量、采集方式和信息系统情况。

4）拟出境个人信息情况中的个人信息处理者和境外接收方处理数据的目的、范围、方式及其合法性、正当性、必要性等应至少包含：出境个人信息的目的、传输与接收方式，境外接收方所接收个人信息的处理范围与处理方式，及其收集、存储、使用、加工、传输、提供、公开数据的合法性、正当性、必要性。合法性需要按照《个人信息保护法》的相关条款具体落实情况。

5）拟出境个人信息情况应至少包含出境个人信息的规模、范围、种类、敏感感程度。出境个人信息的规模应写明未来每年或几年拟出境个人信息涉及的自然人数量（去重）；出境个人信息的范围应罗列全部出境字段，并确认字段满足最小不可拆分原则；出境个人信息的种类和敏感程度可以参照《信息安全技术 个人信息安全规范》。

6）拟出境个人信息情况中的拟出境个人信息在境内存储的系统平台、数据中心（含云服务）等情况（包括个人信息出境链路情况，及计划出境后将存储的系统平台、数据中心等情况）应至少包括：数据中心或云平台的名称、物理位置、所有者和运营者名称、服务器数量、出境链路提供商、链路类型、链路数量与带宽、IP 地址（动态 IP 地址需提供近 3 个月使用过的地址和当前使用的地址）等。

7）拟出境个人信息情况中的个人信息出境后向境外其他接收方提供的情况（个人信息出境后如存在二次转移或委托处理，须进行情况说明）应至少包含：其他境外接收方的名称、提供数据的目的、数量、转移或处理方式、存储地点、存储期限和协议约束等。

8）境外接收方情况中，境外接收方的基本情况应至少包含：境外接收方的名称、所在国家、员工数量、主营业务、与个人信息处理者的关系等。

9）境外接收方情况中，境外接收方处理数据的用途、方式等应至少包含：境外接收方处理数据的相关业务、接收数据后的用途、处理数据的方式等。

10）境外接收方情况中，境外接收方履行责任义务的管理和技术措施、能力等应至少包含：境外接收方所建立的数据安全管理体系和管理制度、技术保障能力及保障措施、所取得的安全资质及安全认证等情况。

5.6　本章小结

本章具体细化了第 4 章中数据出境的规则体系，为数据处理者开展数据出境活动提供了可操作的合规指南。数据处理者为确保数据出境安全有序，避免出现合规风险，需要在内部制定合规战略体系，明确合规战略的目标、原则、工作机制与工作层次；需要进行数据出境业务梳理以及内部数据出境合规制度的建设，具体包括合规事项清单制度、数据分类分级管理制度、权限访问管理制度、风险评估与审计制度、安全事件报告制度、预警监测与应急制度、教育培训制度以及投诉与反馈制度等。在完成上述工作之后，数据处理者还需重点关注关键信息基础设施运营、数据分类分级、敏感个人信息识别等合规要点与举措。此外，为方便数据处理者完成申报数据出境安全评估、开展个人信息出境合同备案的前置动作，即开展数据出境风险自评估和个人信息保护影响评估，本章还给出了开展数据出境风险自评估和个人信息保护影响评估的重点事项以及报告中相关项目的填写要求等。

|第 6 章| CHAPTER

重点行业数据出境场景字段分析

第 4 章的内容主要介绍了我国关于数据出境的法律体系，包括一般的通用性立法以及重点行业的数据相关立法与标准等；第 5 章则明确了数据处理者进行数据出境的合规体系和具体操作流程。在现有的法律体系下，数据处理者，尤其是企业在需要进行数据跨境传输时，如何向主管部门申报数据出境安全评估以及进行个人信息出境合同备案，并识别具体的场景和字段，是所有需要进行数据跨境传输的数据处理者所关心的问题。第 6 章将结合现有的公开材料，如各地网信部门发布的案例、上海自贸区临港新片区发布的一般数据清单等，以及重点行业企业的一些相关实践，为相关数据处理者提供申报数据出境安全评估的参考。

根据公开的材料以及此前各地网信部门公开的案例显示，目前申报数据出境安全评估和个人信息出境合同备案的企业，主要集中在金融、健康医疗、汽车、零售业、贸易、电商、航空航运等重点行业。由于《促进和规范数据跨境流动规定》中对某些场景的数据出境已经进行了相应的豁免，如在国际贸易、跨境运输、学术合作、跨国生产制造和市场营销等活动中收集和产生的不包含个人信息或者重要数据的数据的出境，就属于豁免情形，因此本章将对金融、健康医疗、汽车、零售等重点行业的实践进行分析。

6.1 金融数据出境实践分析

金融行业数据处理者在进行数据出境安全评估申报时，除了第 5 章中已经明确的程序性工作外，还应开展相关的实质性工作，主要包括梳理相关业务场景和场景下需要出境的字段；说明相关业务场景下数据字段出境的目的和必要性；确定最终可以提交数据出境安全评估的数据字段。

6.1.1 金融数据出境场景与字段分析

金融行业由于数字化转型程度高，因此很早就开始讨论数据治理问题。相关金融数据的字段在《金融数据安全 数据安全分级指南》中已有初步梳理。《金融数据安全 数据安全分级指南》根据相关业务和场景，梳理了 1 级到 4 级数据的相关字段，为金融数据处理者识别重要数据、申报数据出境安全评估提供了参考。至于包含重要数据的 5 级数据，则需要数据处理者自行识别。此外，上海自贸区临港新片区在 2024 年 5 月发布了公募基金领域的一般数据清单目录，包括应用场景、数据类别、典型示例与说明，对于金融数据处理者进行相关数据字段的前期梳理也具有一定的参考价值。

金融行业包括银行业、保险业、基金业、证券业、信托业等，每个细分行业的应用场景有所差异，但也有共性之处，如客户基本信息的管理。在客户信息管理方面，主要有两大类：一类是自然人信息管理，包括但不限于基本信息、财产信息、健康信息、教育职业信息等；另一类是单位信息管理，主要包括金融机构服务对象如政府、事业单位、企业、社会团体等的信息，涵盖但不限于股东信息、管理层信息、鉴别信息、企业工商信息、行为信息等。示例见表 6-1。

表 6-1 仅展示了金融业客户信息管理应用场景中有关个人信息和单位信息的一些字段示例。金融数据处理者可以按照此颗粒度梳理相关应用场景及对应的数据字段，然后根据各自的细分业务继续识别应用场景和数据字段。下文将

按照金融行业的细分领域（如银行业、基金业等）举例展示部分场景和字段，以提供更为完善的参考示例。

表 6-1　客户信息管理场景部分字段示例表

场景	数据类别	数据字段内容
客户信息管理	个人信息	1）个人基本信息：姓名、国籍、性别、民族、婚姻状况、证件类型、证件号码、证件生效日期、证件到期日期、家庭住址等 2）个人财产信息：个人收入状况、拥有的不动产状况、拥有的车辆状况、纳税额、公积金缴存金额、个人社保与医保缴纳金额等 3）个人教育职业信息：入学日期、毕业日期、毕业学校名称、学历信息、学位信息、学科信息、工作单位、工作开始日期、工作结束日期、职位、工作地点、收入情况等
	单位信息	1）单位基本信息：法定代表人姓名、单位名称、统一社会信用代码、经营许可证、经营范围、行业分类、经济类型、人员规模、注册资本、企业地址等 2）单位行为信息：通过网上银行、手机银行、App、柜面、客户经理、远程银行、邮件、短信、社交网络、辅助渠道等咨询、购买或使用金融业机构产品或服务时产生的拜访时间、地点、网页浏览习惯、App 浏览习惯等行为记录 3）单位身份鉴别信息：银行卡磁道（或芯片等效信息）、卡片验证码、卡片有效期、银行卡密码、支付密码等敏感信息，账户（包括但不限于支付账号、网络支付业务系统中个人金融信息主体登录用户、证券账户、保险账户）的登录密码、交易密码、查询密码等

除了上述的客户信息管理外，银行业机构在经营过程中涉及的数据出境场景包括账户管理、业务交易、贷款与信用管理、投资与理财管理、风险管理、市场分析、客户服务以及跨境收支等。就账户管理场景而言，其涉及的数据包括账户的基本信息、金额信息、介质信息、冻结信息、特有账户信息等，见表 6-2。

表 6-2　银行业账户管理场景部分字段示例

场景	数据类别	数据字段内容
账户管理	基本信息	账户编号、账户类型、保证金账户标志、账户状态、开户机构编号、开户日期、销户日期、支付标记等
	金额信息	账户上的金额数据，如金额、余额、币种等
	介质信息	账户上依附的介质相关信息数据，如介质号码、卡种类等
	冻结信息	账户发生冻结时记录的相关信息数据，如冻结类型、冻结日期、冻结金额、状态等相关属性的信息
	特有账户信息	政府机构或商业银行在中国人民银行所开立的账户信息，如国库单一账户、清算账户信息等

基金业务涉及数据处理和数据出境的场景主要包括信息披露义务履行、内部管理、市场研究、产品发布、投资管理、市场交易等。上海自贸区临港新片区此前发布了公募基金数据出境的一般数据清单，列举了市场研究以及内部管理两个应用场景与数据字段内容的说明，可作为参考。结合上海自贸区临港新片区的一般数据清单，公募基金相关场景与部分数据字段示例见表 6-3。

表 6-3　公募基金相关场景及部分数据字段示例

场景	数据类别	数据字段内容
市场研究	产业研究报告	产业研究报告相关数据，如产业名称、产业分析
	宏观经济分析报告	宏观经济分析报告相关数据，如报告名称、宏观经济分析等
内部管理	结算管理数据	基金结算管理的相关数据，如产品名称、产品资产单位净值等
	供应商管理数据	已经或有可能通过企业采购行为，为企业提供物资或服务等资源的企业或机构的数据，如供应商信息、供应商联系方式等
	投资者管理数据	投资者的汇总统计数据，不涉及具体某个投资者的信息，如每日客户总数、客户留存率等
	营销服务管理数据	企业对客户进行营销推广活动中产生的数据，如活动名称、活动总结等
	产品管理数据	企业发行基金产品产生的产品相关信息，如产品发行数据、产品合同数据等
	风险管理数据	企业为了避免或降低风险、降低风险损失、加强企业内部控制所建立的风险控制制度、实时监控机制、授权管理制度以及事后评价机制等相关数据，如风险事件数量、违法数量等
	合规审计管理数据	企业为了保证企业及其工作人员的经营管理和执业行为符合法律、法规、规章及其他规范性文件、行业规范和自律规则、企业内部规章制度，以及行业公认并普遍遵守的职业道德和行为准则所产生的相关数据，如内部审计报告、合规培训情况等
	财务管理数据	企业经营活动和财务结果的相关数据，如资产负债表、利润分配表、现金流量表等
	项目管理数据	企业因发展需要建立的各类包含基建、信息系统建设等项目的相关管理数据，如项目名称、任务名称、状态等
投资管理	投资研究数据	投资研究的相关数据，如股票基本信息、投资定级信息、高管信息、股东信息、董事会相关信息、股价预测信息等

银行业机构和基金业机构可以根据自身业务发展，在参考上述场景和数据

字段的基础上，继续完成前期的数据梳理，识别重要数据和核心数据，并在此基础上为数据定级。例如，银行业账户管理场景与部分字段示例表中的相关数据字段，按照《金融数据安全 数据安全分级指南》的标准，一般被定义为 2 级或 3 级数据。

6.1.2　金融数据出境的目的性与必要性分析

金融数据处理者在进行数据出境时，需要进行前期的评估工作。在这个阶段，数据处理者需要进一步梳理出境场景的目的以及基于场景出境相关数据字段的必要性，并在完成上述工作的基础上，形成申报数据出境安全评估的场景与相关数据字段。

在数据出境场景的目的性方面，例如前述公募基金数据跨境中的市场研究场景，其目的是提高境内市场研究的效率和质量，以及吸引外资投资中国市场，因此才向境外传输市场研究数据，主要包括产业研究报告和宏观经济分析报告等数据。而内部管理的场景则是跨国企业为了实现全球化统一管理，需要向境外传输内部管理数据，主要包括结算管理、供应商管理、投资者管理和风险管理等数据。至于投资管理场景下的投资研究数据出境，其目的是通过向海外传递市场研究信息，深化境外总部或客户对中国市场的洞察，从而促进对中国市场的投资，吸引更多海外资金流入，推动中国境内实体经济的发展。

在明确场景的目的性后，数据处理者需要对场景下的出境数据字段进行充分必要性分析。假设在包含重要数据字段的情况下，投资研究数据拟出境的数据字段包括“股票基本信息、投资定级信息、高管信息、股东信息、董事会相关信息、股价预测信息”等。此时就会出现疑问，如果删除掉其中某几个字段会不会影响该场景数据出境的目的。如果会，那么这几个字段就是充分必要的；如果不会，那么这几个字段就是非必要的。如在上述拟出境的数据字段中，删除“高管信息”“董事会相关信息”等涉及个人信息的字段并不会对场景出境的目的造成实质性的影响，境外总部和客户依然可以根据“股票基本信息”“投资定级信息”“股价预测信息”“股东信息”等相关字段了解投资情况。相反，如果删除这几个字段，境外总部和客户将无法很好地了解中国的投资情况。因此，

“高管信息”“董事会相关信息”出境的必要性就不是那么充分，而其他几个字段出境的必要性就很充分。

再比如，为满足境外支付需要，境内金融数据处理者应当向境外传输个人基本信息，且达到了申报数据出境安全评估的个人信息量级。拟出境的个人基本信息大体包括“姓名、国籍、性别、民族、婚姻状况、证件类型、证件号码、证件生效日期、证件到期日期、家庭住址”等相关字段。其中，对于“民族”“婚姻状况”“家庭住址”“证件号码”等敏感程度较高的字段需要具体识别。利用删除法发现，如果同时删除这几个字段，确实难以满足境外支付的需求。但是，仅删除“民族”“婚姻状况”“家庭住址”这几个字段，而保留其余字段，似乎可以满足境外支付的需求。因此，在境外支付的场景下，对于需要出境的个人基本信息字段，“民族”“婚姻状况”“家庭住址”这几个字段出境的必要性并不是那么充分。

按照上述方法，明确场景的目的性及出境字段的必要性后，数据处理者可以重新整理，形成最终的数据出境场景和数据字段。比如，去除非必要的“高管信息”“董事会相关信息”后，投资管理场景下拟申报数据出境安全评估的数据字段为“股票基本信息”“投资定级信息”“股价预测信息”“股东信息”。上述所涉及的场景和数据字段仅作为示例参考，主要用于阐述整体的操作方法，具体需要申报数据出境安全评估的数据字段需数据处理者根据自身情况识别，尤其是重要数据字段。

6.2 健康医疗数据出境实践分析

与金融数据出境的操作方式一致，健康医疗数据处理者在进行数据出境时，也需要分析数据出境的场景和数据字段，以及这些场景和数据字段出境的目的和必要性，从而实现数据出境行为的安全、合法、有序。

6.2.1 健康医疗数据出境场景与字段分析

目前，有健康医疗数据出境需求的数据处理者主要集中在制药、诊断、医疗器械等企业以及一些医疗机构，如医院等。北京此前公布的首个数据出境安全评估案例是首都医科大学附属北京友谊医院普外中心和阿姆斯特丹大学医学中心普通外科作为全球牵头中心发起的国际多中心临床研究项目。结合现有公开案例以及此前上海自贸区临港新片区发布的生物医药领域数据跨境场景化一般数据清单目录，可以发现健康医疗数据出境场景多为临床试验和研发、药物警戒和不良事件监测、医学问询与产品投诉、商业合作伙伴管理等。

在临床试验和研发场景中，涉及的数据主要包括受试者信息、研究者信息等，不仅包括一般个人信息，还包括敏感个人信息。数据处理者可按照这两大类进行数据字段的前期梳理，见表 6-4。

表 6-4　临床试验和研发场景部分数据字段示例

场景	数据类别	数据字段内容
临床试验和研发	受试者信息	1）一般个人信息：受试者编号代码、出生日期、性别、年龄、身高、体重、籍贯、种族、血型、血压、肺活量等 2）敏感个人信息：民族、病症、住院志、医嘱单、检查报告、检验报告、手术及麻醉记录、护理记录、用药记录、生育信息、既往病史、诊治情况、家族病史、传染病史、性取向等
	研究者信息	1）一般个人信息：姓名、性别、年龄、出生日期、电话号码、电子邮件地址、职称、职务、就职医院科室信息、培训与工作经历信息、学历与学位信息等 2）敏感个人信息：民族、身份证号码和医师执业证编号等

药物警戒和不良事件监测场景涉及的数据包括患者信息、不良事件发生时报告者的信息以及最终的不良事件研究报告信息。其中，报告者的信息主要为一般个人信息，而患者的信息可能涉及一般个人信息和敏感个人信息，不良事件研究报告主要包括一般个人信息、敏感个人信息以及相关的分析信息等。示例见表 6-5。

表 6-5　药物警戒和不良事件监测场景部分数据字段示例

场景	数据类别	数据字段内容
药物警戒和不良事件监测	患者信息	1）一般个人信息：患者代码、国籍、姓名、年龄、性别、出生日期、身高、体重等 2）敏感个人信息：民族、病史、用药记录（药品名称、用法用量、用药时间）、不良反应信息、医疗记录数据（病症、诊治情况）等

（续）

场景	数据类别	数据字段内容
药物警戒和不良事件监测	报告者信息	一般个人信息：报告者代码、姓名、电话号码、邮箱地址、所在城市、地址、职业、家庭关系、医院、治疗领域、与患者关系等
	不良事件报告	1）一般个人信息：患者基本信息（姓名、年龄、性别、出生日期、身高、体重等）、电话号码或邮箱等 2）敏感个人信息：民族、病史、用药记录、不良反应信息、医疗记录数据等 3）分析信息：基于上述信息汇总的描述性信息以及不良反应的相关检查和治疗措施等信息

医学问询与产品投诉场景主要包括问询活动或投诉活动中涉及的患者信息以及报告者信息。此外，在问询和投诉过程中也会产生相关的记录信息，如问询时间、投诉时间等。示例见表 6-6。

表 6-6　医学问询与产品投诉场景部分数据字段示例

场景	数据类别	数据字段内容
医学问询与产品投诉	患者信息	1）一般个人信息：国籍、姓名、年龄、性别、出生日期、身高、体重等 2）敏感个人信息：用药记录（药品名称、用法用量、用药时间）、医疗记录数据（病症、诊治情况）等
	报告者信息	一般个人信息：电话号码、邮箱地址、所在城市、职业、医院、治疗领域等
	其他信息	问询 / 投诉记录信息：问询 / 投诉时间、问询 / 投诉记录及内容、产品名称、投诉类型、投诉数量等

商业合作伙伴管理场景涉及的数据主要包括组织商业合作伙伴的背景信息、建档信息、合同管理信息、个人商业合作伙伴的基本资料、银行账户信息以及资质信息等，见表 6-7。

表 6-7　商业合作伙伴管理场景部分数据字段示例

场景	数据类别	数据字段内容
商业合作伙伴管理	组织商业合作伙伴的背景信息	组织商业合作伙伴的背景信息，如商业合作伙伴名称、供应商资质、经营业务范围等
	组织商业合作伙伴的建档信息	组织商业合作伙伴的建档信息，如建档名称、税号等

（续）

场景	数据类别	数据字段内容
商业合作伙伴管理	组织商业合作伙伴的合同管理信息	组织商业合作伙伴的合同管理信息，如合同编号、合同金额等
	组织商业合作伙伴的支付信息	组织商业合作伙伴的支付信息，如支付日期、支付金额、支付项目名称等
	组织商业合作伙伴的联系人信息	组织商业合作伙伴的联系人信息，如联系人姓名、职位等
	组织商业合作伙伴的关键项目成员信息	组织商业合作伙伴的关键项目成员信息，如关键项目成员的姓名、职务等
	组织商业合作伙伴的高管信息	组织商业合作伙伴的高管信息，如高管的姓名、职务等
	个人商业合作伙伴的个人基本资料	个人商业合作伙伴的个人基本资料，如姓名、性别等
	个人商业合作伙伴的个人工作信息	个人商业合作伙伴的个人工作信息，如工作单位名称、职务等
	个人商业合作伙伴的个人银行账户信息	个人商业合作伙伴的个人银行账户信息，如开户行名称、银行账号等
	个人商业合作伙伴的个人资质信息	个人商业合作伙伴的个人资质信息，如资质名称、取得资质日期等

健康医疗数据处理者进行数据跨境流动的场景可能远不止上述情况。数据处理者可以参考上述场景的划分和数据字段的颗粒度，在此基础上继续识别自身数据的使用场景和数据字段，为开展数据出境活动做好前期的基础工作。

6.2.2　健康医疗数据出境的目的性与必要性分析

在临床试验和研发场景中，跨国医药企业往往需要直接参与境外接收方的药品全球同步研发，利用在同一运营系统下的国际多中心临床试验所收集的相关数据进行整体评价，以研究开发创新药物、器械等，这就需要跨境流动的临床试验和研发数据。因此，在这些场景中，进行数据跨境传输的目的是正当的。

在这个场景中，以患者信息为例，拟出境的信息包括一般个人信息和敏感个人信息。其中一般个人信息拟出境的字段主要包括“受试者编号代码、出生日期、性别、年龄、身高、体重、籍贯、种族、血型、血压、肺活量”；而敏感个人信息拟出境的字段包括“民族、病症、住院志、医嘱单、检查报告、检验报告、手术及麻醉记录、护理记录、用药记录、生育信息、既往病史、诊治情况、家族病史、传染病史、性取向”。这时数据处理者需要判断，为了实现上述目的，进行跨境传输的数据字段是否有必要。

首先，按照一般理解上的敏感性，对健康医疗数据字段进行排序，识别较为敏感的数据字段，如患者的一般个人信息中，较为敏感的字段主要是“种族”“血型”。其次，使用“删除法”将这两个字段删除，发现剩余的一般个人信息可以满足数据出境的目的，因此“种族”“血型”两个字段出境的必要性不充分。数据处理者可以根据个人信息的量级采取相应手段，在完成评估或备案后，将剩余数据字段进行跨境传输。敏感个人信息同样按照上述方法处理，通过敏感性排序和删除法，发现“民族”和“性取向”两个字段在这个场景下出境的必要性也不充分，因此数据处理者在剔除这两个字段后，按照敏感个人信息出境的量级（例如，自当年 1 月 1 日起累计向境外提供 1 万人以上或不满 1 万人的敏感个人信息），分别开展相应的出境审批流程。

在医学问询与产品投诉场景中，数据跨境传输的目的首先是依托全球资源有效解答公众就相关疾病领域和产品的问题，服务公众医学和产品需求；其次是准确、及时、高效地解决有关产品投诉的质量问题和退换货要求等，其数据出境的目的是正当的。在这个场景下，拟出境的患者信息包括一般个人信息字段，如“国籍、姓名、年龄、性别、出生日期、身高、体重”等，以及敏感个人信息字段，如“用药记录（药品名称、用法用量、用药时间）、医疗记录数据（病症、诊治情况）”等，同时还涉及其他相关的信息，如“问询 / 投诉记录信息，包括问询 / 投诉时间、问询 / 投诉记录及内容、产品名称、投诉类型、投诉数量”等。按照之前的方法分析，发现无论是一般个人信息、敏感个人信息，还是其他信息中所列字段，其出境的必要性都是充分的，一旦删除就无法实现该场景下数据出境的目的。

此外，健康医疗数据在进行跨境传输时，除涉及一般个人信息、敏感个人信息外，还可能涉及重要数据的传输，如基因数据等。对于重要数据字段跨境传输的必要性分析，大体按照上述方法进行即可。但数据处理者应采取更加审慎的方法和态度识别与验证重要数据字段。

6.3　汽车数据出境实践分析

汽车数据相较于金融数据和健康医疗数据更为复杂，不仅涉及车主、驾驶人、乘车人、车外人员等主体的各种信息，还涉及重要数据。这些重要数据不仅包括汽车行业的某些数据字段，还包括自然地理信息。同时，汽车行业相关标准规定了禁止数据出境的事项，因此汽车数据处理者需要对出境字段、出境目的和出境必要性等进行更为谨慎的分析与识别，以保障安全合规地开展数据跨境传输。

6.3.1　汽车数据出境场景与字段分析

结合上海自贸区临港新片区发布的智能网联汽车一般数据清单和同济大学法学院发布的《智能网联汽车数据出境的法律风险及防控研究报告（2023）》来看，目前汽车行业中智能网联汽车数据出境的需求较为旺盛，且出境场景主要集中在跨国生产制造、全球研发测试、全球售后服务、二手车全球贸易等领域。其中，对于在跨国生产制造活动中收集和产生的数据向境外提供的场景，按照《促进和规范数据跨境流动规定》的要求，出境数据中不包含个人信息或者重要数据才可以豁免。如果出境数据包含大量个人信息或重要数据，数据处理者仍应按照相关规定进行数据出境安全评估申报或个人信息出境标准合同备案。

跨国生产制造场景涉及的数据主要包括生产制造管理信息、库存信息、零部件信息、再制造信息、物流供应链信息等，见表 6-8。

表 6-8　跨国生产制造场景部分数据字段示例

场景	数据类别	数据字段内容
跨国生产制造	生产制造管理信息	车企对生产线、零部件、质量、安全生产等的管理产生的数据和数据分析的报表，如生产计划、排班计划、零部件库存数据、生产设备日志信息、产线监控数据、生产安全信息、质量管理报表等
	库存信息	物料、零部件、生产设备备件的库存信息，如零部件编号、成本、出入库记录、数量等
	零部件信息	零部件的物料、成本和问题追踪信息，如零部件的规格、零部件的功能、问题零部件的原因、问题零部件的解决方案等
	再制造信息	问题零部件的再制造信息，如对问题零部件的测试信息、检修影像、再制造工单等
	物流供应链信息	零部件、物料和设备的供应、物流信息，包含对供应商和物流的评价，如物流供应商名称、物流成本、物流收发运输信息、物流问题及问题处理记录等

在全球研发测试场景中，智能网联汽车的数据处理者拟出境的数据包括产品设计、产品测试和研发管理等企业内部数据，见表 6-9。

表 6-9　全球研发测试场景部分数据字段示例

场景	数据类别	数据字段内容
全球研发测试	产品设计数据	产品研发设计的阶段性产物和结果，如产品名称编号、产品油泥模型、图纸、软件代码、技术规范文件、市场调研报告等
	产品测试数据	在工厂内部、实验室、封闭试验场获取的材料、物料和设备的性能、质量、可靠性测试等相关数据，设备、零部件、系统及整车可靠性、安全性、人机交互和软件测试等相关数据，如 ×× 型号铝合金测试报告、×× 机械臂测试报告、车辆可靠性测试报告、车联网软件测试报告等
	研发管理数据	管理研发设计过程中产生的数据，如研发标准流程文件、校核文件、认证报告、设计变更文件、试制物料清单（BOM）数据等

全球售后服务场景涉及的数据主要包括车辆基本信息、故障状态数据、售后服务记录、召回管理、质保管理等，见表 6-10。

表 6-10　全球售后服务场景部分数据字段示例

场景	数据类别	数据字段内容
全球售后服务	车辆基本信息	维修所需的车辆基本数据，如 VIN、车辆配置信息、零部件软件编号、零部件硬件编号、软件版本号等

（续）

场景	数据类别	数据字段内容
全球售后服务	故障状态数据	故障发生时与故障相关的空调、车窗、座椅、音量、挡位等设置和状态信息，如（电子）手刹状态、座舱温度、安全带状态、风量、播放器音量等
	诊断数据	车载电子电气设备记录的故障信息、故障相关的照片或视频等，如通过诊断设备读取的故障原因、故障代码、故障时间等
	客户服务	服务网点记录的客户维修要求和网点服务过程、结果，如车辆从进入网点到离开网点的过程记录、客户要求的服务内容及变更信息等
	售后服务记录	网点对售后服务的记录，如所在网点、问题分类（标签）、问题关联的设计和制造部门、维修历史、工单等
	售后订单	售后网点购买配件、索赔、配件检验等产生的数据，如订单信息、配件物流信息、配件检验信息等
	售后配件	鉴定、分析消费者更换的非正常损坏的配件产生的数据，如问题配件状态描述、问题配件鉴定审核信息等
	售后跟踪	对车辆售后（故障是否解决）的跟踪，如故障的详细信息、原因分析、维修方案、维修结果反馈等
	售后报表	网点、企业对售后服务涉及的车辆故障、问题零部件、索赔、工单、客户满意度等工作的分析报表和报告，如门店月度维修工单统计、索赔处理率统计、客户满意度分析等
	召回管理	召回公告、召回内容、召回完成状态、召回时间表等
	质保管理	VIN、零部件软件编号、零部件硬件编号、软件版本号、车辆延保和保养合同号、车辆延保和保养合同起止时间、保修工单号、保修日期、保修工时、公里数、保修项目、延保产品名称、索赔类型、索赔金额、索赔状态等

全球二手车贸易场景涉及的数据主要包括车辆基本信息、维修保养信息和保险信息等相关历史数据，见表 6-11。

表 6-11　全球二手车贸易场景部分数据字段示例

场景	数据类别	数据字段内容
全球二手车贸易	车辆基本信息	VIN、发动机号、车款型号、外部颜色、生产日期、是否为营运车辆、车主变更次数等
	维修保养信息	历次保养时间、历次保养里程、车辆故障记录、车辆维修记录、气囊是否更换等
	保险信息	商业险连续性、交强险连续性、出险次数、是否有过水淹、是否有过火烧、受损部位、维修费用等相关信息等

汽车数据处理者，特别是智能网联汽车数据处理者，可以按照以上示例，对自身的数据出境场景和数据字段进行初步梳理，并在此基础上不断识别和完善拟进行跨境传输的数据字段。

6.3.2 汽车数据出境的目的性与必要性分析

下文在对汽车数据出境的目的性和必要性进行分析时，将以智能网联汽车的全球售后服务场景为例，探讨其数据出境的目的性及相关字段的处理方式。

由于汽车供应链和营销的全球化，对于跨国公司而言，其在中国的子公司也理应享受全球统一的售后服务，包括供应链追踪、召回、质保、零配件更换等。通过数据跨境流动，跨国公司可以对关键零件进行追溯和故障分析，执行召回后的修理和更换工作，确保三包责任的履行，从而保障消费者的权益。至于为什么子公司需要将数据传输到跨国总公司，是因为通常情况下，汽车的修理、更换、退货等业务往往依赖境外总部的技术和零件支持，总部需获取车辆的基本保修信息以便履行三包义务。

在全球售后服务场景中，拟出境车辆的基本信息字段包括"VIN、车辆配置信息、零部件软件编号、零部件硬件编号、软件版本号等"。所谓VIN，就是车辆识别代号（Vehicle Identification Number，VIN），由17位字符组成。我国《车辆识别代号管理办法（试行）》第五条规定"VIN是指车辆生产企业为了识别某一辆车而为该车辆指定的一组字码"，因此每辆汽车的VIN唯一且确定。目前，根据《车联网信息服务 数据安全技术要求》的规定，VIN属于车辆的重要属性数据，能一定程度标识或识别到特定的车联网信息服务主体，因此VIN具备直接或间接识别个人的可能性。

一般而言，VIN通常被纳入车辆重要数据范畴，但如果VIN无法直接或间接关联到个人，那么它就不具备重要数据的讨论价值。因此，在上述出境场景中，数据处理者需要优先处理VIN，使其无法直接或间接识别到具体的个人。在处理完VIN之后，假设车辆的基本信息中还包含其他重要数据，那么数据处理者应根据出境场景的目的和删除法判断其出境的必要性。通过分析发现，为了实现汽车的全球售后服务，"车辆配置信息、零部件软件编号、零部件硬件编号、软件版本号等”应该都是具备出境必要性的数据字段，均服务于汽车跨国公司为实现其服务目的的相关环节。

在质保管理数据方面，拟出境的数据字段包括“VIN、零部件软件编号、零部件硬件编号、软件版本号、车辆延保和保养合同号、车辆延保和保养合同起止时间、保修工单号、保修日期、保修工时、公里数、保修项目、延保产品名称、索赔类型、索赔金额、索赔状态等”，其中关键的数据字段主要包括“VIN、零部件软件编号、零部件硬件编号、软件版本号”。该场景下的处理方式与全球售后服务场景一致。完成处理后，如果这些数据字段中含有重要数据，汽车数据处理者应通过省级网信部门向国家网信部门申报。

6.4　零售数据出境实践分析

零售行业由于其面向客户的特性，需要处理的数据多涉及一般个人信息和敏感个人信息。同时，由于零售行业的统计分析数据可能涉及国家经济运行的相关情况，因此也可能被纳入重要数据范畴。零售行业的数据出境场景多为全球会员服务、会员管理以及全球供应链管理，涉及大量个人信息的处理以及少部分重要数据的处理。

6.4.1　零售数据出境场景与字段分析

《促进和规范数据跨境流动规定》规定“跨境购物、跨境寄递、跨境汇款、跨境支付、跨境开户、机票酒店预订、签证办理、考试服务”等场景，为订立、履行个人作为一方当事人的合同，确需向境外提供个人信息的，无须申报数据出境安全评估、订立个人信息出境标准合同、通过个人信息保护认证。上述场景中，“跨境购物、跨境寄递、跨境汇款、跨境支付、跨境开户”等场景一般也多为零售行业业务所需进行数据跨境传输的场景，现在已予以豁免。因此，零售行业数据出境多集中在全球会员服务、会员管理以及全球供应链管理等场景。

在全球会员服务场景中，境外门店会员查询、境外活动邀请和安排、境外服务预约等都会涉及境内数据向境外传输的情况，传输的数据主要包括会员基本信息、会员消费数据等，见表 6-12。

表 6-12　全球会员服务场景部分数据字段示例

场景	数据类别	数据字段内容
全球会员服务	会员基本信息	会员 ID、姓名、性别、民族、种族、身份证件号码、电子邮箱、国籍、城市位置、护照号码、电话号码、语言偏好、会员积分、会员账户等
	会员消费数据	消费者需求、销售趋势、市场份额、用户浏览信息、点击行为数据、地理位置信息、消费分析报告、订单信息等

全球供应链管理场景涉及的数据一方面是商品管理数据，另一方面是商品供应商相关数据，见表 6-13。

表 6-13　全球供应链场景部分数据字段示例

场景	数据类别	数据字段内容
全球供应链	商品管理数据	商品名称、编号信息、型号信息、条形码、商品采购订单、库存信息、位置信息、出入库记录、交易记录、商品消费分析、商品反馈信息、商品投诉信息、价格信息、物流信息等
	商品供应商相关数据	供应商名称、供应商联系方式、供应商地址、供应商代码、供应商系统登录用户名、供应商联系人姓名、供应商联系人联系电话、供应商联系人邮箱等

零售行业的数据出境场景和出境的数据字段随着零售业全球化的发展会越来越多。此外，随着我国对数据跨境流动的促进，零售行业未来被豁免的出境场景可能也会越来越多。不过，就目前而言，零售行业的数据处理者可以按照全球会员服务场景与全球供应链场景中数据字段的示例，梳理完善拟出境的数据字段，基于自身零售业务适当增减。应该注意的是，由于零售行业涉及个人信息较多且出境的个人信息一般量级较大，因此数据处理者需要仔细甄别其中的敏感个人信息，避免将敏感个人信息当作一般个人信息。

6.4.2　零售数据出境的目的性与必要性分析

在全球会员服务场景中，数据跨境传输的目的是为会员提供全球统一的会员服务。例如，在零售行业，特别是时尚消费品和奢侈品领域，企业会根据会员在全球各地的消费情况和消费类别对会员进行定级和评价，并基于不同的会员定级和评价为会员提供不同的服务。此外，零售行业中常见的商品维保和退修服务，如手表和珠宝等，子公司也需要将会员信息传输到境外总部，以提供相应的会员服务，因此这些数据出境的目的是正当的。

在全球会员服务场景中，数据处理者拟将“会员 ID、姓名、性别、民族、种族、身份证件号码、电子邮箱、国籍、城市位置、护照号码、电话号码、语言偏好、会员积分、会员账户”等数据跨境传输到境外总部。对于“会员 ID”这一字段，数据处理者应避免其与个人信息直接或间接进行关联，确保无法通过“会员 ID”这一字段直接或间接识别到具体个人。对于其他字段，按照敏感性排序后，发现“民族、种族、身份证件号码、城市位置、护照号码、电话号码”等都是较为敏感的个人信息字段，其中“民族、种族、身份证件号码、护照号码”等字段更为敏感。第一次利用删除法删除上述这 4 个字段，发现确实无法实现上述场景数据出境的目的；第二次执行删除法，将“民族、种族、城市位置、电话号码”等字段删除，发现并不影响上述场景数据出境的目的，因此可以判定“身份证件号码”和“护照号码”是该场景数据出境的关键字段。但是数据处理者可能担忧，这 2 个个人信息字段是可能直接识别和关联到个人的，具有高度敏感性，一旦将其传输到境外，可以造成某些不可控的事故和舆论影响。在这种情况下，零售行业的数据处理者可以利用匿名化和去标识化技术降低字段的敏感性。下一章将详细介绍匿名化和去标识化技术的技术原理与具体应用。

对于全球会员服务场景中的消费者数据，拟出境的字段包括“消费者需求、销售趋势、市场份额、用户浏览信息、点击行为数据、地理位置信息、消费分析报告、订单信息”等。对于“销售趋势”“消费分析报告”“订单信息”等数据，因其涉及销售统计、地区销售情况、地区消费情况的分析数据，所以这些数据可能是衍生数据，并极有可能属于重要数据，甚至是核心数据。零售行业的数据处理者应该谨慎识别，避免将核心数据传输出境。对于“用户浏览信息、点击行为数据、地理位置信息”等大概率属于敏感个人信息范畴，数据处理者要重点关注敏感个人信息出境的量级。在识别完数据字段的敏感性后，数据处理者可利用删除法删除非必要的数据字段，秉持非必要不出境的原则开展数据跨境传输。

6.5 本章小结

结合目前公开的信息，本章对金融、健康医疗、汽车、零售等行业的数据出境需求进行分析，讨论各个行业的数据出境场景与字段，旨在为数据处理者在出境场景和数据字段梳理方面提供参考。此外，本章提出“删除法”与“敏感性排序”方法，分析数据字段出境的目的性和必要性，为数据处理者最终识别数据出境场景和相关数据字段提供方法指导。

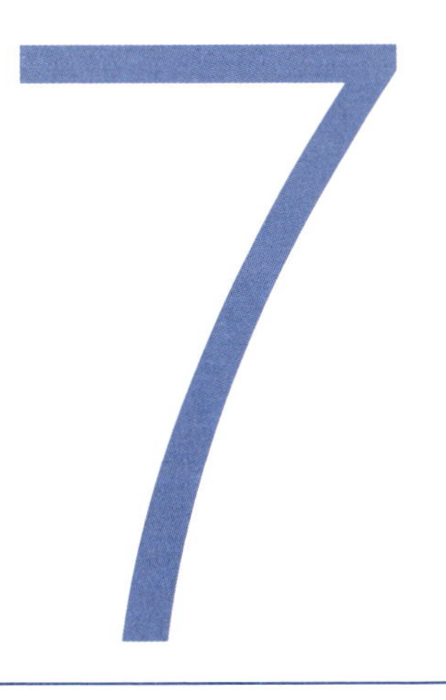

第7章 CHAPTER

数据跨境流动的技术安全保障

无论是在数据跨境交互还是在数据跨境交易过程中，随着数据跨境流动量级的增加，数据隐私和安全问题愈发突出。跨境传输数据增加了数据泄露的风险，尤其是在数据传输过程中可能遭受网络攻击或被截获。此外，不同国家和地区对个人隐私保护的法律法规不同，如欧盟的《通用数据保护条例》(GDPR)和美国的《加利福尼亚州消费者隐私法案》(CCPA)。因此，企业在进行数据跨境流动时面临复杂的合规与安全问题。如何在保障个人隐私安全和合规的前提下，实现高效的数据跨境流动，成为全球各界关注的焦点。为了应对数据跨境流动中的隐私和安全挑战，各种先进的数据安全技术被广泛应用。当前，数据跨境流动过程中应用的数字技术主要包括两类，一类是保障数据安全的技术，另一类是提高数据传输效能的技术。针对第一类技术，常见的有隐私计算、区块链、数字身份认证、匿名化和去标识化等技术；针对第二类技术，常见的有数据压缩技术等。本章将重点介绍上述两类技术的技术原理及在数据跨境流动中的应用价值。

7.1 隐私计算技术

按照中国信息通信研究院和隐私计算联盟于2021年7月发布的《隐私计算白皮书（2021年）》中的定义，隐私计算是指在保证数据提供方不泄露原始数据的前提下，对数据进行分析计算的一系列技术。因此，隐私计算不是单指某一项具体技术，而是一类技术的统称，类似于人工智能技术、数据安全技术等。隐私计算技术的目的是保障数据在流通和融合过程中规避原始数据，实现“原始数据不出域，数据可用不可见”。

7.1.1 技术原理

1. 隐私计算的定义

按照《隐私计算白皮书（2021年）》中的观点，主流的隐私计算技术主要分为三类：第一类是以多方安全计算为代表的基于密码学的隐私计算技术；第二类是以联邦学习为代表的人工智能与隐私保护技术融合衍生的技术；第三类是以可信执行环境为代表的基于可信硬件的隐私计算技术。而按照陈凯、杨强所著的《隐私计算》一书中的观点，隐私计算主要分为隐私加密计算与隐私保护计算两大类。隐私加密计算以密码学的安全协议为核心，典型代表为多方安全计算。隐私保护计算是对区别于传统隐私加密计算技术的其他新技术的统称，包括但不限于联邦学习和可信执行环境等技术。由于《隐私计算》中的分类比《隐私计算白皮书（2021年）》中的分类外延更广，因此本书采用《隐私计算》一书中的观点。

2. 隐私加密计算技术

具体而言，隐私加密计算是指通过使用密码学工具在安全协议层面建立隐私计算协议，使多个数据持有者在保护各自隐私的前提下共同完成计算任务。这些密码学工具会将数据加密为与随机数无法区分的密文进行传输，确保除密钥持有者外的其他参与方或潜在攻击者无法获得数据的明文内容。当前密码学技术发展迅速，出现了秘密共享、不经意传输、混淆电路和同态加密等工具，使隐私加密计算，尤其是多方安全计算的使用场景进一步丰富。

以多方安全计算为例，这一概念最初由姚期智院士在 1982 年提出，旨在解决所谓的“百万富翁问题”，即两个百万富翁想知道谁更富有，但不想让对方和第三方知道自己的财富值。简单来说，这主要解决的是在无可信第三方的情况下，如何安全地计算一个约定函数的问题。更加具象化一点，假设有 n 个参与者，每个人都拥有秘密 X_n，希望共同计算出函数 $f(x_1, x_2, x_3, \cdots, x_n) = (y_1, y_2, y_3, \cdots, y_n)$，且每个人都希望用自己的 X_n 得到 Y_n 的结果，同时不将自己的 X_n 泄露出去。为了实现上述目的，需要使用密码学工具，这里主要介绍秘密共享和同态加密等密码工具的应用。

所谓秘密共享（Secret Sharing），是指将隐私数据拆分成多个部分进行分发和计算。这种方法可以将秘密信息分割成多个部分并分发给不同的个体或实体。通过这种方式，只有在收集到所有部分时，才可以重建原始数据。秘密共享的关键在于确保即使部分信息泄露或丢失，第三方也无法推断出原始的数据内容。秘密共享原理如图 7-1 所示。

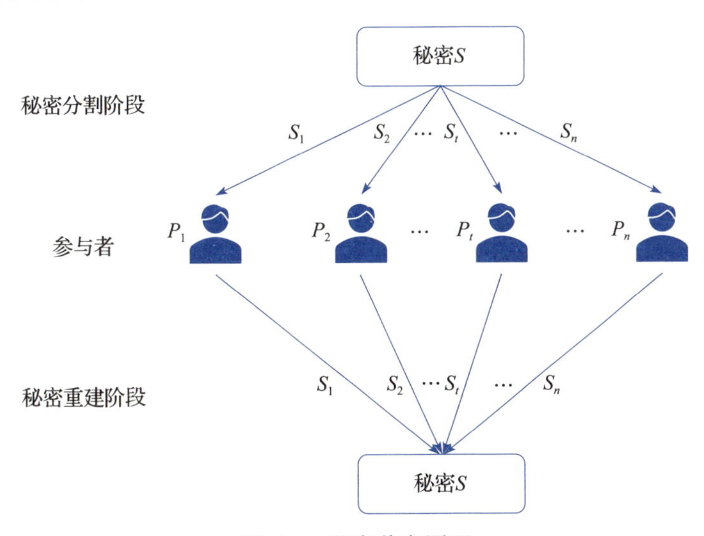

图 7-1　秘密共享原理

示意图中将秘密 S 分成 n 份 $S_1, S_2, \cdots, S_t, \cdots, S_n$，并将上述份额的共享秘密分给不同参与者 $P_1, P_2, \cdots, P_t, \cdots, P_n$，当已知任意 t 个共享秘密时易于计算出原

始秘密，当已知任意少于 t 个共享秘密时无法计算出原始秘密。换句话说，任何包含至少 t 个参与者的集合都是授权子集，而包含 t-1 个或更少参与者的集合都是非授权子集。目的是利用 n 个共享秘密中的至少 t 个共享秘密之间的相互协作来控制某些重要任务。实现秘密共享的算法有很多，大致可以分为 10 类，分别为门限秘密共享方案、一般访问结构秘密共享方案、多重秘密共享方案、多秘密共享方案、可验证秘密共享方案、动态秘密共享方案、量子秘密共享方案、可视秘密共享方案、基于多分辨滤波的秘密共享方案和基于广义自缩序列的秘密共享方案[㊀]。上述示意图中的秘密共享方式就是最为典型的 (t, n) 门限秘密共享方案。

同态加密（Homomorphic Encryption）是一种允许在密文上进行运算的加密方案。对经过同态加密的数据进行处理得到一个输出，再将这一输出解密，其结果与用同一方法处理未加密的原始数据得到的输出结果是一致的。这意味着利用同态加密技术，可以将加密后的密文发给任意第三方进行计算，第三方同样能够进行运算并获得密文结果，而且只有密钥持有方才能解密查看结果。同态加密原理如图 7-2 所示。

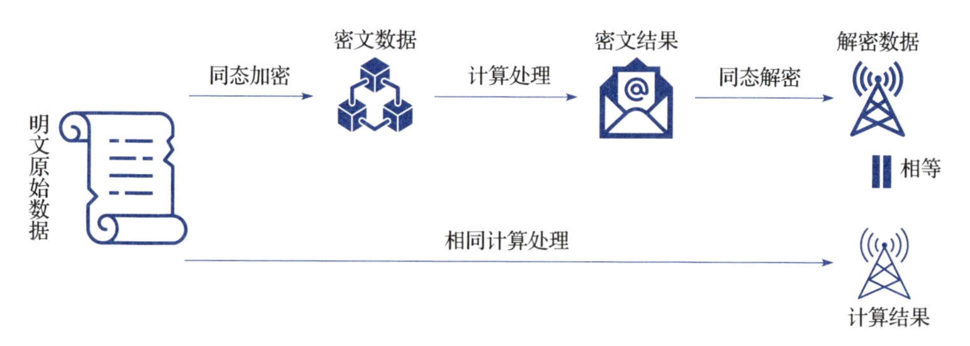

图 7-2　同态加密原理

同态加密分为部分同态加密、层次同态加密、近似同态加密和全同态加密。部分同态加密指同态加密算法只支持加法或乘法的同态操作。层次同态加密可

㊀ 于丹，李振兴．秘密共享发展综述［J］．哈尔滨师范大学自然科学学报，2014，30（01）：47-49．

以同时支持多种同态操作，并且可以在安全参数中定义能够执行的操作次数上限。近似同态加密指同时支持多种同态操作，但在密文上执行的次数有限。而全同态加密指同时满足加同态和乘同态性质，可以进行任意次加法和乘法运算的加密函数。直至 2009 年，才出现第一个支持在密文上进行任意运算的全同态加密算法。同态加密方案一般由密钥生成函数 KeyGen、加密函数 Encrypt、求值函数 Evaluation 和解密函数 Decrypt 等 4 个函数构成[1]。4 个函数的具体运用流程如下：

- KeyGen (λ)：在给定加密参数 λ 后，生成公钥 / 私钥对（pk, sk）。
- Encrypt (pt, pk)：使用给定的公钥 pk 将原始的明文数据 pt 加密成密文 ct。
- Evaluation (pk, Π, ct_1, ct_2,⋯)：给定公钥 pk 与准备在密文上进行的运算函数 Π，将一系列密文 (ct_1, ct_2,⋯) 输入求值函数，转化为密文结果 (ct'_1, ct'_2,⋯) 输出。
- Decrypt (sk, ct'_1, ct'_2,⋯)：使用给定的密钥 sk 对密文结果 (ct'_1, ct'_2,⋯) 解密。

3. 隐私保护计算技术

隐私保护计算是一系列技术的统称，旨在研究和解决数据在整个计算周期中的安全与隐私问题，具体包括计算前的数据安全获取与管理、计算过程中的数据隐私保护，以及计算完成后的数据隐私维护和数据权属与收益的分配。这些技术共同构成了隐私保护计算的核心。按照这些技术的算法基础和应用特点，隐私保护计算可以分为差分隐私、可信执行环境和联邦学习三种技术。本书重点介绍差分隐私。

差分隐私（Differential Privacy）与基于密码学的方案不同，它不对数据进行加密，而是在数据采集或发布前对数据进行扰动，添加随机噪声，从而隐藏真实数据，实现数据保护。即使访问者查询数据库，也无法确定任何单个数据点的具体信息。同时，由于添加的随机噪声是受控的，因此生成的数据集依然可以保持准确性，并且受控随机噪声能够有效保护个人信息隐私，一举两得。差分隐私的核心思想是，无论一个人的数据是否包含在数据集中，查询结果的

---

[1] 陈凯，杨强．隐私计算［M］．北京：电子工业出版社，2022．

概率分布都几乎相同。具体来说，给定两个相邻的数据集（只相差 1 个条目），差分隐私技术能够保证对这两个数据集进行相同查询时，输出结果的分布差异非常小。这种特性确保了攻击者无法从查询结果中推断出任何特定个体的信息。差分隐私技术原理如图 7-3 所示。

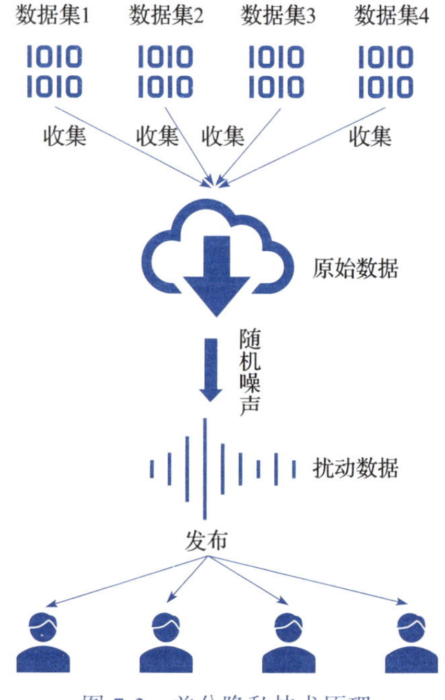

图 7-3　差分隐私技术原理

差分隐私的正式定义如下。

对于任意两个相邻数据库 D 和 D'（D 和 D' 仅相差 1 个记录）以及一个随机算法 M，如果对于任何输出集合 $S \subseteq \text{Range}(M)$，有

$$\Pr(M(D) \in S) \leqslant e^{\varepsilon} . \Pr(M(D') \in S)$$

称随机算法 M 满足 ε– 差分隐私。其中，ε 是指隐私预算，值越小，隐私保护越强。Pr 则是 Probability 的缩写，指的是概率。

为实现差分隐私的计算效果，有两种常见的算法，分别是拉普拉斯噪声机制和高斯噪声机制。拉普拉斯噪声机制是通过向查询结果中添加来自拉普拉斯分布的噪声来实现差分隐私。那什么是拉普拉斯分布呢？拉普拉斯分布是一种对称分布的概率密度函数，记为 $x \sim \text{Lap}(\mu, b)$，其中，$\mu$ 是位置参数，b 是尺度参数。$\mu = 0$、尺度参数为 b 的概率密度函数如下：

$$\text{Lap}(x \mid b) = \frac{1}{2b} \exp\left(-\frac{|x|}{b}\right)$$

假设有一个查询函数 f，其敏感度定义为 $\Delta f = \max\limits_{D,D'} \|f(D) - f(D')\|_1$，其中 D 和 D' 是任意两个相邻的数据库，敏感度则是指数据库中任意一个条目变动对查询结果可能产生的最大影响。拉普拉斯噪声机制通过向查询结果 $f(D)$ 中添加拉

普拉斯噪声来实现差分隐私。添加的噪声服从以下分布：

$\mathrm{Lap}\left(0,\dfrac{\Delta f}{\varepsilon}\right)$，亦即 $M(D)=f(D)+\mathrm{Lap}\left(0,\dfrac{\Delta f}{\varepsilon}\right)$，$\varepsilon$ 是指隐私预算，值越小，噪声越大，隐私保护就越强。

在拉普拉斯噪声机制中，ε 与查询函数的敏感度 Δf 共同决定了添加噪声的大小，通过调节隐私预算 ε，可以在隐私保护与数据准确性之间保持平衡。

高斯噪声机制是指通过向查询结果中添加服从高斯分布的噪声来实现差分隐私。高斯分布又称正态分布、常态分布，记为 $N(\mu,\sigma^2)$，其中 μ 和 σ^2 为高斯分布的参数，分别指期望和方差。均值为 0、标准差为 σ 的高斯分布记作 $N(0,\sigma^2)$，称为标准正态分布，其概率密度函数为

$$N(x\mid\sigma)=\frac{1}{\sqrt{2\pi}\sigma}\exp\left(-\frac{x^2}{2\sigma^2}\right)$$

现在，假设有一个查询函数 f，其敏感度定义为 $\Delta f=\max\limits_{D,D'}\|f(D)-f(D')\|_2$，其中 D 和 D' 是任意两个相邻的数据库，敏感度则是指数据库中任意一个条目变动对查询结果可能产生的最大影响。高斯噪声机制通过向查询结果 $f(D)$ 中添加高斯噪声来实现差分隐私。添加的噪声服从以下分布：

$N\left(0,\dfrac{2\ln(1.25/\delta)\Delta f^2}{\varepsilon^2}\right)$，亦即 $M(D)=f(D)+N(0,\sigma^2)$，其中 $\sigma=\dfrac{\Delta f\sqrt{2\ln(1.25/\delta)}}{\varepsilon}$，$\delta$ 表示失效概率，ε 是指隐私预算。

高斯噪声机制通过添加噪声来隐藏单个数据项的影响，保证查询结果对任意单个数据项的依赖度极小，从而提供高度安全的隐私保护。同时，通过调节 δ 和 ε，可以在隐私保护与数据准确性之间保持平衡。

7.1.2　应用价值

当前，各个行业如金融、医疗、汽车、零售等，在数据跨境流动中传输的是数据的具体字段，这不可避免地涉及数据窃取、个人信息泄露等问题。数据跨境流动面临的数据安全问题主要有两个层面：第一个层面是国家对于数据出境的安全考虑，避免本国核心数据、重要数据以及本国公民个人信息泄露；第

二个层面是企业对于数据跨境流动的考虑，不仅关注数据出境的安全合规，还关注数据境外输入的安全合规以及对自身商业秘密的保护。两个层面的安全问题都可以利用隐私计算技术进行有效解决，实现“原始数据不出域，数据可用不可见”的效果。

对于基于业务的数据跨境交互，如医疗行业的医药测试、零售行业的全球会员管理等需要向境外传输具体数据字段的业务场景，可能会涉及原始数据的出境，可以应用差分隐私技术进行数据的跨境传输。通过在相应的数据库中设置噪声进行数据扰动，确保第三方访问者无法识别具体的个体信息，从而加强对数据跨境传输中数据的安全保护。比如，一个跨国公司需要向其他全球子公司共享员工的薪酬数据，以进行薪酬公平性分析，为薪酬调整做准备。在这种情况下，该跨国公司可以利用差分隐私技术，在发布统计数据前在数据集中适当添加噪声，确保单个员工的信息不会被推测出来。这种做法不仅能满足公司所在地法律的保护要求，如欧盟的 GDPR、我国的《个人信息保护法》等，还可以通过及时的数据共享和分析，提高公司的内部管理效率。相应地，该公司也可以通过差分隐私技术实现全球客户信息的共享和分析，从而提高市场决策的准确性和及时性。

上述数据跨境流动场景还可以应用隐私计算技术中的另一种技术，即秘密共享。通过将数据分割成多个份额并跨境分发给不同的参与方，秘密共享技术可以有效保护数据的隐私与安全，在跨国金融交易、国际医疗合作、跨国科研合作、电子商务等领域发挥重要的保护作用。例如，在跨国金融交易中，一个跨国银行希望在不同国家的分行之间共享客户交易数据以开展反洗钱分析。通过秘密共享技术，该银行可以将交易数据分割成多份并分发给不同的分行。只有当一定数量的分行联合起来解密时，才能恢复完整的交易数据，从而进行反洗钱分析。

随着业务数字化和数据贸易的发展，数据跨境交互和数据跨境交易将成为常态。上述业务应用场景需要将原始数据字段传输出去，但为了保障国家安全，对于核心数据和重要数据的出境，有些国家持慎重态度，有些国家甚至拒绝核心数据和重要数据的出境。在这种情况下，既要确保核心数据和重要数据等原始数据不出境，又要实现计算目的，同态加密技术是一个很好的选择，尤其在高度敏感的行业，如医疗行业。医疗行业数据由于高度敏感，不仅涉及个人隐私，还可能涉及国家安全，如基因组数据等，使用同态加密技术能够有效地保护患者隐私及国家安全。

比如，现在有多个国家的研究机构希望联合研究患者的基因数据，以发现某种疾病的遗传标记。然而，由于基因数据的高度敏感性，直接共享原始数据可能会违反各国的数据安全保护法规，因此，各研究机构可以将各自收集到的数据进行同态加密，并利用各自的数据进行计算，然后将计算后的加密结果提供给其他研究机构，从而避免原始数据的出域问题。为了融合其他机构的数据进行计算，各研究机构可以将加密后的基因数据上传到共享的云平台，在云平台上对加密数据进行联合分析，例如关联分析、统计测试等。分析结果保持在加密状态，只有拥有密钥的人员才能在特定情况下解密查看。这样不仅避免了触及原始数据，还能保护计算结果。

此外，可信执行环境（Trusted Execution Environment，TEE）、联邦学习、混淆电路、不经意传输等隐私计算技术在数据跨境流动中也有广泛的应用场景。例如，TEE 能够提供一个隔离的计算环境，确保应用程序在执行过程中不受外部干扰和攻击，保证计算结果的可信性和完整性。同时，TEE 还支持细粒度的数据访问控制，可以根据不同的用户角色和权限设置访问级别，确保数据只被得到授权的个人或实体访问，从而在一定程度上保障数据的安全。

虽然隐私计算技术应用在数据跨境流动中有其优势，但是在应用过程中存在技术实施复杂、成本高、标准难统一等问题。在技术复杂度方面，隐私计算技术涉及复杂的加密算法和协议，实施需要高水平的技术支持和数字设施，而且一些隐私计算技术（如同态加密）在计算效率上存在缺陷，可能导致计算过程耗时过长。在成本方面，隐私计算过程通常需要更多的计算资源和空间，增加了数据处理者的运营成本。而在标准化问题方面，隐私计算内部的技术方案难以实现通约化，存在兼容性和互操作性的问题。

7.2 区块链技术

区块链（Blockchain）技术源于中本聪（化名），初衷是解决比特币的“双花”，即双重支付问题。中本聪在2008年发表的《比特币：一种点对点电子货币系统》一文中，提出了一种基于哈希证明的链式区块结构，即区块链。其中“区块”（Block）指代一个包含数据的基本结构单元，而“链”（Chain）则代表由区块产生的哈希链表。不过，中本聪并未给出区块链的具体定义。

2016年，中国区块链技术和产业发展论坛编写的《中国区块链技术和应用发展白皮书（2016）》对区块链的定义如下：狭义上，区块链技术是一种按照时间顺序将数据区块以顺序相连的方式组成链式数据结构，并以密码学方式保证不可篡改和不可伪造的分布式账本技术。而广义上，区块链技术是一种利用块链式数据结构来验证与存储数据、利用分布式节点共识算法来生成和更新数据、利用密码学方式来保证数据传输和访问的安全、利用由自动化脚本代码组成的智能合约来编程和操作数据的全新分布式基础架构与计算范式。

简单地说，区块链是一种分布式账本技术（Distributed Ledger Technology，DLT），通过密码学原理将数据区块按照时间顺序串联起来，形成链条式结构。每个数据区块都包含一组交易记录，包括时间戳和前一个数据区块的哈希值，从而形成不可篡改的区块链条。

7.2.1 技术原理

区块链具备去中心化、透明性、不可篡改性、匿名性、可追溯性等特点。去中心化体现在区块链网络没有中心化的集权控制，每个节点都可以记账和验证交易。透明性是指区块链上的所有交易记录都对网络中的所有节点公开，任何人都可以查询和验证。不可篡改性是指一旦交易记录被写入区块并添加到区块链中，那么该交易记录就很难被修改或删除。匿名性是指在区块链中，数据交换双方可以是匿名的，系统中的各个节点无须知道彼此的身份和个人信息即可进行数据交换。而可追溯性则体现为区块链采用带时间戳的块链式存储结构，有利于追溯从源头状态到最近状态的整个交易过程。

1. 区块链技术架构

为实现上述特性，区块链包含一系列复杂的技术架构与机制，主要包括 P2P 网络技术、非对称加密技术、智能合约技术、数字签名技术以及共识机制和激励机制等。区块链技术的发展目前可以划分为 4 个阶段，分别为技术起源阶段、区块链 1.0 阶段、区块链 2.0 阶段以及区块链 3.0 阶段。区块链 1.0 阶段是指以比特币为代表的虚拟数字货币时代，实现了数字货币的应用。区块链 2.0 阶段又称智能合约时代，智能合约与数字货币的应用场景相结合，实现了点对点的转账。区块链 2.0 阶段的典型代表是以太坊，其甚至应用于数字货币以外的领域，如分布式身份认证、分布式域名系统等。区块链 3.0 阶段是指区块链技术应用于社会各行业的阶段。当前我们正处于区块链 2.0 逐步迈向区块链 3.0 的阶段，或称后区块链 2.0 时代，已出现一些区块链应用的具体行业场景。后区块链 2.0 时代的技术架构如图 7-4 所示。

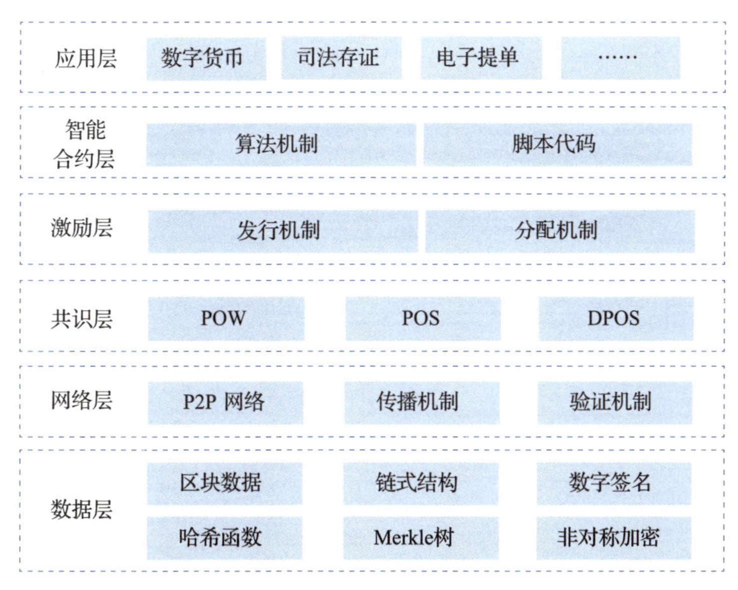

图 7-4　后区块链 2.0 时代的技术架构

2. 数据层对应的技术

数据层负责区块链的数据结构和物理存储，区块链的数据结构表示为排好序的交易区块链表。在数据层中，主要涉及哈希函数、Merkle 树、非对称加密等技术。

哈希函数，又称散列函数，是区块链中用来生成数据唯一标识符的函数。哈希函数可以将消息或数据压缩成摘要，使数据量变小，并将数据的格式固定下来。该函数可以将数据打乱混合，重新创建一个叫作哈希值（散列值）的指纹。哈希值通常用一个由短的随机字母和数字组成的字符串来表示。一个常用的哈希函数是 SHA-256，它可以将任意输入的数据转换为 256bit（32B）的哈希值。每个区块的哈希值（Hash）都是针对区块头计算的，因此表达式如下：

Hash=SHA-256（区块头）

每个区块链都包含一个区块头，其中一般包含区块版本、前一个区块的哈希值（PrevHash）、时间戳（Timestamp）、难度目标值（Difficulty Target）和随机数（Nonce）等字段。难度目标值决定了计算哈希值的难度，根据区块链协议要求，使用一个常量除以难度系数，就可以得到难度目标值，只有小于难度目标值的哈希值才有效，反之就是无效的，必须重新计算。而随机数记录的是重新计算的次数，即哈希函数计算了多少次才得到一个有效的哈希值。区块头的哈希值计算公式为：

blockhash=SHA-256(Version || PrevHash || Timestamp || MerkleRoot || Nonce)

上述计算公式中，“||”是用于连接两个字符串的连接符，“MerkleRoot”则是 Merkle 树的根。Merkle 树用于组织和验证区块中所有交易的哈希值，而 Merkle 根是 Merkle 树的顶端哈希值，用于快速验证区块中的交易。

上面的解释可能不好理解，那要怎样才能深入理解 Merkle 树与 Merkle 根之间的关系呢？可以用一张图来形象地表达两者之间的关系，如图 7-5 所示。

假设当前有 4 个数据 A_1、B_1、C_1 以及 D_1，4 个数据分别进行一次 Hash 计算，得到 A_2、B_2、C_2 以及 D_2，之后将 A_2 与 B_2 组合进行 Hash 计算，同理将 C_2 与 D_2 组合进行 Hash 计算，分别得到 A_B 与 C_D，最后再将 A_B 与 C_D 组合在一起进行一次 Hash 计算，就得到了 Merkle 根，整个结构呈现为树状，即 Merkle 树。

非对称加密（Asymmetric Encryption）是一种加密技术。与传统的对称加密不同，它使用一对密钥来进行加密和解密操作，分别称为公钥（Public Key）和私钥（Private Key）。公钥用于加密数据，加密后的数据只能用对应的私钥解密；而私钥用于解密，只有拥有私钥的人才能解密数据。公钥可以公开且自由分发，而私钥必须保密且仅为持有者所有。

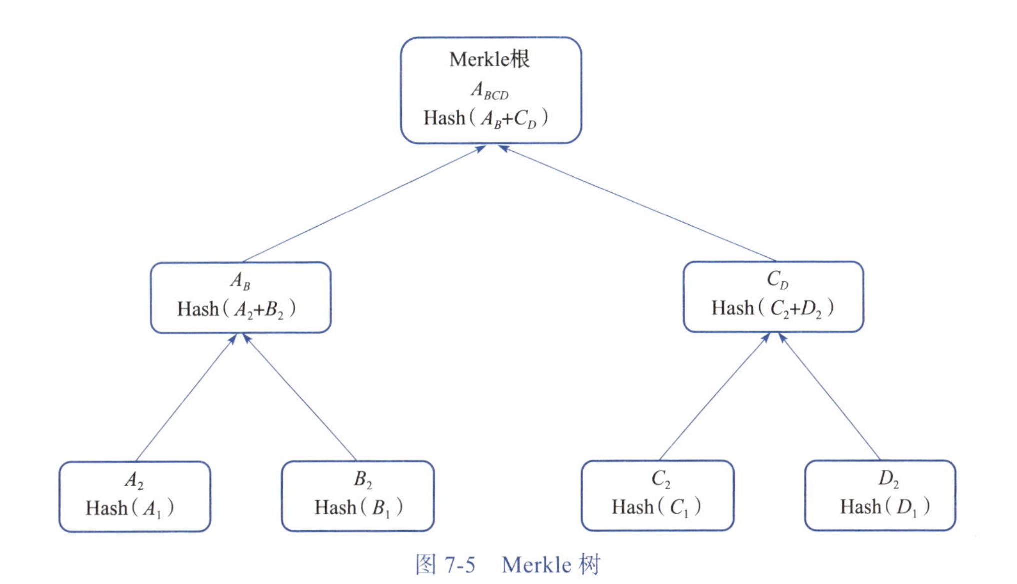

图 7-5　Merkle 树

可以举一个例子来解释非对称加密技术的整个加密流程。A 生成了一对密钥（公钥和私钥）并将公钥向其他方公开。得到公钥的 B 使用该密钥对机密信息进行加密后再发送给 A。A 用自己保存的另一个专用密钥（私钥）对加密后的信息进行解密。A 只能用其专用密钥（私钥）解密由对应公钥加密的信息。在传输过程中，即使攻击者截获了传输的密文，并得到了 A 的公钥，也无法破解密文，因为只有 A 的私钥才能解密。同样，如果 A 要回复加密信息给 B，那么需要 B 先公布自己的公钥给 A 用于加密，B 自己保存私钥用于解密。非对称加密的安全性基于数学难题，如大整数分解算法（RSA 算法）或离散对数问题（ECC），想要破解非对称加密就需要解决这些数学难题。与对称加密相比，非对称加密在密文破解的计算上更为困难，保证了加密数据的安全性。非对称加密与对称加密的技术原理如图 7-6 所示。

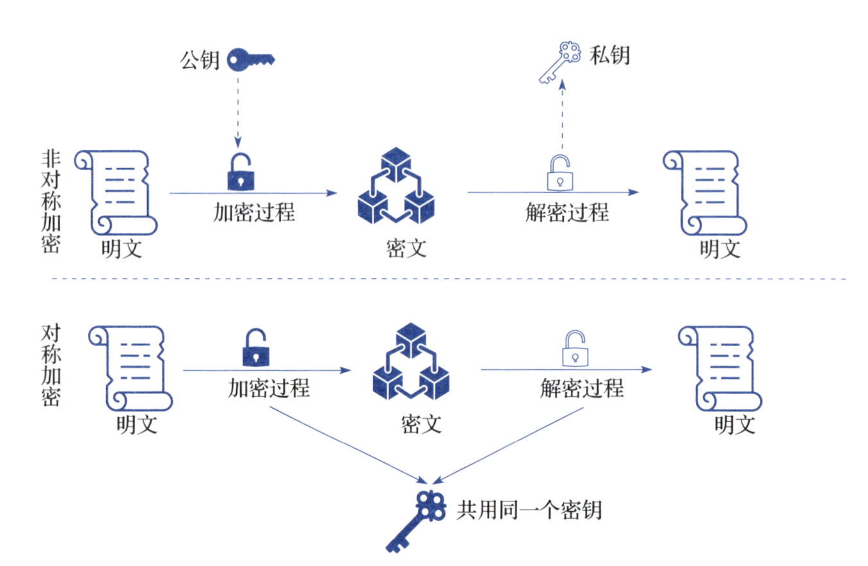

图 7-6　非对称加密与对称加密的技术原理

在数据层中，还有另外一项较为重要的技术，即数字签名技术。它是一种利用非对称加密算法生成和验证签名，用于验证数据完整性和身份认证的技术。数字签名的主要目的是确保信息在传输过程中未被篡改，同时验证信息发送者的身份。

3. 网络层对应的技术

区块链的网络层实现了区块链网络中节点之间的信息交流，其中核心的技术是 P2P（Peer-to-Peer）网络技术，又称对等网络技术，它实现了区块链网络中的去中心化等特点。P2P 网络中，各节点的计算机地位平等，每个节点都有相同的网络权力，不存在中心化的服务器。所有节点通过特定的软件协议共享部分计算资源、软件或信息内容。

P2P 网络技术的几个关键优点包括去中心化、资源共享和分布式存储等。与传统的“客户端—服务器”模式不同，在 P2P 网络中，每个节点既可以作为客户端，也可以作为服务器。这种架构提高了网络的弹性和容错能力，实现了 P2P 网络中的去中心化。此外，在整个网络中，资源（如文件、带宽、处理能力等）可由各个节点共享，每个节点可以下载和上传文件，提供计算能力给其他节点使用，从而提高网络中资源的利用效率。同时，P2P 网络技术将数据分布在多个节点上，即使某个节点突然失效，数据仍然可以通过其他节点获得，增强了数据的可靠性。然而，P2P 在拥有诸多优点的同时，也面临着网络安全性和个人隐私泄露等问题。由于缺乏集中的控制，P2P 网络较容易受到网络攻击，如 DDoS 攻击等。而且，节点之间的直接通信可能会泄露用户的身份和位置信息等。

4. 其他层对应的技术

共识层的主要作用是让高度分散的节点在去中心化的区块链网络中高效地就区块数据的有效性达成共识。简而言之，就是让各节点之间就区块链的状态达成一致。具体来说，共识层的作用体现在以下几个方面：确保数据的一致性、避免“双花”问题、保障网络安全、提高系统的鲁棒性。确保数据的一致性是确保所有节点对区块链的状态达成一致，防止出现分叉或账本状态不一致。避免“双花”问题是指确保每一笔交易只能被记录一次，防止同一笔数字货币被多次使用。保障网络安全是指共识层通过设计有效的共识机制，阻止恶意节点控制网络或篡改账本数据。在提高系统鲁棒性方面，共识层通过分布式共识机制，确保即使部分节点出现故障或受到攻击，整个网络系统依然可以正常运行。

在共识层中，主要的共识机制包括工作量证明（Proof Of Work，POW）、权益证明（Proof Of Stake，POS）、权益授权证明（Delegated Proof Of Stake，DPOS）、容量证明（Proof Of Capacity，POC）等。POW 通过计算复杂的数学问题来竞争记账权，最先得出答案的节点可以添加新的区块。POS 根据节点持有的代币数量和持有时间来决定记账权，持有更多代币和持有时间更长的节点更可能被选中。DPOS 的特点是通过投票选举出一组节点来负责记账，投票权根据节点持有的代币数量来分配。POC 则是通过硬盘存储容量来竞争记账权，节点会预先计算并存储大量哈希值，然后通过查找匹配的哈希值来生成新的区块。

激励层主要包括发行机制和分配机制。发行机制是指加密货币在区块链网络中生成和分发的方式。不同的区块链网络根据其设计目标、共识算法等会产生不同的分发机制。典型的发行机制有“挖矿”“空投”和流动性“挖矿”等。分配机制是指对新生的加密货币或代币进行分配的规则和方式。典型的有POW、POS、社区共享和治理奖励、用户和社区分配等。

智能合约层包括算法机制和脚本代码，是实现区块链系统编程和操作数据的基础。

至于最上层的应用层，则是指区块链的具体应用场景。随着区块链技术在社会中的普及以及对其应用的探索，区块链的应用场景逐步延伸到了数字货币之外，在司法存证、电子提单、交易溯源等领域也开始广泛应用。

此外，根据区块链的去中心化程度，区块链被分为三类，分别为公有链、联盟链和专有链。公有链是开放的，各个节点可以自由加入和退出网络，不存在任何中心化的服务端节点，所以规模较大，达成共识的难度也比较高，效率较低。典型的公有链代表有以太坊（Ethereum）、比特币（Bitcoin）等。联盟链是由具有相同行业背景的多家不同机构组成的，每个节点有与之对应的实体组织机构，通过授权后才能加入和退出网络。联盟链主要用于需要多方参与且对数据隐私和交易效率有较高要求的场景，如金融、供应链等行业。典型的联盟链代表有蚂蚁链、长安链等。专有链通常部署于单个机构，适用于内部数据管理与审计，如企业自身的内部财务管理等，其共识节点均来自机构内部，访问权限被严格控制。

7.2.2 应用价值

区块链具备去中心化、匿名性、不可篡改性、透明性等特点，同时涵盖非对称加密、哈希函数运算以及时间戳等相关技术，在数据跨境流动中有极大的应用价值。基于上述特点，区块链在数据跨境流动中的最大应用是存证与溯源，其次是保障数据跨境流动过程中的安全性。目前，在国际贸易、全球供应链管理、知识产权保护、跨国金融等领域，区块链发挥着重要作用。当前，我国在数据跨境流动的监管上采用事前监管规则。区块链的溯源功能是解决数据跨境流动事中、事后监管难点的一大关键。

区块链存证是通过技术手段记录和保全证据，并提供一定的记录证明，使其具备一定的证据效力或者法律效力。区块链通过时间戳、哈希值校验、智能合约等手段提供了一种高效安全的存证方式。在数据跨境流动过程或者数据跨境传输过程中，有必要进行存证的数据会以加密的形式存储在区块链上，也就是常提到的数据上链，从而确保数据在传输过程中的安全性。同时，由于区块链记录的每个区块都带有时间戳，因此可以确保数据在传输时间、传输节点方面不可篡改，为数据跨境传输提供后续追查的时间证明。而且，数据在上链前通过哈希算法生成唯一的哈希值，任何数据的变动都会导致哈希值变化，从而在技术上保证数据在跨境传输过程中的完整性和不可篡改性。此外，通过区块链智能合约的应用，数据跨境流动过程中的存证和验证流程将更加自动化，从而提高数据跨境流动的效率。

区块链存证的目的是在后续审核、审计或监管追查过程中实现溯源，因此存证是溯源的前提，而溯源是存证的目的。区块链的溯源功能理论上就是通过区块链中的记录体现数据在跨境流动全流程中的来源和整体的流转过程。通过数据上链、哈希值校验、智能合约等手段，可以实现数据跨境流动全流程的记录，并利用区块链的共识机制确保每一个记录的真实性和一致性。此后，通过区块链的相关应用，例如区块链浏览器或区块链溯源平台，实现对存证记录的溯源。区块链浏览器是链上数据可视化的主要窗口。它可以记录和统计不同区块链网络的每个区块、每笔交易以及地址等信息。而区块链溯源平台是一种利用区块链技术实现商品或信息流转链条可追溯的服务。蚂蚁区块链溯源服务平台（Ant Blockchain Traceability as a Service）是一个有代表性的应用，它利用区块链和物联网技术追踪记录有形商品或无形信息的流转链条，确保溯源信息的真实性和可信度。

区块链的存证与溯源在数据跨境流动过程中有许多应用场景，代表性应用有跨境供应链数据管理、药品数据全球防伪与追溯、电子商务流程跟踪、跨境支付记录等。在跨境供应链数据管理中，区块链技术可以记录产品从生产、运输、仓储到销售的每一个环节的数据，确保相关数据不可篡改。跨境供应链数据管理应用场景下的数据跨境流动，可以实现数据在全球范围内的记录与跟踪，从哪里流出、流入哪里、哪个时间点流出、哪个时间点流入都有清晰的记录和存证，便于后续的追踪溯源。

在数据跨境流动过程中，区块链的非对称加密、去中心化的分布式存储等技术都提供了相应的安全保障。非对称加密技术利用公钥和私钥对进行加密和解密，数据通过公钥加密，只有对应的私钥才能解密，从而确保数据在跨境流动过程中的安全性。在去中心化的分布式存储方面，数据在跨境传输过程中可以被分割成多个小块，分布传输并存储在不同的节点上，只有拥有正确密钥的授权用户才能重组和访问完整的数据，从而增强数据的安全性。此外，在分布式存储中，用户通过哈希值访问数据，而不是依赖特定的服务器地址，从而确保数据存储和访问的安全性。

当然，关于区块链在数据跨境流动中的应用还在进一步探索中，上述一些相关技术的应用目前也仅是理论上的可能性。在数据跨境流动中应用区块链技术还需要考虑数据处理者自身的业务应用场景。然而，不可否认的是，未来随着 Web 3.0 的发展、数字技术的迭代、数据贸易和数字业务的繁荣，区块链在数据跨境流动中的应用将会进一步延伸与拓展。

7.3 数字身份技术

“身份”与每个人息息相关，是每个人区别于他人的标签。凭借自身的身份，人们可以很快且容易地被识别出来。至于数字身份，按照中国移动研究院发布的《元宇宙数字身份体系白皮书（2023 年）》中的定义，数字身份是以数字化形式表示的、可以唯一识别主体的属性信息集合。在数字空间中，用户以各自不同的数字身份进入，在其中被识别和信任，并通过特有的身份属性来描述自身的特征。而根据公安部第一研究所和中国信息通信研究院等牵头编写的《基于可信数字身份的区块链应用服务白皮书（1.0 版）》，数字身份通常指对网络实体的数字化刻画所形成的数字信息，如个人标识及可与标识一一映射的绑定信息。

总体而言，数字身份指的是一种在互联网中双方或多方交换数据时，用来互相保证身份的数字签名技术。实质上，数字身份是个人或企业的身份在数字空间中的映射，或者说是个人或企业在数字空间中的标识，类似于互联网的统一资源标识符（URI）。数字身份包括用户的基本信息（如姓名、邮箱、电话号码等）、认证信息（如密码、生物特征数据）以及授权信息（如权限和角色）等。

7.3.1　技术原理

数字身份技术是一个技术体系，核心在于通过认证技术和授权技术来确保身份的真实性和合法性。该体系包含多个关键技术架构，主要包括身份识别技术、身份认证技术、身份管理技术以及授权控制技术。由于技术本身的系统性，数字身份技术呈现出层次化的特点，可以将其技术架构划分为数据层、逻辑层、接口层和展示层。上述提到的识别、认证、管理等关键技术主要集中在逻辑层中。在应用上，数字身份技术的实际应用生态包含多个环节和主体，包括数字身份的签发、数字身份的认证、数字身份的使用，以及签发方、认证方、所有方、认证需求方和第三方相关机构等。由于数字身份的应用生态牵涉广泛，这里主要介绍数字身份系统的相关技术和架构。数字身份系统的层次架构如图 7-7 所示。

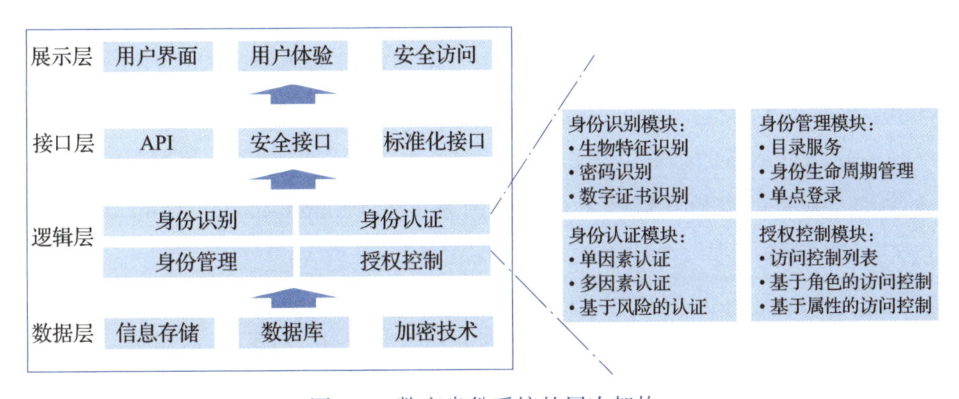

图 7-7　数字身份系统的层次架构

数字身份系统的各个层次和模块之间相互影响、相互协作，共同实现数字身份的识别、管理和授权访问等。其中，数据层的作用是存储用户的身份信息和相应的数据，并支持身份数据的快速查询和访问。由于数据层需要保护用户身份数据的安全和一致性，因此需要用到加密技术，典型的加密技术有非对称加密、隐私计算等。逻辑层的作用是实现身份的识别、认证、管理、授权、日志审计等核心逻辑，它是整个数字身份系统的核心，负责业务逻辑的整体处理。接口层的作用是提供标准化的 API 供系统安全调用，因此接口层需要保障接口的安全性和网络的稳定性。顶层的展示层是用户与数字身份系统的交互界面，为用户提供良好的用户体验，在这一层需要考虑使用的便捷性以及界面的美感等。

在最关键的逻辑层中，每个重要功能都包含各自的功能模块，如身份识别模块、身份管理模块、身份认证模块、授权控制模块及其他附加功能，如审计监控模块等。

身份识别技术是数字身份系统的基础，用来唯一标识个体或实体，主要包括生物特征识别、密码识别、数字证书识别等技术。生物特征识别是指通过个体的生物特征，如指纹、虹膜、面部特征等进行身份识别。生物特征具有唯一性和难以复制的特点，是一种高度安全的身份识别方式。密码识别是指利用用户设置的密码进行身份识别。密码识别依赖用户记忆，易于实现，但容易被破解和遗忘。数字证书识别是指基于公钥基础设施（Public Key Infrastructure，PKI）技术，通过数字证书验证身份。数字证书一般由权威认证机构颁发，如 CA（Certificate Authority，证书授权）机构，证书内容包含持有者的身份信息和公钥。

身份认证的目的是验证用户身份的真实性，确保访问系统和数据的用户是合法的。常见的身份认证技术包括单因素认证（Single-Factor Authentication，SFA）、双因素认证（Two-Factor Authentication，2FA）、多因素认证（Multi-Factor Authentication，MFA）以及基于风险的认证（Risk-Based Authentication，RBA）等。SFA 是指用户输入一个凭据进行身份认证，常见的形式有用户名和密码，其安全系数较低，用户名和密码容易被外部获取。2FA 是指用户输入两个凭据进行身份认证，通常是基于硬件的，最常见的形式有插入 USB 端口的安全密钥。MFA 是指结合多种认证要素，如“密码 + 生物特征”或“密码 + 短信验证码”等进行身份认证，安全性较高。RBA 则是根据用户行为和环境风险评估进行动态身份认证，有助于提高安全性和用户体验。

身份管理技术是对数字身份的全生命周期进行管理，包括身份的创建、修改、删除和审计等。该技术涵盖目录服务、身份生命周期管理以及单点登录等多个方面。目录服务技术用于存储和管理用户身份信息，从而提供快速查询和访问功能。常见的目录服务技术包括轻量级目录访问协议（Lightweight Directory Access Protocol，LDAP）和活动目录（Active Directory）。身份生命周期管理，或称信息生命周期管理（Information Lifecycle Management，ILM），是对用户身份从创建到删除的整个过程进行管理，确保身份信息的准确性和安全性。单点登录（Single Sign On，SSO）是常见的企业业务整合解决方案之一，用户只需登录一次，即可访问多个系统和应用，从而提高用户体验和安全性。

授权控制技术即授权访问控制技术，是确保用户在获得访问权限后只能访问其被授权的资源和操作。主要技术包括访问控制列表（Access Control List，ACL）、基于角色的访问控制（Role-Based Access Control，RBAC）以及基于属性的访问控制（Attribute-Based Access Control，ABAC）等。访问控制列表就是通过列表形式定义用户对资源的访问权限。借助访问控制列表，可以有效地控制用户的访问，从而最大限度地保障数据安全。基于角色的访问控制根据用户角色分配访问权限，每一种角色对应一组相应的权限。一旦用户被分配了适当的角色，该用户就拥有此角色的所有操作权限。基于属性的访问控制根据用户属性和环境条件进行动态访问控制，这些属性可以是用户属性、资源属性、环境属性和行为属性等。

随着数字技术的不断进步及应用场景的不断拓展，数字身份技术也在不断发展和演进。未来基于区块链的数字身份系统可以实现身份信息的分布式存储和管理，提高安全性和隐私保护。而人工智能技术在数字身份领域的应用主要体现在生物特征识别和行为分析方面。通过人工智能算法，可以提高生物特征识别的准确性和效率；通过行为分析，可以实现基于风险的动态身份认证。联邦身份管理（Federated Identity Management）和自主身份（Self-Sovereign Identity）管理在 Web 3.0 时代将会有更多的应用和发展空间。联邦身份管理是一种跨组织的身份管理模式，允许用户在多个独立的系统和应用之间使用同一个数字身份。自主身份管理则是指用户对自己的数字身份拥有完全控制权，能够自主管理和共享身份信息。自主身份管理强调用户隐私保护和数据主权，通过分布式技术实现身份信息的安全存储和管理。

7.3.2 应用价值

数据跨境流动是一个双向互动的过程，境内的数据处理者通过网络将数据传输给境外的接收者，这可能会使用数字身份技术，以确保境外接收者身份的真实性，并进行授权访问控制。当然，数字身份的应用远不止于此，数字身份系统包含的多项技术在数据跨境流动中可以广泛应用于多种场景，不仅可以保护数据跨境流动过程中数据的安全性，还可以提高某些应用场景的交易效率，如跨境电商、跨境支付、电子提单等。

数字身份验证和认证过程中使用的加密技术可以保障数据在传输过程中的机密性和完整性，确保拥有正确数字身份的用户才能解密和访问数据。同时，在数据跨境传输过程中使用数字签名技术，可以确保数据发送者和数据接收者的身份真实可信，防止数据被篡改。而且，叠加区块链技术与人工智能技术，数字签名还能提供不可否认性，防止发送者否认已发送的数据或接收者否认已接收的数据。除了底层的加密技术和数字签名技术外，数字身份认证和授权控制技术对数据的安全传输也起着重要作用。数字身份技术通过多因素认证、生物特征识别和加密技术，确保数据在跨境传输过程中的安全性。利用授权访问控制技术，如基于角色的访问控制（RBAC）等，确保只有通过身份验证的用户才能访问特定数据，可以有效防止境外非授权的数据获得者进行非法访问，避免数据泄露。

此外，数字身份技术在数据跨境流动过程中可以帮助数据处理者落实法律要求，应对不同国家的数据出境监管，确保数据跨境传输的合规性。在数据跨境流动中，不同国家和地区有不同的法律和监管要求，数字身份技术能帮助企业遵守各地的法律法规，确保数据跨境流动的合法性。例如，数字身份系统可以记录和管理用户对数据使用的同意，确保数据处理符合用户的隐私偏好和法律要求，从而满足法律合规要求。

在基于应用场景的数据跨境流动过程中，数字身份系统的作用可以直接体现。在跨境支付交易中，数字身份技术用于验证和认证交易各方的身份，确保整个交易流程的安全性和合规性。跨国银行可以使用数字证书和多因素认证技术，确保只有经过数字身份认证的客户才能进行跨境支付交易，防止身份欺诈和洗钱。在跨境电子商务中，平台可以通过数字身份技术确保买卖双方的身份信息真实可信，防止交易欺诈。平台可以使用生物特征识别和数字证书等技术手段验证用户身份，并通过加密技术保护用户支付信息的安全。在跨境医疗数据共享中，数字身份技术可以确保医疗数据在传输过程中的机密性和完整性。医生和患者可以通过数字身份验证技术访问医疗记录，确保数据隐私和安全，并通过授权访问控制技术避免非授权方对跨境传输的医疗数据进行访问。

然而，虽然数字身份技术在数据跨境流动中具有一定的优势，但在实际应用过程中仍然面临诸多挑战。首先，不同国家和地区采用的数字身份技术标准和协议可能存在差异，导致数字身份技术在数据跨境流动中的互操作性差。为实现全球范围内数据的安全、高效流动，需要建立统一的数字身份技术标准和协议。其次，尽管数字身份技术可以提高数据的安全性并进行隐私保护，但在数据跨境传输过程中，仍然存在数据泄露和侵犯隐私的风险。因此，需要制定更严格的隐私保护政策和安全措施，确保用户数据在跨境传输中的安全性。最后，不同国家和地区的法律与监管环境存在差异，这也增加了数字身份技术在数据跨境流动中应用的复杂性。

7.4　匿名化和去标识化技术

在数据跨境流动中，什么样的数据需要用到匿名化（Anonymization）与去标识化（De-identification）的相关技术呢？“匿名”和“去标识”，仅看字面就可以知道它们是针对拥有特定识别特征的个人数据的。因此，匿名化与去标识化技术主要用于个人信息跨境传输。

《网络安全法》第四十二条规定：“未经被收集者同意，不得向他人提供个人信息。但是，经过处理无法识别特定个人且不能复原的除外。”这就是我国对个人信息进行匿名化规定的开始。根据《个人信息保护法》第七十三条，个人信息的匿名化是指个人信息经过处理，无法识别特定自然人且不能复原的过程；个人信息的去标识化则是指个人信息经过处理，使其在不借助额外信息的情况下，无法识别特定自然人的过程。按照《个人信息保护法》的规定，匿名化之后的个人信息就不再是个人信息，理论上可以不遵守《个人信息保护法》的相关规定。在《个人信息保护法》生效前，国家标准化管理委员会在 2020 年 10 月 1 日实施的《信息安全技术 个人信息安全规范》中，明确了个人信息的匿名化和去标识化的定义与相关技术路径。其中，匿名化是指通过对个人信息的技术处理，使得个人信息主体无法被识别或者关联，且处理后的信息不能被复原的过程。匿名化后的个人信息不再被定义为个人信息。个人信息的去标识化是指通过对个人信息的技术处理，使其在不借助额外信息的情况下，无法识别或者关联个人信息主体的过程。

7.4.1 技术原理

匿名化和去标识化是个人信息处理的结果，匿名化和去标识化技术是为了实现这一结果而使用的一系列技术。因此，无论是匿名化技术还是去标识化技术，都属于一个技术簇，包含许多相关的个人信息处理技术，与前面提到的相关技术也会有所交叉。

1. 去标识化技术操作流程

2020 年 3 月，国家标准化管理委员会实施的《信息安全技术 个人信息去标识化指南》对去标识化、标识符、直接标识符、准标识符、重标识、去标识化技术和去标识化模型、去标识化原则、去标识化目标进行了定义和描述。同时，该指南还列出了数据处理者进行去标识化的相关流程。去标识化的流程主要分为确定目标、识别标识、处理标识、验证审批和监控审查等几个步骤。去标识化流程如图 7-8 所示。

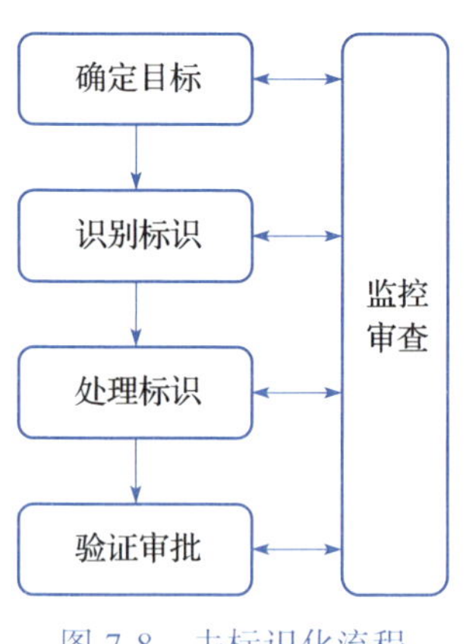

图 7-8 去标识化流程

在确定目标步骤中，需要做的是明确去标识化的对象，确立去标识化的目标，并制订工作计划等。确定去标识化的对象，指的是明确需要去标识化的数据集范围，依据法规标准、组织策略、数据来源、数据用途等相关要素来确定。确立去标识化的目标，具体包括明确重标识风险不可接受程度以及数据有用性最低要求，重点考虑风险级别、数据用途、数据来源等相关要素。

在识别标识步骤中，需要利用各种方法将标识识别出来。常用的方法包括查表识别法、规则判定法和人工分析法。其中，查表识别法指预先建立元数据表格，存储标识符信息，在识别标识数据时，将待识别数据的各个属性名称或字段名称逐个与元数据表记录进行比对，以此识别出标识数据。规则判定法是通过软件程序，分析数据集规律，自动发现标识数据。人工分析法是通过人工发现和确定数据集中的直接标识符和准标识符。

处理标识步骤主要分为三个阶段：预处理、选择模型技术、实施去标识化。预处理是对数据集正式实施去标识化前的准备过程，包括对数据进行抽样、减少数据集规模或扰乱数据等，以改变数据集的真实性。选择模型技术是选择相应的技术和模型来对数据集进行操作。实施去标识化是根据选定的去标识化模型和技术，对数据集直接进行去标识化操作，如依照去标识技术工具或程序获得结果数据集等。

验证审批是指对去标识化后的数据集进行验证，确保生成的数据集在重标识风险和数据有用性方面都符合预设的目标，包括个人信息安全验证、数据有用性验证、去标识工作审批等。

在去标识化实施过程中，需要进行监控审查，确保去标识化的每一步均实现预定目标，并形成相关的审查记录。记录内容主要包括监控审查对象、时间、过程、结果和措施等。除了去标识化实施流程中的监控审查外，还需要进行持续监控，根据情况变化或定期进行去标识化数据的重标识风险评估，并与预期可接受的风险阈值进行比较，以确保个人信息的安全。

2. 实现去标识化的主要技术

在实现去标识化的技术与模型方面，常用的技术包括统计技术、密码技术、抑制技术、假名化技术、泛化技术、随机化技术和数据合成技术等。常用的去标识化模型包括 *K*- 匿名模型、差分隐私模型等。这里主要举例说明抑制技术、泛化技术和 *K*- 匿名模型在去标识化过程中的应用。

（1）抑制技术

抑制技术是一种通过删除不满足隐私保护的数据项，避免对外发布以实现个人信息去标识化的技术，通常会与其他技术，如泛化技术等结合使用，以平衡数据的隐私保护和数据的实用性。抑制技术有两种主要的实现方式。第一种是删除敏感信息，这是最直接的方法之一，即完全删除数据记录中的敏感信息。例如，在医疗数据中，可以删除患者的具体诊断信息，只保留其他非敏感的医疗数据。第二种是修改敏感信息，即修改数据中的敏感信息，降低数据的精确性。这种方法通常会将敏感信息进行泛化或者替换为更一般化的数据。例如，将具体的病种名称替换为病种的类别，或者将准确的年龄值替换为年龄段。抑制技术示例见图 7-9。

抑制技术示例

现在需要对某个企业的不同工作年限员工的工资水平进行分析，原始数据集包括｛姓名，性别，薪水，工作年限，职务｝，现在利用抑制技术开展数据去标识化，具体流程分为 3 个步骤：

1）姓名是直接的标识符，应该用抑制技术删除；通过｛职务，工作年限｝或｛性别，职务｝也可以推导出一部分员工，因此也应该删除职务这一属性。

2）剩下的｛性别，薪水，工作年限｝有被重标识的风险，需要结合泛化技术对“薪水”“工作年限”进行泛化处理，如薪水可以泛化为“5000 至 10000”“10000 至 15000”“15000 至 20000”等，将工作年限泛化为“0 至 5 年”“5 年以上”等。

3）如果数据记录中只有 1 人工作年限为“0 至 5 年”，且薪水为“15000 至 20000”，那么则有可能具体定位到某个员工，应该用抑制技术进行删除。

图 7-9　抑制技术示例

（2）泛化技术

泛化技术是一种通过降低数据集中所选属性的颗粒度来实现去标识化的技术，它对数据进行更加概括、抽象性的描述，以实现数据的去标识化。使用泛化技术的目标是减少属性唯一值的数量，使得被泛化后的值能够被数据集中的多个记录共享，从而增加某特定个人信息主体被推测出的难度。通常，实现数据集泛化的手段包括取整、顶层编码和底层编码等。

取整是将数据中的数值按照一定规则进行舍入或取整操作，以减少数据的精细度和唯一性，从而增强数据的隐私性。例如，对于金融交易记录中的金额信息，可以通过取整将具体的金额变为某个较大单位的整数或精确到某个固定的小数位数，而不是原始的精确数值。这种处理方式可以有效模糊数据，使得原始数据在被分享和分析时不易直接关联到特定个体。

顶层与底层编码技术使用表示顶层（或底层）的阈值替换高于（或低于）该阈值的值。比如，如果一个人的薪水非常高，则可将该用户的薪水设置为“高于 X 元”，或者设置为“X 至 Y 元”等，不记录或报告准确的金额。

（3）*K*- 匿名模型

K- 匿名模型是在发布数据时保护个人信息安全的一种模型，要求在发布的数据中指定标识符属性值相同的每一种等价类至少包含 K 个记录，使攻击者不能判别出个人信息所属的具体个体，从而保护个人信息的安全。*K*- 匿名模型的核心原理是将数据集中的个体信息进行泛化，使得每条数据在某种特定属性上至少与其他 K 条数据相同。在使用 *K*- 匿名模型整合得到的数据集中，各记录之间的关联性是有限的。实现 *K*- 匿名模型可以综合或独立使用各种去标识化技术，如抑制技术、泛化技术、假名化技术等。

如此介绍 *K*- 匿名模型可能较难理解，下面通过举例具体说明 *K*- 匿名模型的操作过程。表 7-1 所示是一个个人消费偏好表示例。

表 7-1　个人消费偏好表

姓名	性别	年龄	邮编	消费偏好
林 sam	男	29	100010	图书
周 boat	男	38	100226	护肤品
薛 motor	男	27	100016	图书
秦 jade	女	25	100104	护肤品
魏 great	女	28	100108	烹饪工具
易 hill	男	34	100222	烹饪工具

现在可以利用泛化技术、抑制技术等将上面的个人消费偏好表变成下面的表格，见表 7-2。

表 7-2　个人消费偏好表（*K*- 匿名模型处理后）

姓名	性别	年龄	邮编	消费偏好
1	男	(20,30]	10001x	图书
2	男	(30,40]	10022x	护肤品
3	男	(20,30]	10001x	图书
4	女	(20,30]	10010x	护肤品
5	女	(20,30]	10010x	厨具
6	男	(30,40]	10022x	厨具

将上面的表格进行 *K*- 匿名模型处理后，如果攻击者想确认林 sam 的信息，通过查询他的年龄、邮编和性别，会发现至少有两个人拥有相同的年龄、邮编和性别。这样，攻击者就无法区分这两条数据中哪个是林 sam，从而保证了林 sam 的隐私不会被泄露。如在表 7-2 中，姓名 1 和姓名 3 经过处理后是一致的，攻击者难以有效区分。

K- 匿名模型还包括增强概念，如 *L*- 多样性和 *T*- 接近性等。*L*- 多样性是针对属性值差异不大的数据集提出的一种增强概念。为防止确定性推导，*L*- 多样性在 *K*- 匿名模型的基础上，实现了相同类型数据中至少有 *L* 种内容不同的敏感属性，见表 7-3。

表 7-3　个人消费偏好表（*L*- 多样性处理后）

姓名	性别	年龄	邮编	消费偏好
1	男	(20,30]	10001x	图书
2	男	(20,30]	10001x	图书
3	男	(20,30]	10001x	图书
4	男	(20,30]	10001x	厨具
5	男	(20,30]	10001x	护肤品

上述表格中有 5 条相同类型的数据，其中消费偏好为图书的有 3 条，厨具的有 1 条，护肤品的有 1 条。那么，在这个例子中，图书、厨具、护肤品就满足了多样性要求。*T*- 接近性是 *L*- 多样性的增强概念，它保证在相同的准标识符类型组中，敏感信息的分布情况与整个数据的敏感信息分布情况接近，且不超过阈值 *T*。

3. 匿名化技术与去标识化技术之间的关系

个人信息匿名化与个人信息去标识化相比，前者对个人信息标识的去除更为彻底。匿名化后的个人信息是无法识别特定自然人且不能复原的，而去标识化后的个人信息在借助额外信息的情况下还是可以识别出特定自然人的。英国信息专员办公室（Information Commissioner's Office，ICO）在《匿名化：管理数据保护风险行为准则》中认为区分匿名化数据和个人数据的关键在于身份是否可识别，可通过以下三个维度来考虑：首先，是否可分离（Singling Out），即是否能够将某个人或某些人的数据从数据库中分离出来；其次，是否可链接（Linkability），即是否可通过与其他数据库结合识别出个体身份；最后，是否可推断（Inference），即是否能利用已知信息推断出个体的某些信息。目前，从技术逻辑上讲，绝对的匿名化技术是不存在的。单纯针对数据集的处理技术而言，匿名化技术和去标识化技术没有本质区别。因此，本节中提到的去标识化技术实质上也可以应用到个人信息匿名化的过程之中，体现了去标识化技术与匿名化技术的通用性。

7.4.2　应用价值

在个人信息的跨境传输场景中，目前最常见的应用场景是医疗数据跨境共享、跨境金融交易以及某些跨国集团的业务数据处理。这三个场景涉及大量个人信息和敏感个人信息的跨境传输与共享。因此，匿名化和去标识化技术在这些应用场景中具有极高的应用价值。

随着全球化的发展，攻克一些疾病需要各国相关患者的数据。例如在新冠疫情期间，国际医疗研究机构（如 WHO）需要共享患者数据，以开展多中心临床试验和流行病学研究。在共享医疗数据时，通过匿名化和去标识化技术删除或替换患者的个人身份信息，可以确保患者的隐私不被泄露。同时，使用匿名化和去标识化技术可以对研究数据进行处理，使数据无法关联到具体患者，同时保留数据的研究价值，支持全球卫生研究和医疗创新。在跨境金融交易场景中，金融机构在全球运营中需要处理大量客户交易数据和财务信息。在跨境传输客户金融交易数据时，通过匿名化和去标识化技术可以移除客户的个人身份信息，防止客户数据泄露和隐私侵害。在某些业务场景下，金融机构可能只需要统计结果，因此可以使用匿名化和去标识化技术中的统计数据对敏感数据进行处理，使金融机构能够在全球范围内进行风险管理并应对各国的安全合规审查。

此外，在全球经营过程中，跨国集团基于其全球业务的运营必然会产生大量的个人信息和敏感个人信息。这些客户信息、财务数据和内部业务数据会随着全球业务进行跨境传输和流转。匿名化和去标识化技术可以帮助企业在跨境数据传输中处理个人信息，从而保护个人隐私，降低合规风险。

跨国集团处理数据的目的主要包括两个方面：第一是对全球经营业务的数据进行汇聚融合；第二是在全球数据汇聚融合的基础上对客户信息进行分析，从而服务于自身业务布局。在全球业务数据跨境传输过程中，跨国集团可以使用匿名化和去标识化技术对个人信息进行处理，例如利用泛化技术、*K*- 匿名模型等，使个人信息在满足隐私保护要求的前提下，保留业务分析所需的实用性。对于客户数据的分析，跨国公司在进行客户行为分析和市场研究时，需确保客户信息的隐私保护。通过匿名化和去标识化技术，可以移除或替换客户的个人身份信息，使数据在全球范围内安全流转。

虽然匿名化和去标识化技术对数据跨境流动中的个人信息保护有极高的应用价值，但在实际应用中这些技术也存在相应的挑战，主要包括重标识风险、数据质量和可用性问题以及技术实现的复杂性问题。

在重标识风险方面，匿名化和去标识化数据在与其他数据集结合时可能被重新推断出个人身份。例如，通过关联攻击（Linkage Attack），攻击者可能从去标识化数据中提取出个人身份信息。在数据质量和可用性方面，过于严格的匿名化或去标识化可能导致数据失去实用性，影响数据分析和业务决策。严格匿名化后的个人信息可能会失去相应的分析价值。在技术实现的复杂性方面，高度复杂的匿名化和去标识化技术需要先进的算法和大量计算资源，这大概率会增加数据处理者的实施和维护成本。

7.5　数据压缩技术

随着全球数字经济和数字技术的发展，作为关键要素的数据在跨境传输中的量级呈现爆发性增长态势。在这种趋势中，数据跨境流动主要分为两大类：一类是以数据形式进行传输的数字视频、音频信号、图片，这是广义上的数据跨境流动，其数据量特别庞大，如果不进行有效压缩，就难以得到实际应用；另一类是以数据字段形式进行跨境传输的数据，这是狭义上的数据跨境流动，其量级也在逐步上升。

数据跨境流动量级的增加必然会导致网络和传输信道的拥塞问题，这时可能需要用到数据压缩等技术，以减少传输数据的字节数和所需存储空间，提高数据传输效率和存储效率。数据压缩技术通过减少数据表示的冗余来缩小数据体积，从而提升存储和传输效率。目前，压缩技术可分为两大类：无损压缩和有损压缩。无损压缩确保数据在解压缩后能够完全恢复，而有损压缩则通过丢失部分数据来实现更高的压缩比。

7.5.1　技术原理

无损压缩技术是指在保持数据完整性的前提下，尽可能减小数据存储空间的技术。目前，常见的无损压缩算法包括霍夫曼编码（Huffman Coding）、LZ77 算法、LZ78 算法及其衍生算法，如 Lempel-Ziv-Welch（LZW）等。

霍夫曼编码是一种基于频率的无损压缩算法，由 David A. Huffman 在 1952 年提出。该算法通过构建一个最优二叉树来生成字符的可变长度编码，从而减小整体编码长度。在计算机数据处理中，霍夫曼编码通过使用变长编码表对源符号（如文件中的字母）进行编码。变长编码表是基于对源符号出现概率的评估生成的，出现概率高的字母使用较短的编码，而出现概率低的字母则使用较长的编码。这种方法能够减少编码后字符串的平均长度和期望值，从而实现无损压缩数据的目的。

使用霍夫曼编码进行数据压缩的流程如下。①统计频率：统计待压缩数据中每个字符的出现频率。②构建二叉树：根据字符频率构建霍夫曼树。每次从频率列表中选出两个最小频率的节点，并创建一个新节点，新节点的频率为两个节点频率之和，再将新节点插入频率列表中。重复此过程，直到频率列表中只剩下一个节点，即霍夫曼树的根节点。③生成编码：根据霍夫曼树生成字符的二进制编码，遍历霍夫曼树，左边路径标记为 0，右边路径标记为 1，直至叶子节点生成相应字符的编码。需要注意的是，霍夫曼树的构建思路是要把出现频率高的字符放置在离根节点近的叶子位置，而出现频率比较低的字符则放置在离根节点远的叶子位置。

LZ77 算法、LZ78 算法是由 Abraham Lempel 和 Jacob Ziv 在 1977 年和 1978 年提出的两种基于字典的无损压缩算法，这两种算法通过引用已出现的字符序列来减少数据量。LZW 是 LZ78 的改进版，由 Terry Welch 在 1984 年提出，广泛应用于 GIF 图像格式。简单来说，LZ77、LZ78 和 LZW 都是基于字典的无损压缩算法，它们通过引用重复的字符序列来减少数据冗余。LZ77 使用滑动窗口查找匹配子串并输出三元组，LZ78 构建动态字典并输出二元组，LZW 则进一步改进了 LZ78，通过更高效的字典管理和编码方式实现更好的数据压缩效果。

下面举个例子来说明 LZ77 算法的编码流程。假设一个文本为“A B A C A C B A C A”，其中滑动窗口包含 4 个字符，预读缓冲器包含 4 个字符。现在使用 LZ77 算法，编码流程如下：

1）滑动窗口包含“A B A C”，预读缓冲器包含“A C B A”，现在第一步是寻找滑动窗口与预读缓冲器中相似长度大于 2 的字符。

2）在滑动窗口找到相似长度为 2 的“A C”，因此 < 长度 , 距离 > 被输出。长度是 2，并且向后距离也是 2，所以输出为 <2,2>。然后滑动窗口滑过 2 个字符。

3）滑动窗口现在可对照的文本为“A B A C A C”，预读缓冲器为“B A C A”，此时长度为 4，向后距离为 5，因此输出为 <4,5>。

4）最终，原文本“A B A C A C B A C A”按照 LZ77 算法进行编码后为“A B A C<2,2><4,5>”，得到完整的压缩编码表示为“F A B A C 2 2 4 5”。

虽然“F A B A C 2 2 4 5”比“A B A C A C B A C A”只节省了 1 个字符的空间，但当数据流很长时就能突出数据压缩的优势。

有损压缩技术是一种允许部分数据丢失的压缩方法，主要应用于图像、音频和视频等多媒体数据。通过丢弃人眼或人耳不敏感的信息，有损压缩技术在显著减少数据量的同时，尽量保持原数据的感知质量。主要的技术包括 JPEG（Joint Photographic Experts Group）、MP3（Moving Picture Experts Group Audio Layer-3）以及 H.264/AVC（Advanced Video Coding）等。JPEG 是一种广泛使用的图像有损压缩技术，通过对图像数据进行分块处理和频域转换，减少不重要的高频信息，从而减少数据量。MP3 是一种流行的音频有损压缩技术，通过丢弃人耳不敏感的频率信息和时间冗余来减少数据量。H.264/AVC 是一种先进的视频有损压缩技术，通过有效利用时间冗余和空间冗余，大幅减少视频数据量。

7.5.2　应用价值

数据压缩技术在数据跨境流动过程中主要起到提升传输效率、节约存储空间、保护数据安全隐私等作用。首先，在数据传输过程中，高效的数据压缩技术能显著减少传输数据的体积，从而节约带宽和降低传输成本。尤其是在全球范围内的数据跨境传输中，传输速度和成本是关键因素，有效的压缩技术可以帮助加快数据传输速度，提升传输效率。其次，在数据存储方面，无论是境内的数据处理者还是境外的数据接收者，通过使用数据压缩技术可以显著减少数据对存储空间的需求，有利于降低存储成本，也使得更多的数据能以更经济的方式长期存储。数据压缩技术不仅在提升经济效率方面有显著价值，在数据安全方面也有一定的积极作用。在数据加密过程中，压缩技术可以在加密前减少数据的大小，降低加密运算的时间成本；同时，在保护隐私方面，压缩后的数据更难以解析和识别，增强了数据的安全性。

此外，对于音频、图像和视频等大容量多媒体数据，压缩技术是实现高质量传输的关键。通过 JPEG 等图像压缩技术，可以减少图像数据的大小而保持视觉质量。MP3 等音频压缩技术可以在保持音质的同时减少传输带宽的需求。H.264/AVC 等视频压缩技术则在保证视频清晰度的基础上，大幅度减小了视频文件的大小，使得高清视频能在互联网上更为流畅地传输和播放。

7.6 本章小结

在数据跨境流动过程中，为保障数据安全，可以采取多种技术措施。其中，隐私计算、区块链技术、数字身份技术、匿名化和去标识化技术在不同场景中起着重要的作用。隐私计算重点关注如何实现数据加密运算；区块链技术重点关注数据传输的全流程存证与溯源；数字身份技术则关注数据传输双方的数字身份安全；匿名化和去标识化技术则关注个人信息跨境传输的安全。至于数据跨境传输的效率和质量问题，可以通过数据压缩技术来解决。有损压缩技术可以提升广义数据跨境流动（如数字视频、音频信号、图片等）的传输质量；无损压缩技术则可以提升狭义数据跨境流动（如数据字段）的效率，同时在一定程度上提升数据字段的安全性。

| 第四部分 |

域外规则要点

|第 8 章| CHAPTER

数据跨境流动的域外规则

数据跨境流动涉及的国家安全、国家主权以及数据跨境流动所带来的数字经济效益日益引起广泛关注。除我国外，域外其他组织和经济体也纷纷出台相关规则，在保障国家安全的基础上，达成数据跨境自由流动的共识与一致。本章将从主要国际机构、国际协定及主要经济体几个层面入手，分析域外有关数据跨境流动的相关规则。对于国家而言，本章的主要目的是为我国不断完善数据跨境流动规则、推动数据跨境流动提供相应的参考与启示。而对于数据处理者而言，尤其是跨国企业，数据入境中国，相对于其他经济体来说便是数据出境，因此需要重点了解其他主要经济体的数据跨境流动规则，从而做好数据出境的安全合规工作。

8.1 国际机构规则

国际机构通过确立数据跨境流动的原则性规定，形成全球数据跨境流动的“软法”，从而达成成员国或成员之间在数据治理领域的共识与合作。目前，国际机构对“软法”的制定主要有两种方式：

方式一：以政府间国际组织为主，通过成员之间的一致意愿来确立并发布数据跨境流动的原则性规则，主要代表有联合国、WTO、OECD、APEC、国际海事组织等。

方式二：以非政府间国际组织、国际行业协会等非政府间国际机构为主，通过行业标准、行业准则形成规范性的数据跨境流动行业规则，主要代表有 ISO、国际航空运输协会（IATA）、人用药品技术要求国际协调理事会（ICH）等。

8.1.1　联合国数据跨境流动规则簇

联合国作为全球最大的政府间国际组织，一直致力于制定和推动国际规则，以促进全人类的共同发展。进入数字时代，联合国持续关注数字领域的全球治理，发起有关数字治理、数据治理的相关议题讨论。对于数据跨境流动议题，联合国在现有框架下建立了相关平台，如联合国互联网治理论坛（United Nations Internet Governance Forum，UN IGF）、联合国世界数据论坛（United Nations World Data Forum，UN WDF）等，以推动全球利益相关方在该议题上达成共识。同时，联合国直属部门，例如联合国贸易和发展会议（UNCTAD）、联合国经济及社会理事会（United Nations Economic and Social Council，UN ECOSOC）、联合国教科文组织（United Nations Educational，Scientific and Cultural Organization，UNESCO）等，也通过报告、研究小组、特设小组等方式，确立全球数据跨境流动的相关原则，积极引领全球各利益相关方在数据跨境流动等议题上形成新的治理理念。

UN IGF 是一个多利益相关方平台，致力于讨论与互联网治理相关的问题，包括互联网接入、数据安全、数据跨境流动等。UN IGF 聚集了政府、企业、科研机构和技术社群的代表，共同讨论互联网治理的热点问题，并发布相关报告和声明。数据跨境流动规则目前也是 UN IGF 的重要议题，通过促进全球利益相关方之间的对话与理解，最终促进全球范围内数据跨境流动规则制定的通约性。UN IGF 在每年的年度报告中会对相关议题进行盘点总结，例如 2022 年的分议题研讨会和 2023 年的主论坛均对数据跨境流动进行了讨论，年度报告中对此有所总结。UN IGF 认为数据跨境流动在促进互联网普及和创新方面有积极作用，但目前数据跨境流动面临主权和法律冲突的挑战，因此建议在全球层面建立统一的数据保护标准，加强跨境执法合作，推动更多利益相关者的参与。

UN WDF 是联合国发起主办、以“可持续发展数据”为主题的国际性论坛，也是为落实“联合国可持续发展目标（SDGs)”搭建的国际合作交流平台，旨在促进数据创新，培育伙伴关系，动员高级别政治和财政支持数据，并为可持续发展建立更好的数据途径。目前，联合国世界数据论坛已经举办了 4 届，成员单位共同发布了《开普敦可持续发展数据全球行动计划》《迪拜宣言》《可持续发展目标伯尔尼数据契约十年行动》《杭州宣言》等规则性文件，强调通过国际合作加强国家数据生态系统投资，赋能全球可持续发展等。2023 年 4 月 24 日至 27 日，第四届联合国世界数据论坛以“拥抱数据 共赢未来”为主题口号在杭州开幕。在《杭州宣言》中，联合国重申通过《数据战略》和《我们的共同议程》，为人类和地球建立更好的联合国数据生态系统和测度方法提出共同愿景，并呼吁利益攸关群体要加快行动，制定与《全球行动计划》相一致的数据管理方法。

UNCTAD 每年会发布《数字经济报告》（Digital Economy Report)，这是分析全球数字经济发展趋势的重要报告。过去几年，《数字经济报告》中从数字贸易角度多次提及数据跨境流动。例如，2024 年 7 月 10 日发布的《2024 年数字经济报告》指出，数据跨境流动已经成为全球经济的重要组成部分，其流量不断增长且量级不断扩大，尤其在电子商务、社交媒体、金融服务等领域。同时，报告强调在数据跨境流动背景下数据隐私和数据安全问题的重要性，认为应该加强数据加密、数据访问控制以及数据安全监测等技术的使用。此外，对于数据主权和法律冲突等问题，报告建议通过国际合作和双边协议等方式来解决问题，进一步消弭不同经济体之间的利益冲突。UNCTAD 此前还发布过《 G20 成员国跨境数据流动规则》（G20 Members' Regulations of Cross-Border Data Flows）等多份调查报告。《 G20 成员国跨境数据流动规则》从不同角度对各成员国的数字监管政策进行了调查，介绍了数据的多维性质以及各国的相关政策和立法，讨论了多利益攸关方监管方法之间的共同点、差异和融合要素，旨在影响和指导各成员国在数据跨境流动方面的相关决策。具体到重点内容，该报告鼓励各成员国在确保数据安全的前提下，积极探索和推动技术创新，以提升数据流动的效率和安全性。由于数据跨境流动过程中数据安全风险多发，该报告提出成员国需要建立完善的风险评估和管理体系，以识别和应对数据跨境流动中的潜在风险，包括数据泄露、网络攻击等风险的防范和应对措施。

8.1.2　WTO 数据跨境流动规则谈判

世界贸易组织（WTO）是全球主要的政府间国际组织，主要职责是制定和实施全球贸易规则，促进国际贸易自由化和经济合作。随着数字经济的发展，数字贸易规则日益重要，其中数据跨境流动的规则是核心议题。当前，WTO 将数字贸易和数据跨境流动的规则讨论纳入电子商务谈判之中。WTO 希望通过电子商务谈判，制定出一套公认的国际规则，规范数据跨境流动，确保各成员在数字经济中的公平、有效竞争。

2017 年 12 月，在 WTO 第 11 次部长级会议上，71 个成员共同发布了《关于电子商务的联合声明》，宣布在 WTO 框架下启动与电子商务议题相关的谈判工作。此前，WTO 在 1998 年曾提出“电子商务工作计划”，其中确定对电子传输暂时免征关税，但在较长时间内并未引起太多关注，也未取得实质性进展。2017 年《关于电子商务的联合声明》的发布表明 WTO 及其成员关注推动全球数字贸易规则的制定。2019 年 1 月，76 个成员共同确认启动 WTO 框架下的电子商务诸边谈判。2020 年 12 月 14 日，世界贸易组织秘书处发布《WTO 电子商务谈判合并文案》（WTO Electronic Commerce Negotiation — Consolidated Negotiating Text），该合并文案构成了未来 WTO 电子商务议题谈判的基础文件。根据《WTO 电子商务谈判合并文案》，目前谈判参与者在数字贸易便利化条款方面已基本达成一致，然而关于隐私与跨境数据流动、电子传输关税、数据本地化、源代码等议题仍存在较大分歧，导致谈判进展较为缓慢。

根据《WTO 电子商务谈判合并文案》，WTO 电子商务谈判主要包括 6 章。第 1 章是赋能与电子商务，主要包括电子商务便利化与数字贸易便利化相关措施。在电子商务便利化措施方面，包括电子商务框架、电子认证和电子签名、电子合同、电子发票以及电子支付等谈判内容；在数字贸易便利化和物流方面，主要涉及无纸化贸易、微量允许、海关程序、贸易政策改进、单一窗口数据交换和系统互操作性、物流服务、赋能贸易便利化、利用技术进行放行和清关、提供贸易便利化和支持性服务。第 2 章是开放与电子商务，主要包括非歧视和义务、信息流动、电子传输关税，以及访问互联网和数据。第 3 章是信任与电子商务，包括消费者保护、隐私保护、商业信任。隐私保护要求制定相关法律措施以保障个人信息和数据的安全，促进数据保护制度的兼容性。商业信任议题强调禁止将转让源代码或算法作为市场准入条件，并设立了相关例外说明。第 4 章是跨部门议题，包括透明度、成员内部监管与国际合作、网络安全和能力建设等议题。第 5 章是电信，包括更新 WTO 电信服务参考文件以及网络设备和产品。第 6 章是市场准入，包括服务市场准入、电子商务相关人员暂时入境和逗留以及商品市场准入等。

在第 2 章的“信息流动”中，相关的谈判主要包括三方面内容：首先是数据跨境流动，合并文案强调确保数据跨境流动，并包括为实现合法公共政策目标的例外情形说明，以及相关补充解释；其次是计算机位置，合并文案中提出禁止将使用境内计算机存储设施作为市场准入条件，并包括为实现合法公共政策目标的例外情形说明，以及相关补充解释；最后是金融信息，合并文案要求不应限制通过数字交付方式进行的跨境金融服务，禁止将使用境内计算机存储设施作为市场准入条件，并包括多项例外情形说明。

在 WTO 的谈判过程中，数据跨境流动议题是争议较大的议题之一，各成员基于自身的利益强调有利于自身的主张。依据成员在 WTO 谈判过程中的提案来看，主要有三大立场，分别是美国的自由主义立场、欧盟的人权主义立场以及发展中国家的国家主权立场。美国在谈判过程中强调数据跨境自由流动，并要求各成员保持“有限的例外”，旨在利用自身技术市场优势实现数据跨境流动的经济利益最大化。自 1997 年开始，美国基于“有限例外”原则在《全球电子商务框架》中提出在尽量保障个人隐私的基础上，信息要尽可能自由跨境流动。如果各方在信息跨境流动方面采取不同的政策，就有可能形成非关税贸易壁垒。在 WTO 的谈判过程中，美国一直秉持这样的态度。不过，2023 年 10 月，美国贸易代表凯瑟琳·泰（Katherine Tai）在 WTO 的谈判中放弃了美国长期的数字贸易要求，以便为国会提供调控大型科技公司的空间。美国正撤回 2019 年提出的提案，这些提案坚决要求 WTO 电子商务规则允许自由的跨境数据流动，并禁止数据本地化和软件源代码审查的国家要求。美国贸易代表发言人萨姆·米歇尔（Sam Michel）表示，许多国家正在审查它们对数据和源代码的做法，以及贸易规则如何影响它们。米歇尔表示："为了给这些辩论提供足够的政策空间，美国已经撤回了可能会影响或妨碍这些基于国内（美国）政策考虑的提案。"他还补充说，美国将继续"积极参与"WTO 的电子商务谈判。

欧盟在数据跨境流动、数据本地化、源代码、计算机位置等关键议题上的主张与美国大体保持一致，但与美国略微不同的是，欧盟更强调个人隐私的保护以及个人数据权利的主张。而以中国为代表的发展中国家则主张仅在电子商务领域进行谈判，不在谈判中纳入数字贸易与数据跨境流动议题。同时，印度、巴西等国家更是强调数据主权，支持数据本地化以保护本国数据，并希望加强网络安全和隐私保护，在数据跨境自由流动问题上的态度较为谨慎。

8.1.3　OECD 数据跨境流动指南及相关报告

经济合作与发展组织（OECD）是最早讨论成员国之间数据跨境流动的国际组织之一。它发布的《关于隐私保护与个人数据跨境流动指南》（简称《OECD 隐私指南》）为国际机构和各主权国家制定数据跨境流动规则提供了完整的蓝本。除《OECD 隐私指南》外，OECD 还发布了《数据跨境流动宣言》《跨境数据转移的规制方式的共同点》《跨境数据流动——盘点关键政策和举措》等报告，不断重申其在数据跨境流动中的立场和主张，对全球数据跨境流动规则的制定影响重大。

OECD 的前身为 1948 年 4 月 16 日由西欧 10 多个国家成立的欧洲经济合作组织。1960 年 12 月 14 日，加拿大、美国及欧洲经济合作组织的成员国等共 20 个国家签署《经济合作与发展组织公约》，决定成立 OECD。在公约获得规定数目的成员国议会批准后，《经济合作与发展组织公约》于 1961 年 9 月 30 日在巴黎生效，经济合作与发展组织正式成立。目前 OECD 的成员国数量为 38 个，总部设在巴黎。随着信息技术的发展和数据跨境流动对经济和国际贸易的重要性日益增加，OECD 积极参与全球隐私保护和数字经济发展规则的制定。早在 1968 年，OECD 就在科学政策委员会下成立了计算机应用工作组，以研究涉及计算机和通信的技术、经济和法律问题。1974 年，OECD 成立了资料库专门小组，专注于计算机化的个人资料库政策问题。1977 年，OECD 召开跨境数据流动与隐私保护研讨会，并于 1978 年设立了临时性的跨境数据障碍与隐私保护专家组。

专家组于 1979 年提出了指南草案，OECD 于 1980 年发布了《OECD 隐私指南》。该指南于 2013 年进行了修订，成为全球数据跨境流动规制的首次尝试，并奠定了全球个人信息保护法规的基础。《OECD 隐私指南》明确了 8 项基本原则，即限制收集、数据质量、目的明确、限制使用、安全保护、公开透明、个人参与和问责，并设定了个人信息保护的最低标准，确立了数据跨境流动的基本原则。《OECD 隐私指南》建议成员国合理限制数据跨境流动，强调限制措施应遵循比例原则，考虑数据的类型、敏感程度、处理目的和范围等因素。《OECD 隐私指南》成为全球各国及国际组织制定隐私保护与数据跨境制度的重要参考。虽然《OECD 隐私指南》属于国际原则性规则，对成员国不具备强制效力，但为成员国提供了能够包容不同情况的制度框架，之后对许多国家和国际组织制定隐私保护原则提供了指导。

2021 年，OECD 发布了《跨境数据转移的规制方式的共同点》报告，总结全球促进跨境数据流动的具体工具，并分析这些工具的共同点。2022 年 10 月，OECD 发布了《跨境数据流动——盘点关键政策和举措》，总结 7 国集团在促进可信跨境数据流动方面的政策和举措。

在 2021 年的《跨境数据转移的规制方式的共同点》中，OECD 将全球主要的跨境数据流动政策工具分为 4 类，分别为单边机制、多边安排、贸易协定及数字经济伙伴关系，以及标准和技术工具等。

在单边机制方面，相关的政策工具主要包括开放的保障机制（如事后问责机制、合同、私营部门主导的充分性认定）和预先授权的保障机制（如公共部门充分性认定)。根据 OECD 对 46 个经济体的统计，预先授权的保障机制是最常用的单边机制。在多边安排方面，相关的政策工具主要是通过区域组织建立规则或达成共识，分为无约束力的多边安排，如《 OECD 隐私指南》和有约束力的多边安排，如《108 号公约》与《108 号公约 +》等。这些安排提高了成员之间法律框架的互操作性，促进了数据流动和隐私保护，提高了数据对数字贸易的赋能作用。在贸易协定及数字经济伙伴关系方面，自由贸易协定中的数据跨境流动条款越来越具有约束力，如《美墨加三国协议》(USMCA)、《数字经济伙伴关系协定》(DEPA) 等，政府倾向于通过贸易协定实现数据自由流动和隐私保护的双重目标。在最后的标准和技术工具方面，工具主要由非政府和私营部门组织开发，涵盖保护隐私和安全的标准（如 ISO 标准）和隐私增强技术(PET)。这些工具帮助企业选择合适的方法来建立基于信任的数据跨境流动。

而在 2022 年发布的《跨境数据流动——盘点关键政策和举措》中，OECD 将政策和举措总结为单边政策法规、政府间进程、技术与组织措施等。在单边政策法规方面，OECD 强调各国制定并实施了一系列政策和法规，单方面管理跨境数据流动以建立信任。这些单边政策法规主要有两个特点：第一，共同目标是支持数据跨境流动，且符合公共政策目标；第二，在规定、机制和工具类型上越来越通用，且可以分为开放保障措施和预先授权的保障措施。在政府间进程方面，多边进程包括 OECD、联合国、WTO 等，区域安排包括《 APEC 隐私框架》《东盟个人数据保护框架》以及欧盟的 GDPR 等，贸易优惠协定包括 USMCA、CPTPP 等。在技术与组织措施方面，OECD 关注到数据空间在数据跨境流动中的应用前景，强调数据空间是基于开放和透明标准的共享数据系统，可协调共享数据者与访问数据者之间的关系，促进社会对数据的使用和重用。

8.1.4　APEC 数据跨境流动安全认证体系

随着数字经济的迅猛发展，个人数据跨境传输变得越来越普遍。为了确保数据隐私在跨境传输过程中得到有效保护，APEC 成员经济体认为有必要制定一套统一的隐私保护规则。APEC 成员经济体于 2004 年开始讨论数据隐私保护问题，逐步达成共识，认为需要一种协作机制在促进数据跨境流动的同时保障隐私安全。2005 年，APEC 在《 OECD 隐私指南》的基础上发布了《 APEC 隐私框架》，为各经济体提供隐私保护的基本原则和指导，提出信息隐私九大原则，即避免损害、通知、收集限制、个人信息的使用、选择性原则、个人信息的完整性、安全保护、查询及更正、问责制等，促进亚太地区对隐私和个人信息保护措施的一致性。2011 年，APEC 在《 APEC 隐私框架》的基础上，正式推出了 CBPR（Cross-Border Privacy Rules）认证规则体系，该体系旨在通过自愿参与的方式，帮助企业在数据跨境传输中符合隐私保护要求。

APEC 的 CBPR 认证规则体系的具体内容可以细分为以下几个方面：CBPR 的隐私规则、企业的认证程序、审核机制、争议解决等。

CBPR 体系基于《 APEC 隐私框架》中的九项隐私原则，这些原则构成了 CBPR 体系的核心内容。避免损害（Preventing Harm）原则要求制定措施防止在个人信息处理过程中可能导致的损害。通知（Notice）原则要求告知个人其个人信息的收集和使用的目的、方式、类型及相关信息的受让方。收集限制（Collection Limitation）原则要求限制收集的个人信息的类型和数量，确保信息的收集是合法且必要的。个人信息的使用（Uses of Personal Information）原则要求限制个人信息的使用范围，确保信息仅用于收集时所说明的目的。选择性（Choice）原则要求为个人提供选择权，允许其决定是否同意其个人信息的收集和使用。个人信息的完整性（Integrity of Personal Information）原则要求确保所收集的个人信息准确、完整，并在必要时进行更新。安全保护（Security Safeguards）原则要求采取适当的安全措施，以保护个人信息不被未经授权地访问、使用或泄露。查询及更正（Access and Correction）原则要求为个人提供访问其个人信息的权利，并允许其在信息不准确时进行纠正。问责制（Accountability）原则要求企业对其信息隐私保护措施负责，并在发生问题时及时采取纠正措施。

在确定具体的认证核心规则之后，CBPR 体系明确了企业申请认证的全流程程序。企业可以自我评估并自愿申请 CBPR 认证，需选择 APEC 成员经济体指定的 CBPR 认证机构，例如，美国的 TRUSTe 公司和日本的信息处理推进机构（IPA）。企业申请认证时，认证机构将根据《 APEC 隐私框架》的九项隐私原则，对企业的隐私保护措施进行评估。通过评估之后，认证的有效期一般为 1 年。在认证到期前 3 个月，企业需定期重新申请认证，以确保持续符合 CBPR 要求。

在评估时，CBPR 的认证机构会重点审核内部审核机制、内部隐私政策、争议解决机制、跨境传输协议等。CBPR 体系一般要求企业建立内部审核机制，定期检查隐私保护措施的有效性；同时也要求企业定期培训员工，确保其理解并遵守 CBPR 规则和内部隐私政策。企业还需要持续更新和优化数据安全措施，以应对新的安全威胁和风险。此外，对于隐私政策，企业需要进行公开，详细说明其如何收集、使用、共享和保护个人信息。在争议解决机制方面，申请认证的企业需要建立个人信息投诉渠道，方便个人就隐私问题提出投诉。企业还需要设立争议解决机制，通过内部或第三方机构解决消费者与企业之间的隐私争议。对于跨境传输协议，企业需制定数据跨境传输协议，确保在数据跨境传输过程中符合 CBPR 规则，并保证数据接收方（包括第三方服务提供商）遵守同样的隐私保护标准。

通过这些具体内容，CBPR 体系为 APEC 成员经济体间的数据跨境传输提供了统一的隐私保护标准，帮助企业在进行跨境业务时更好地保护个人隐私，增强消费者的信任感。

随着数据跨境流动频次和量级的增加，数据处理者（如云服务提供商、外包公司）在隐私保护中的角色变得越来越重要。各经济体和企业意识到需要有一种机制来确保数据处理者在数据跨境传输中能够有效保护个人隐私。在 APEC 的电子商务指导小组（Electronic Commerce Steering Group，ECSG）中，各成员经济体开始讨论如何为数据处理者制定一套适用的隐私保护框架。2015 年，APEC 正式批准并开始制定 PRP（Privacy Recognition for Processors）规则体系，并于 2016 年推出试点项目，以验证和改进相关标准及认证流程。PRP 体系的制定和推出，标志着 APEC 在数据隐私保护领域迈出了重要一步，为数据处理者提供了一套明确的隐私保护标准和认证机制，进一步促进了成员之间数据跨境流动的安全性和可靠性。PRP 与 CBPR 相比，CBPR 体系的目标对象是数据控制者而非数据处理者，数据处理者需要通过 PRP 体系证明自身的数据处理至少符合 CBPR 体系对数据控制者的数据处理隐私保护要求。PRP 体系的评估方式与 CBPR 类似，由 PRP 联合监督小组根据 PRP 体系框架，采用类似于 CBPR 认证中的评估手段对数据处理者进行评估。

8.1.5 ISO 数据跨境流动安全标准

在全球化和数字化的背景下，数据跨境流动和数据安全变得至关重要，国际标准化组织（International Organization for Standardization，ISO）制定了一系列标准，以确保数据在跨境流动和存储过程中的安全与隐私保护。这些标准提供了系统化的框架和最佳实践，帮助组织管理和控制数据安全风险，满足国际数据保护法律和法规的要求。

ISO 成立于 1947 年，是标准化领域中的一个国际组织，该组织自我定义为非政府组织。ISO 现有 172 个成员，成员包括各会员的标准机构和主要工业与服务业企业。中国国家标准化管理委员会（现由国家市场监督管理总局管理）于 1978 年加入 ISO。ISO 负责当今世界上多数领域（包括军工、石油、船舶等垄断行业）的标准化活动，通过 2856 个技术结构（含技术委员会、工作组、特别工作组）开展技术活动。ISO 和数据安全、数据跨境流动相关的标准主要包括《信息技术 安全技术 信息安全管理体系 要求》（ISO/IEC 27001）、《信息技术 安全技术 信息安全控制实践指南》（ISO/IEC 27002）、《公共云服务个人数据保护认证》（ISO/IEC 27018）、《隐私信息管理体系》（ISO/IEC 27701）、《信息技术 安全技术 隐私框架》（ISO/IEC 29100）、《云服务信息安全管理体系》（ISO/IEC 27017）以及《信息安全风险管理》（ISO/IEC 27005）等。ISO 的相关标准更注重企业内部的数据管理以及对企业数据安全管理的认证，增强全球范围内企业数据安全治理的互操作性和框架的一致性，为企业开展数据跨境流动奠定安全基础。

《信息技术 安全技术 信息安全管理体系要求》（ISO/IEC 27001）定义了建立、实施、维护和持续改进信息安全管理体系的要求。其目的是保护信息的机密性、完整性和可用性，并为风险管理提供系统化的方法。通过适用 ISO/IEC 27001 标准，企业可以确保在数据跨境流动中管理和控制信息安全风险。该标准要求企业识别、分析和评估信息安全风险，并给出相应的控制措施来管理这些风险；同时还要求企业制定并实施信息安全政策和程序，以确保企业的所有信息安全要求得到满足。在完成上述工作后，ISO/IEC 27001 标准制定了定期审查和改进信息安全管理体系的持续改进策略，以帮助企业应对新的安全威胁和挑战。

《信息技术 安全技术 信息安全控制实践指南》（ISO/IEC 27002）在 ISO/IEC 27001 标准的基础上，提供了更有可操作性的信息安全管理实践指南，描述了信息安全控制的选择、实施和管理。该标准旨在帮助企业实施有效的信息安全控制措施。在跨境数据流动中，企业可以根据 ISO/IEC 27002 标准实施安全控制，以保护其数据安全。这些控制措施包括访问控制、加密、网络安全等。在该标准中，访问控制措施要求企业限制对信息和信息处理设施的访问，确保只有授权人员才能访问敏感数据。加密措施要求企业使用加密技术保护数据的机密性，特别是在数据传输和存储过程中。网络安全措施要求企业实施网络安全措施，防止未经授权的访问和攻击，确保数据在传输过程中的安全性。ISO/IEC 27001 标准与 ISO/IEC 27002 标准互为表里，前者设计了较为顶层的规则体系，后者则按照规则体系给出了可落地实施的路径和举措。

《隐私信息管理体系》（ISO/IEC 27701）全称为《安全技术—扩展 ISO/IEC 27001 和 ISO/IEC 27002 的隐私信息管理—要求与指南》，是对 ISO/IEC 27001 标准和 ISO/IEC 27002 标准的扩展，提供了建立、实施、维护和持续改进隐私信息管理体系的要求与指导。该标准旨在帮助企业管理个人数据，并遵守隐私法规和标准，如欧盟的 GDPR 等。通过采用 ISO/IEC 27701 标准，企业可以在数据跨境流动时实施有效的隐私保护措施。ISO/IEC 27701 标准的关键要素包括隐私风险管理、隐私控制、内部角色和责任确认等。隐私风险管理要求企业识别和管理隐私风险，确保个人数据在处理过程中的安全性和隐私性。隐私控制要求企业实施适当的隐私控制措施，以保护个人数据的机密性、完整性和可用性。内部角色和责任确认要求企业明确内部各个角色及其责任，确保所有员工理解并履行其隐私保护义务。

《公共云服务个人数据保护认证》（ISO/IEC 27018）是为公共云服务提供商设计的标准，旨在保护个人可识别信息（Personally Identifiable Information,

PII)。ISO/IEC 27018 标准特别适用于个人信息的跨境传输。遵循该标准，云服务提供商可以向客户证明其在处理个人数据时遵守了隐私保护要求。该标准确定了个人数据保护认证的相关关键规则，包括同意和选择、透明度、处理最小化原则等。同意和选择规则要求企业在处理个人数据之前应获得数据主体的明确同意，并为其提供选择权。透明度规则要求企业向数据主体提供清晰、易懂的信息，说明其个人数据将如何被使用和保护。数据最小化原则用于限制企业收集和处理的数据量，确保其仅收集必要的个人数据。

《信息技术 安全技术 隐私框架》(ISO/IEC 29100)提供了隐私保护的高层次框架，涵盖隐私保护的基本原则和隐私控制的实施。该标准旨在帮助企业在处理个人数据时实施隐私保护措施。企业可以使用 ISO/IEC 29100 的隐私框架，确保其在数据跨境流动中的隐私保护措施符合国际标准。ISO/IEC 29100 定义了隐私保护的基本原则，如透明度、同意、数据最小化和安全，并提供了实施隐私控制措施的指导，以保护个人数据的机密性、完整性和可用性。

通过实施这些 ISO 标准，企业可以确保数据在跨境流动和存储过程中的安全性及隐私保护。ISO 标准提供了系统化的框架和最佳实践，帮助企业管理和控制数据安全风险，满足国际数据保护法律和法规的要求。遵循这些标准，企业不仅可以增强客户和合作伙伴的信任，还可以提高自身在国际市场中的竞争力。

8.1.6 国际海事组织的规则

国际海事组织(International Maritime Organization，IMO)是联合国专门负责海上航行安全和防止船舶污染海洋的专门机构，总部设在英国伦敦。IMO 成立于 1959 年 1 月 6 日，最初名为“政府间海事协商组织”，1982 年 5 月更名为国际海事组织，截至 2023 年 7 月共有 175 个成员国和 3 个联系会员。IMO 的主要作用是创建一个监管公平且有效的航运业框架，并推动其广泛实施。其工作涵盖船舶设计、建造、设备、人员配备、操作和管理等各个方面，以确保安全、环保和节能。

IMO 有关成员之间数据跨境流动的规则主要集中在《国际海上人命安全公约》(International Convention for the Safety of Life at Sea，SOLAS)、《防止船

舶造成污染国际公约》（International Convention for the Prevention of Pollution from Ships，MARPOL）、《国际船舶和港口设施保安规则》（International Ship and Port Facility Security，ISPS）以及《船舶远程识别与跟踪系统》（Long Range Identification and Tracking of Ships，LRIT）、《国际海事卫星组织公约》（Convention on the International Maritime Satellite Organization，INMARSAT）等相关条约协定之中。IMO 旨在通过成员之间数据的跨境流动实现信息共享，从而在海上安全和保安、航行效率和防止污染等方面达成合作。

以 SOLAS 为例，SOLAS 第 IV 章要求各缔约国政府承担义务，确保做出适当安排，以登记全球海上遇险和安全系统（Global Maritime Distress and Safety System，GMDSS）识别码，并使救助协调中心全天 24 小时能够获取这些识别码。部署 GMDSS 的目的是保障海洋作业人员和设备的安全，并尽快获取船舶、飞机的遇险消息，确定它们的精准位置，及时通告有关搜救部门，使岸上搜寻和救助部门以及遇险船舶附近的航行船舶能够迅速接收到遇险事故的报警，从而在最短的时间内协调搜救工作，并提供包括气象预报在内的紧急安全通信等信息。

SOLAS 第 V 章中规定了各缔约国为进行航行警报、气象服务和警报而必须履行的及时信息共享义务，要求各缔约国每天至少 2 次通过相应的陆地和空间无线电通信服务发出适用于航运的气象信息，其中包括天气、波浪和冰的数据、分析、警报和预报。这些服务必须对所有相关船舶公开，以确保全球航行安全。同时，缔约国还需以最适宜助航目的的方式安排这些资料的审查、传送和交换。

目前我国为 SOLAS 的缔约国，按照我国《个人信息保护法》等相关规定，理论上对于我国加入的国际条约、协定，如果我国没有保留条款，那么即使其与国内法发生冲突，也可优先适用国际条约、协定中的相关规定。

8.1.7　国际航空运输协会的规则

国际航空运输协会（International Air Transport Association，IATA）是一个由世界各国航空公司组成的大型国际组织，其前身是 1919 年在海牙成立，并在第二次世界大战时解体的国际航空业务协会。其总部设在加拿大的蒙特利尔，执行机构设在日内瓦。与监管航空安全和航行规则的国际民航组织（ICAO）相比，IATA 是一个由承运人（航空公司）组成的国际协调组织，是一个航空企业的行业联盟，属于非官方性质的组织，主要协调成员在民航运输中出现的诸如票价、危险品运输等问题，并通过航空运输企业来协调和沟通政府间的政策，以解决实际运作问题。

IATA 有关数据跨境流动的规则具体体现在如下行业协议中：要求协会成员共享国际航线信息、航空警报信息、气象信息、紧急救援信息等。IATA 认为，目前已有 160 多个国家和地区制定了数据保护法，这些法律的制定方式缺乏一致性，且往往没有考虑到适用于国际民用航空的独特运营和监管需求。这些法律的跨境适用意味着多项数据保护法可以同时适用于乘客的行程，给乘客带来了困惑，也增加了航空公司的工作难度。因此，IATA 要求国际民航组织召集一个由数据保护、隐私安全专家以及国际组织组成的多学科小组，审查国家数据保护法与民用航空之间的相互作用并提出建议，以促进数据保护和数据跨境分享的一致性。

2024 年 5 月，IATA 发布了《白皮书：数据保护和国际航空运输（第一版）》，提出目前在国际航运领域的数据安全保护方面存在以下挑战：①全球范围内的数据保护法律体系存在不一致的情况；②可能同时适用多项数据保护法律；③数据保护法律与其他法律的冲突越来越多；④数据保护法律阻碍了数据跨境流动；⑤数据本地化要求难以实施。为解决上述挑战，IATA 在白皮书中提出，接下来将推动在 ICAO 框架下建立多学科专家组，研究国家数据保护法律与国际航空运输之间的相互作用，促进在 ICAO 框架下形成关于数据本地化以及应对数据安全对航空运输挑战的政策。同时，IATA 还将参与 OECD、APEC、东盟等有关数据保护、数据跨境流动的协议框架，推动协会成员用于跨境传输数据的标准合同的统一、安全要求的充分性评估等措施的标准化。

8.1.8 人用药品技术要求国际协调理事会的规则

人用药品技术要求国际协调理事会（The International Council for Harmonisation

of Technical Requirements for Pharmaceuticals for Human Use，ICH）是国际上制定和协调不同国家间新药研发、注册技术标准的组织，是一个国际非营利性协会。中国国家食品药品监督管理总局于 2017 年加入 ICH。该组织成立于 1990 年，旨在通过制定统一的技术要求，促进全球药品注册和市场准入的便利化。它汇聚了来自主要药品监管机构和制药企业的专家，推动药品领域内的科学、技术和政策的全球协调。

ICH 提出其使命包括监测和更新协调的技术要求，使研发数据得到更大程度的相互接受，同时通过传播和交流信息，协调统一准则及其使用的培训，鼓励通用标准的充分实施和整合。因此，ICH 中有关数据跨境流动的规则聚焦于成员关于药品测试、医药预警、医疗器械等数据的跨国共享。

ICH 制定了关于临床数据安全管理和临床数据传输的基本要素指南，例如《 E2A 临床数据安全管理：快速报告的定义与标准》和《 E2B 临床数据安全管理：个案安全报告传输的数据元素》等。《 E2A 临床数据安全管理：快速报告的定义与标准》为临床安全报告的关键方面提供了标准定义和术语，同时对处理药物开发研究阶段不良反应的快速报告机制提供了指导。根据 ICH 的要求，关于临床药物测试的相关报告和数据应及时发送给需要接收这些报告的监管机构或其他官方机构（适用于药物正在开发的国家），这是各成员为推动开发新药物的互惠举措。对于不良反应的快速报告的具体板块内容和相关数据字段，ICH 在《 E2A 临床数据安全管理：快速报告的定义与标准》中进行了明确说明，包括病人基本信息、可疑药品、其他治疗方式、可疑不良反应的详细信息、事件报告者的详细信息、管理和出资方 / 公司的详细信息等。关于数据字段，ICH 也给出了示例，如病人基本信息包含的字段为名字首字母、临床试验编号、性别、年龄、身高、体重等。

8.2　国际贸易协定规则

国际贸易协定将数据跨境流动视为数字贸易的一部分，因此国际贸易协定中的数据跨境流动相关规则基本从数字贸易视角出发，旨在破除贸易协定缔约国之间的数据跨境流动壁垒，推动数据跨境自由流动以及数据非强制本地化存储，从而促进缔约国之间数字贸易的发展。全球主流国际贸易协定主要包括多边的《全面与进步跨太平洋伙伴关系协定》（Comprehensive and Progressive Agreement for Trans-Pacific Partnership，CPTPP）、《区域全面经济伙伴关系协定》（Regional Comprehensive Economic Partnership，RCEP），诸边的《数字经济伙伴关系协定》（Digital Economy Partnership Agreement，DEPA）、《美墨加三国协议》（The United States-Mexico-Canada Agreement，USMCA），以及双边协议，如《欧美数据隐私框架》(EU-US Data Privacy Framework)、《欧日经济伙伴关系协定》（EU-Japan Economic Partnership Agreement）、《美日数字贸易协定》（U.S.-Japan Digital Trade Agreement）等。

8.2.1 CPTPP 强调数据跨境自由流动

CPTPP 是《跨太平洋伙伴关系协定》（Trans-Pacific Partnership Agreement，TPP）的继承和发展版，经过复杂的谈判、国家间的合作与挑战，最终形成了具有广泛影响力的区域性贸易协定。

TPP 最开始由新加坡、智利、文莱和新西兰于 2005 年发起，旨在通过降低关税和消除贸易壁垒来促进成员国间的经济合作。TPP 最初的 4 个创始成员国后来于 2008 年推动其扩展，邀请了包括美国、澳大利亚、加拿大、马来西亚、墨西哥、秘鲁、越南和日本在内的其他国家参与谈判。TPP 的谈判目标是建立一个综合的自由贸易区，涵盖区域内的多个经济领域。谈判不仅关注降低关税，还包括保护知识产权、加强劳动和环境标准、推动电子商务和数据流动等方面。2015 年，TPP 谈判在亚特兰大取得决定性成果，12 个成员国最终达成了协议，并于 2016 年 2 月签署了 TPP 文本。TPP 的条款覆盖面广，包括知识产权、环境保护、劳动标准等多个领域，涉及的议题复杂而敏感，容易引发争议。2017 年 1 月，美国正式宣布退出 TPP，令 TPP 面临重大挑战。美国的退出对 TPP 的未来构成了严重威胁。许多成员国认为，如果没有美国的参与，TPP 的经济效益和影响力将大打折扣。然而，TPP 的其余 11 个成员国决定继续推进协议，并在 2017 年 11 月达成了 CPTPP。

根据 CPTPP 的规定，协议需要至少 6 个成员国的国内程序完成后才能生效。最终，CPTPP 在 2018 年 12 月 30 日正式生效，标志着协议的实施阶段开始。CPTPP 生效后，多个国家表达了加入的兴趣。2021 年，英国正式申请加入 CPTPP，并于 2023 年完成加入程序，成为正式成员国。其他有意加入的国家，如韩国和泰国等也正在进行相关的谈判和申请程序。2021 年 9 月 16 日，中国商务部部长王文涛向《全面与进步跨太平洋伙伴关系协定》的保存方——新西兰贸易与出口增长部部长奥康纳，提交了中国正式申请加入 CPTPP 的书面信函。

CPTPP 的建立加强了亚太地区的经济一体化，促进了成员国间的贸易和投资流动。协议通过降低关税、消除贸易壁垒以及推动数字经济和环境保护等领域的合作，推动区域经济的发展。CPTPP 的高标准要求对全球贸易规则产生了示范效应，为其他自由贸易协定的谈判提供了参考。特别是在数据跨境流动、电子商务和环境保护等新兴领域，CPTPP 的规定为全球经济合作提供了新的框架。

CPTPP 在第 14 章“电子商务”中规定了数字贸易相关规则，其中关于数据跨境流动的条款为第 14.8 条、第 14.11 条以及第 14.13 条。

在第 14.8 条中，针对“个人信息保护”，CPTPP 首先强调缔约方在制定个人信息保护框架时应考虑相关国际机构的原则和指南，这为各缔约方在个人信息保护方面的互操作性和规则兼容确立了前提条件。为强化各缔约方对本国以及他国的个人信息安全保护，CPTPP 建立了“非歧视原则”，规定“每一缔约方在保护电子商务用户免受其管辖范围内发生的个人信息保护侵害方面应努力采取非歧视做法”。同时，CPTPP 要求缔约方公布个人信息发生侵害时个人的救济渠道以及企业的合规路径。由于当前各国基于国家安全制定了各自的数据安全法律，容易导致彼此之间的不兼容，CPTPP 鼓励各缔约方建立促进不同法律体系之间兼容性的机制，主要包括对监管结果的承认以及信息的交流等。

在第 14.11 条“通过电子方式跨境传输信息”中，CPTPP 首先肯定了缔约方对数据跨境流动的监管要求，其次强调各缔约方之间的数据跨境自由流动，明确“一缔约方应允许通过电子方式跨境传输信息，包括个人信息等”。然而，对于数据跨境自由流动，CPTPP 设置了“例外情形”，提出缔约方为实现其“合法公共政策目标”可以中止数据跨境流动，不过 CPTPP 所设置的“例外情形”有前提条件，即不能“构成任意或不合理歧视或对贸易构成变相限制”，同时也不能“超出实现目标所需限度”。

在第 14.13 条“计算设施的位置”中，CPTPP 同意各缔约方为保证通信的安全性和机密性对计算设施的位置建立各自的监管规则，但各缔约方不得将计算设施本地化作为在其领土内开展业务的前提条件。与第 14.11 条的规定类似，CPTPP 对于计算设施的位置也设置了“例外情形”，但“例外情形”不能超出必要限度，也不能阻碍正常贸易活动。

8.2.2 RCEP 扩大缔约国“安全例外”权利

RCEP 是由东盟十国发起的区域自由贸易协定，旨在通过减少关税和非关税壁垒，促进区域内的贸易和投资，提升经济合作水平。RCEP 成员包括东盟十国以及中国、日本、韩国、澳大利亚和新西兰，共 15 个国家，是亚太地区规模最大、最重要的自由贸易协定，覆盖世界近一半的人口和近三分之一的贸易量，成为世界上涵盖人口最多、成员构成最多元、发展最具活力的自由贸易区。

2012 年 11 月，RCEP 谈判在柬埔寨金边的东亚峰会上正式启动。15 个成员国一致同意在贸易、投资、服务、知识产权、竞争政策、电子商务等领域展开谈判。谈判的目标是达成一个高质量、现代化、全面和互惠的自由贸易协定。历经多年谈判之后，2020 年 11 月，第四次区域全面经济伙伴关系协定领导人会议以视频方式举行，会后东盟 10 国和中国、日本、韩国、澳大利亚、新西兰共 15 个亚太国家正式签署了《区域全面经济伙伴关系协定》，该协定于 2022 年 1 月 1 日正式生效。

RCEP 中的数据跨境规则主要集中于第八章“服务贸易”中的附件一“金融服务”和附件二“电信服务”以及第十二章“电子商务”，尤其是第十二章的第八条“个人信息保护”、第十二章的第十四条“计算设施的位置”以及第十二章的第十五条“通过电子方式跨境传输信息”。

附件一“金融服务”第九条规定，各缔约方承诺不得阻止金融服务提供者为开展业务所必需的信息转移或处理。具体来说，这意味着在金融领域，缔约方应允许金融服务提供者进行必要的信息转移和处理，以确保业务的正常运行。尽管如此，第九条同时承认缔约方对信息转移和处理的管理权利，强调上述规定不得妨碍缔约方履行其监管职责以及保护数据安全的需求。这项规定旨在平衡金融服务业发展的需要和各国进行必要监管的权利。

附件二“电信服务”第四条要求，缔约方应确保其他缔约方的服务提供者可以使用公共电信网络和服务进行信息的跨境传输。具体内容包括信息自由传输和安全机密性要求，缔约方应确保其公共电信网络和服务可以用于跨境信息传输，支持服务贸易的开展。为了保证信息的安全性和机密性，缔约方可以采取必要措施进行保护，但这些措施不能阻碍服务贸易的进行。

第十二章第八条“个人信息保护”与 CPTPP 第 14.8 条的“个人信息保护”规定类似，除要求缔约方建立法律框架保护个人信息外，前者还要求各缔约方在制定相关法律时考虑国际组织或机构的国际标准、原则、指南和准则，以确保法律框架与国际最佳实践保持一致。同时，为了加强个人信息保护，RCEP 与 CPTPP 一样，要求各缔约方公布个人寻求救济的途径，以及企业遵守法律要求的措施和步骤。与 CPTPP 有所不同的是，RCEP 增加了透明性条款，鼓励法人通过互联网等方式公布其与个人信息保护相关的政策和程序，这有助于增强透明度，使用户和相关利益方能够更好地理解并信任这些政策和程序。此外，RCEP 还要求缔约方应在可能的范围内合作，以保护从一缔约方转移来的个人信息，这有利于在跨境数据流动中确保个人信息的安全与隐私保护。

第十二章第十四条“计算设施的位置”强调了计算机非强制本地化的要求，缔约方不得要求企业将计算机强制本地化作为开展贸易的前提。然而，如果缔约方认为为了实现其合法公共政策目标或保护安全利益，有必要采取例外措施，可自行决定是否进行计算设施的本地化。这些合法公共政策的必要性可以由实施政策的缔约方自行决定，其他缔约方不得对此类措施提出异议。

第十二章第十五条“通过电子方式跨境传输信息”对数据跨境自由流动做出规定，要求缔约方不得阻止通过电子方式进行商业活动所需信息的跨境传输，强调数据自由流动的重要性。与第十四条类似，该条款强调，缔约方可以为了实现公共政策目标或保护安全利益，采取必要措施限制信息的跨境传输。公共政策目标的界定由各缔约方自行决定，且其他缔约方不得对此类措施提出异议。此外，由于各缔约方国内的数据保护和立法水平不一，第十二章第十五条对个别成员国的适用做出了暂时性保留，例如，柬埔寨、老挝和缅甸等在协定生效之日起五年内不被要求适用该条款的部分内容，如有必要可再延长三年。

8.2.3 DEPA 创新数据跨境流动条款

DEPA 是全球首个专门针对数字经济和数字贸易的区域协定，由新西兰、新加坡和智利 3 国于 2020 年 6 月正式签署，旨在促进成员国之间的数字经济合作和互联互通。

随着数字经济成为全球经济增长的重要驱动力，电子商务、金融科技、人工智能、物联网等新兴技术迅速发展，各国政府和企业都意识到数字经济的重要性和潜力。传统国际贸易规则和协定主要集中在货物和服务的跨国流动方面，而对数字经济相关领域的规范较少。加之全球范围内全社会数字化转型的速度不断加快，各国急需制定一套新的、符合数字经济特点的贸易规则。

新西兰、新加坡和智利于 2018 年开始讨论共同制定一个专门针对数字经济的国际协定，以规范和促进区域内的数字贸易合作。2019 年 5 月，新加坡、新西兰和智利正式宣布启动《数字经济伙伴关系协定》（DEPA）的谈判。三国分别成立了由政府部门、科技企业和学术机构组成的工作组，负责研究和起草协定文本。经过多轮谈判和修改，2020 年 6 月，新加坡、新西兰和智利正式签署了 DEPA。DEPA 具有开放性，积极吸纳新成员的加入。2021 年，韩国提交了正式申请，并于 2024 年 5 月正式成为 DEPA 的第四个成员国。2021 年 11 月 1 日，中国正式提出申请加入 DEPA。2024 年 5 月，中国加入 DEPA 工作组第五次首席谈判代表会议在新西兰奥克兰举行。

DEPA 中涵盖大量数字经济规则条款，包括初步规定和一般定义、商业和贸易便利化、数字产品及相关问题的处理、数据问题、信任环境、商业和消费者信任、数字身份、新兴趋势和技术、创新与数字经济、中小企业合作、数字包容、联合委员会和联络点、透明度、争端解决、例外和最后条款等 16 个模块。其中，针对数据跨境流动的传统性条款主要为第 4.2 条的“个人信息保护”、第 4.3 条的“通过电子方式跨境传输信息”和第 4.4 条的“计算设施的位置”，与数据跨境流动紧密相关的创新性条款主要为第 9.4 条的“数据创新”和第 9.5 条的“开放政府数据”。

第 4.2 条的“个人信息保护”明确了保护个人信息的重要性，要求缔约方在制定个人信息保护法律框架时考虑相关国际机构的原则和指南，目的是促进不同个人信息保护体制之间的兼容性和互操作性。与 CPTPP、RCEP 相比，DEPA 在个人信息保护方面的规则更进一步，规定了缔约方在制定个人信息保护法律框架时应包含的内容，如收集限制、数据质量、用途说明、使用限制、安全保障、透明度、个人参与以及问责制等。同时，DEPA 鼓励缔约方企业采用数据保护可信任标志以验证其符合个人数据保护标准和最佳做法，并利用数据保护可信任标志进行个人信息的跨境传输。

第 4.3 条的“通过电子方式跨境传输信息”与第 4.4 条的“计算设施的位置”相关规定与 CPTPP 类似，都首先肯定缔约国的监管权力，鼓励数据跨境自由流动，以及计算设施位置的非强制本地化。对于“例外情形”，DEPA 采取和 CPTPP 一样的要求，为实现公共合法政策目的，相关措施不得构成不合理歧视以及不得对贸易构成变相限制，所采取的措施也必须保持在必要限度之内。

第 9.4 条的“数据创新”提出数据跨境流动和数据共享能够实现数据驱动的创新，而企业在数据监管沙盒机制下，根据缔约方各自的法律法规共享包括个人信息在内的数据，可以进一步增强创新。因此，第 9.4 条提出两个重要的创新机制，即数据共享机制和数据监管沙盒机制，其目的是促进缔约国之间的跨境信息共享，从而实现数据的创新驱动。数据共享机制重点聚焦可信数据共享框架和开放许可协议的建设，而数据监管沙盒机制则聚焦数据新用途的概念验证。值得注意的是，数据监管沙盒机制是一种事后监管机制，可能会与我国以事前监管为主的跨境流动监管体系产生协调困难的问题。

第 9.5 条“开放政府数据”首先肯定公众获得和使用政府信息可促进经济和社会发展、竞争力和创新，因此要求缔约方以开放数据形式向公众开放政府信息。此外，各缔约方还应努力合作，确定可扩大获取和使用公开数据的方式，以实现商业机会的创造和增加。第 9.5 条还列举了各缔约方在开放政府数据方面的合作内容，包括共同确定可利用的开放数据集、鼓励开发基于开放数据集的新产品和服务，以及推动可自由访问、使用、修改和分享开放数据的开放数据许可模式的建立。

8.2.4 USMCA 确立数据跨境流动的“美式规则”

USMCA 是《北美自由贸易协定》（North American Free Trade Agreement，NAFTA）的继任协议，由美国、墨西哥和加拿大三国于 2018 年达成。该协议旨在更新和改进三国之间的贸易规则，以适应 21 世纪数字经济和数字贸易发展的需要。

NAFTA 于 1994 年 1 月 1 日生效，旨在消除北美地区的贸易壁垒，促进经济一体化。NAFTA 的实施促进了美国、加拿大和墨西哥之间的贸易增长，但也引发了对某些经济影响的担忧，特别是对美国制造业的冲击。美国认为 NAFTA 导致了制造业流失，尤其是汽车行业，因此需要对协定进行改革。重谈 NAFTA 的目标是保护美国制造业，增加就业机会，并改善贸易平衡。2017 年 8 月，美国、加拿大和墨西哥三国正式开始了谈判。谈判过程中，三国经历了多个阶段的讨论和调整。2018 年 9 月，美国与墨西哥达成了初步协议，但加拿大与美国的分歧仍未解决。经过多轮谈判，加拿大在 2018 年 10 月达成协议。三国最终于 2018 年 11 月宣布达成新协议。在达成初步协议后，USMCA 经历了几轮修订以满足各方的需求。2019 年 12 月，经过修订的 USMCA 通过了美国国会的批准，并于 2020 年 1 月正式生效。

USMCA 在第 19 章中集中规定了数字贸易相关规则，其中数据跨境流动的核心条款主要包括第 19.8 条的“个人信息保护”、第 19.11 条的“通过电子方式跨境传输信息”以及第 19.12 条的“计算设施的位置”。另外，USMCA 在第 17 章“金融服务”中也特别规定了金融领域的电子方式跨境传输信息条款和计算设施位置条款。

第 19.8 条“个人信息保护”中首先肯定的是个人信息在数字贸易中的重要社会和经济价值，而不是如其他贸易协定一样首先肯定“各缔约方可能有自己的监管要求”。因此，相关条款更为严格。其次，该条款要求各缔约方建立法律框架以保护个人信息，各缔约方在建立法律保护框架时应参考国际机构的原则和指导方针。该条款重点提及《OECD 隐私指南》及 APEC 的 CBPR 体系。与 DEPA 一样，UMSCA 在该条款中也规定了缔约方在制定个人信息保护法律框架时应包含的关键原则，如收集限制、数据质量、用途说明、使用限制、安全保障、透明度、个人参与及问责制。在个人信息跨境传输方面，由于美国、墨西哥、加拿大三国都加入了 CBPR 体系，因此该条款强调 APEC 的 CBPR 体系是“便利跨境信息传输，同时保护个人信息的有效机制”。

第 19.11 条“通过电子方式跨境传输信息”与其他贸易协定，如 CPTPP、DEPA 的规定基本一致，强调数据跨境自由流动与为了实现公共合法政策目的而提供的有限例外。但是，第 19.12 条“计算设施的位置”相较于 CPTPP、DEPA 则更为严格。第 19.12 条要求不得将计算设施的本地化作为进入其他缔约方市场的准入条件，并且没有设置任何例外情形，即便是为了实现合法公共政策目的，各缔约方也不能强制要求计算设施本地化。

USMCA 第 17 章中关于金融领域的第 17.17 条“电子方式跨境传输信息”和第 17.18 条“计算设施位置”的相关规定，与第 19.11 条及第 19.12 条一致，其背后是服务于美国绝对的金融产业优势，利用美国的全球金融优势将金融数据回流至美国。

8.2.5　双边协议中的数据跨境流动规则

在双边协议中，缔约方主要为双方。因此，协议中所规定的条款更加精细、具体和严格，旨在解决双方关于数据跨境流动的障碍问题。代表性的协议有《欧美数据隐私框架》以及《欧日经济伙伴关系协定》等。

欧盟与美国在经历了《安全港协议》《隐私盾协议》之后，经过多年谈判，最终欧盟委员会于 2023 年 7 月 10 日通过《欧美数据隐私框架》的充分性决议。之后，2023 年 7 月 17 日，美国商务部推出数据流动隐私框架计划网站，公开了美国商务部制定的《欧美数据隐私框架》，供符合条件的美国公司作为参考，进行自我认证并加入框架，美欧之间的数据自由传输终于得到恢复。《欧美数据隐私框架》主要包括数据主体权利的强化、政府情报监控与安全保障、法律救济途径、数据保护监督机构等相关内容。

在数据主体权利的强化方面，协议再次明确数据主体的权利，包括知情权、访问权、修改权和删除权。这些权利确保欧盟公民在其个人数据被美国企业处理时，能够随时掌控自己的个人信息，这些内容主要源自此前的《隐私盾协议》。在政府情报监控与安全保障方面，协议主要是限制美国情报机构的活动，如规定将美国情报机构对数据的访问限制在保护国家安全所必需的范围内，规定美国情报机构需要在信息解密时告知被监控的个人，以及美国国家情报总监办公室应当以实现目的为限进行情报传递等。在法律救济途径方面，协议中规定美国建立公民自由保护官以及数据保护审查法院。当发生个人信息侵害时，数据主体可向公民自由保护官进行投诉；如数据主体不服公民自由保护官的调查决定，可向数据保护审查法院提起诉讼。在数据保护监督机构方面，协议规定美国建立隐私和公民自由监督委员会，以对公民自由保护官和数据保护审查法院进行年度审查。

此外，《欧美数据隐私框架》规定了美国企业进行数据隐私框架（Data Privacy Framework，DPF）认证的要求。DPF 认证机制由美国商务部国际贸易管理局管理，美国联邦贸易委员会和美国交通部负责执行。取得认证的企业可以直接将个人数据从欧盟转移至美国，同时，位于欧盟的数据传输方将个人数据跨境传输至取得 DPF 认证的接收方时，不需要再强制性开展传输风险评估（Transfer Impact Assessment，TIA）。

另一个代表性的例子就是《欧日经济伙伴关系协议》。2024 年 1 月 31 日，欧盟委员会（European Council）宣布，欧盟与日本已签署一项协议，将数据跨境流动相关议题纳入《欧日经济伙伴关系协议》中。欧盟委员会表示，协议的签订将为欧盟与日本之间的数据跨境流动提供更大的法律确定性，确保这一流动不受数据本地化存储的限制。根据欧盟和日本关于数据保护和数字经济的规定，该协议能够确保数据自由流动为双方带来益处。

在《欧日经济伙伴关系协定》中，有关数据跨境流动的条款主要为第 8.81 条“以电子方式进行跨境信息传输”。第 8.81 条强调缔约双方承诺，对于以电子方式进行的跨境信息传输，确保不能采取禁止或限制缔约双方进行数据跨境的相关措施。这些措施主要包括：①计算机和设备的位置要求；②数据存储或处理的强制本地化；③在另一方进行数据存储或处理的禁止；④将数据跨境传输与本地化存储以及本地计算机、设备的使用强制性绑定等。

然而，第 8.81 条第 3 款也设置了欧盟、日本双方进行数据跨境流动的例外情形，即为了实现合法公共政策目的，可以限制数据的自由跨境流动。不过，这种合法公共政策目的被限制在“必要”的范围之内，以防止缔约双方滥用合法公共政策目的或对其进行扩大化解释，最终导致数据跨境流动条款形同虚设。

8.3　主要经济体规则

与我国类似，主要经济体为了保护本国、本区域的数据安全与数据主权，制定相应的法律对数据出境行为进行监管。本节重点分析全球主要经济体的数据出境法律规则，明确其法律合规要求及数据跨境传输的具体路径。

8.3.1　欧盟数据出境法律规则体系

欧盟作为一个经济一体化组织，其有关数据出境的规则分为两个层面：一个是跨越欧盟区域的数据跨境传输，另一个是欧盟区域内各成员国之间的数据跨境流动。针对第一个层面，相关规则主要集中在 GDPR 中，旨在维护欧盟的数据主权；针对第二个层面，相关规则主要集中在欧盟的《非个人数据自由流动条例》《数据治理法案》《数据法案》中，旨在建立欧盟内部的单一数据市场。

早在 1995 年，欧盟通过《保护个人在数据处理和自由流动中权利的指令》（Directive 95/46/EC on the Protection of Individuals with Regard to the Processing of Personal Data and on the Free Movement of Such Data，简称《95 指令》）首次引入了“充分性认定”（Adequacy Decision）概念。《95 指令》第 25 条 A 款明确规定，如果某个国家能为欧盟公民的个人隐私和数据提供高度的保护，欧盟允许个人数据从欧盟境内转移至该国。这一机制旨在确保数据跨境流动过程中，数据保护标准的统一性和有效性。在《95 指令》的基础上，GDPR 进一步发展了这一概念。《GDPR》第45条第1款规定，欧盟委员会可以根据具体决策认定某个国家、区域、行业或国际组织能够提供足够的数据保护水平，从而给予这些国家或组织“充分性认定”。获得这一认定后，个人数据可以在不需要额外授权的情况下，直接转移至这些被认可的地区或组织。截至2024年7月3日，已获得欧盟充分性认定的国家和地区包括阿根廷、加拿大、新西兰以及通过新的隐私框架获得同等效力的美国等。然而，我国尚未获得此类充分性认定。

对于未获得欧盟充分性认定的国家和地区，可以考虑适用标准合同（Standard Contractual Clauses，SCCs）、约束性企业规则（Binding Corporate Rules，BCRs）和安全认证（Certification）。其中，SCCs是欧盟数据跨境流动中最常用的方法。

SCCs是由欧盟委员会制定并公开发布的标准合同文本，旨在通过强制性条款规范数据跨境传输者与境外数据接收者之间的责任和义务，确保个人数据得到充分保护。SCCs覆盖了数据传输者的责任、第三方受益人的权利及责任分担等方面，并要求在签署后，数据跨境传输者需定期进行数据传输影响评估（TIA）。若发生数据泄露或其他事故，欧盟有权对违规企业施加严厉处罚，通常为企业全球年度营业额的4%或2000万欧元，以较高者为准。

BCRs主要适用于跨国公司在内部数据跨境流动中的需求。跨国公司必须获得欧盟成员国数据保护机构的认可，才能在公司内部自由传输数据。BCRs为公司设定了统一的数据保护规则，确保公司在数据跨境流动过程中遵守数据保护法律。

安全认证制度来源于GDPR第42条和第43条规定，要求获得欧盟数据监管机构认可的认证机构对第三国的数据接收方进行认证。只有在获得认证证书后，数据接收方才能合法进行个人数据的跨境流动。为进一步细化这一认证程序，欧盟数据保护委员会于2018年发布了关于GDPR第42条和第43条的认证标准指南，提供了详细的认证标准和实施细则。2022年，欧盟委员会推出了首个获批的GDPR认证体系——Europrivacy（欧洲隐私），用于评估、记录、认证和评价企业对GDPR等数据保护法规的合规情况，经评估后符合这一标准的认证对象可以获得欧洲数据保护印章。不过，目前该认证体系尚在探索试验之中，还没有企业使用该方式进行个人数据跨境传输。

为了推动内部单一数据市场的建设，消除各成员国间数据跨境流动的壁垒，欧洲议会和欧盟理事会于 2018 年 11 月 14 日颁布了《非个人数据自由流动条例》。该条例旨在保障非个人数据在欧盟各成员国之间的自由流动，并于 2019 年 5 月 28 日正式实施。2019 年 6 月 20 日，欧盟通过了《开放数据和公共部门信息再利用的指令》，以促进欧盟区域内公共数据的开放与利用。

为构建更加全面的数据要素流通法律体系，欧盟委员会在 2020 年 2 月 19 日发布了《欧洲数据战略》，计划未来建立一个共同的数据空间，并为欧洲公共数据空间制定立法框架，提出将出台《数据法案》以促进行业内的横向数据共享。2022 年 2 月，欧盟委员会公布了《数据法案》，目的是在维持高隐私、安全和伦理标准的基础上，实现对数据流动和使用的平衡，该法案于 2024 年 1 月 11 日正式生效。早在《数据法案》之前，欧盟委员会于 2020 年 11 月 25 日在《开放数据和公共部门信息再利用的指令》的基础上制定并发布了《数据治理法案》。该法案的目的是促进成员国及各公共部门之间的数据共享，法案于 2022 年 6 月获得欧盟理事会批准后正式生效。

至此，欧盟通过 GDPR 完成了个人信息跨境传输的监管，保护了欧盟区域内公民个人信息的安全，维护了自身的数据主权。同时，通过非个人数据流动、公共数据共享、数据空间建设等举措，欧盟实现了内部成员国之间的数据跨境自由流动，推动了欧盟区域内数据的开发和利用。

8.3.2　美国数据出境法律规则体系

美国关于数据出境的规则主要分为两个阶段。第一个阶段主张“有限例外”原则的数据跨境自由流动，并叠加出口管制与安全审查，整体监管较为宽松；第二个阶段则开始对特定国家建立严格的数据出境审批制度。

美国在与其他经济体签订的双边和多边贸易协议中，始终坚持“有限例外原则”，旨在促进数据的自由跨境流动，并通过其技术市场优势来最大化数据流动的经济利益。从 1997 年起，美国在《全球电子商务框架》中便提出，应在尽可能保障个人隐私的前提下，促进信息的自由流动，避免因各国政策差异而形成非关税贸易壁垒。在后续的双边和多边协议中，美国一直坚持这一原则。例如，在2012年美国与韩国签署的《美韩自由贸易协定》中，明确规定双方应避免限制数据跨境流动，实现数据自由流动。在USMCA、CBPR和WTO框架下的《关于电子商务的联合声明》等协议中，美国持续强调数据流动的全球性质，并禁止数据及数字基础设施的本地化。

尽管如此，美国在推动数据跨境自由流动的同时，也对特定领域的数据实施了严格的出口管制和安全审查。《出口管理条例》（EAR）规定，受管制的技术数据若需传输到美国境外的服务器，必须获得美国商务部产业与安全局的出口许可。EAR管制的范围是物项和某些特定活动，虽然并未明确地将数据列入管制，也未对“数据”或“受EAR管制的数据”做出明确定义，但这并不意味着数据就不受EAR管制。美国商务部工业与安全局（Bureau of Industry and Security，BIS）曾表示，技术数据（包括手册、说明以及方案等）在不属于公开可得等特定情况下时，受EAR管制。因此，受EAR管制的数据可以理解为任何以电子或者其他方式记录的受EAR管制的物项，这些物项可参照美国《商务部管制清单》，出境需要获得BIS的出口许可。

为应对外商投资风险，2018年美国外国投资委员会（Committee on Foreign Investment in the US，CFIUS）颁布了《外国投资风险审查现代化法》（The Foreign Investment Risk Review Modernization Act，FIRRMA），专注于审查外国对涉及关键技术（Technology）、关键信息基础设施（Infrastructure）和个人数据（Data）的美国企业的投资，以防范国家安全风险。这些企业被称为“美国TID企业”。“美国TID企业”主要包括：①生产、设计、检测、制造、构造或者开发一种或多种关键技术的美国企业；②涉及关键信息基础设施建设的美国企业；③直接或间接维持或收集美国居民个人敏感信息的美国企业，如维持或收集超过100万人数据的美国企业等。“美国TID企业”的数据出境，按照FIRRMA建立起的CFIUS机制，后续将由CFIUS进行安全审查。

2023年后，美国的数据跨境流动政策发生了显著转变，开始采取更为保守的贸易保护主义监管策略。一个显著变化是，美国在WTO电子商务谈判中撤回了对数据跨境自由流动等议题的支持。随后，美国将这一保守主义思潮体现在对数据出境的管控上。2024 年 2 月 28 日，美国根据《国际紧急经济权力法》和《国家紧急状态法》发布了《关于防止受关注国家获取美国人大规模敏感个人数据及美国政府相关数据的行政令》（简称《行政令》），禁止受关注国家访问大量美国人的敏感数据，包括个人识别数据、位置信息、生物识别数据、个人基因组数据、个人健康数据、个人金融数据及美国政府相关数据。受关注的国家包括中国（含香港和澳门）、俄罗斯、朝鲜、古巴、委内瑞拉和伊朗等。

2024 年 2 月 28 日，美国司法部发布了《关于〈行政令〉的情况说明》，并于 2 月 29 日发布了《〈受关注国家获取美国人大规模敏感个人数据和美国政府相关数据规则〉的拟议规则预通知》。根据《预通知》，《受关注国家获取美国人大规模敏感个人数据和美国政府相关数据规则》将在经过两轮公开意见征求后正式发布。目前，美国司法部已于 2024 年 5 月 3 日完成了第一轮公开意见的征询。而 2024 年 3 月 1 日，美国商务部下属的工业和安全局（BIS）发布了《有关智能网联汽车的拟制定规则的预通知》，宣布要对部分联网汽车启动国家安全审查。

8.3.3　日本数据出境法律规则体系

日本有关数据跨境流动的相关法律主要是《官民数据利用推进基本法》和《个人信息保护法》。2016 年 12 月，日本内阁发布《推进官民数据利用基本法》，从法律层面对政府数据开放工作进行统一规定和指导，推动日本国内数据标准的统一以及加快政府、企业和个人数据的安全利用，为数据跨境流动打下安全基础。不过，与数据跨境传输规则更直接相关的是《个人信息保护法》。

2003 年 5 月，日本通过《个人信息保护法》（Act on the Protection of Personal Information，APPI）开始构建个人信息跨境传输的规则。按照 APPI 的规定，法案施行后政府每 3 年应根据形势变化进行相应修订。基于该规定，《个人信息保护法》历经数次修订，如 2017 年的修订案、2020 年的修订案，最近一次的修订案已于 2023 年 4 月 1 日正式实施。

为加强对数据跨境流动的监管，日本设立了个人信息保护委员会（Personal Information Protection Commission，PPC），对数据跨境流动进行管理。其职能主要包括推进个人信息保护基本方针的确立、监督个人信息处理以及监管个人信息跨境传输。其具体监管方式包括跨境活动事前的评估以及事后的检查、监视和紧急应对等。在2023年修订的《个人信息保护法》中，这些职能依然保留。

APPI中关于个人信息跨境传输的相关规则主要集中在第27条、第28条以及第31条中，不过第31条主要为辅助性条款。第28条规定，向境外第三方传输个人信息必须首先取得个人信息主体的同意。同时要求，当个人信息处理者向境外提供个人数据，并取得数据主体同意时，必须根据PPC的规定，事先向数据主体提供有关外国个人信息保护的制度、第三方采取的个人信息保护措施以及其他可供参考的信息。此外，第28条还要求，在向外国第三方传输个人信息时，企业应该采取必要的安全措施，并保证境外的数据接收者采取同样的措施以保证个人信息的传输安全。

不过，有3类情形可无须取得数据主体的同意而向境外第三方传输个人信息，分别是：充分性认定规则；境外第三方符合PPC规定的充分隐私保护标准，如CBPR等；APPI第27条规定的7种例外情形。

充分性认定规则要求，符合PPC认定的境外数据接收者，其个人信息安全保护制度达到与日本个人信息保护制度同等水准的，即可免除个人同意直接进行跨境传输。2019年，日本与欧盟互相进行了“充分性认定”，欧盟企业可以不经个人同意将数据从日本境内直接传输到欧盟境内。

而APPI第27条规定的7种情形，可作为未经数据主体同意将个人信息提供给第三方的例外情况。这7种情形主要包括：①法律法规规定的情况；②需要保护个人生命、健康或财产，且难以获得个人同意的情况；③特殊需要改善公共利益或促进儿童健康发展，且难以获得个人同意的情况；④需要配合国家机关、地方政府或受其委托执行法律法规规定职能的人员，且获得个人同意可能妨碍这些职能履行的情况；⑤处理个人信息的主体是学术研究机构或同等机构，且为发表学术研究成果或教学目的而不可避免地提供个人数据的情况（不包括有可能不正当侵犯个人权力和利益的情况）；⑥处理个人信息的主体是学术研究机构或同等机构，为学术研究目的需要提供个人数据的情况（包括部分处理个人数据是为了学术研究目的，且不包括有可能不正当侵犯个人权力和利益的情况，并限于处理个人信息的企业和第三方共同进行学术研究的情况）；⑦第三方是学术研究机构或同等机构，且第三方为学术研究目的需要处理个人数据的情况（包括部分处理个人数据是为了学术研究目的，且不包括有可能不正当侵犯个人权力和利益的情况）。

8.3.4　韩国数据出境法律规则体系

韩国有关数据安全保护的法律主要包括《个人信息保护法》《信用信息使用与保护法》以及《信息通信网络利用促进与信息保护法》。其中，《信用信息使用与保护法》主要规范信用信息公司的数据处理行为，《信息通信网络利用促进与信息保护法》主要规范信息通信服务提供者的数据处理行为，而有关个人信息跨境传输的规定主要在《个人信息保护法》中。

韩国《个人信息保护法》（Personal Information Protection Act，PIPA）于 2011 年 9 月 30 日首次实施，后经历了多次修订，最新修订的 PIPA 于 2023 年 9 月 15 日生效。2024 年 3 月，韩国个人信息保护委员会（Personal Information Protection Commission，PIPC）公布了《个人信息保护法修订指南》。

PIPA 规定，PIPC 主要负责监督和执行《个人信息保护法》，其主要职能包括：①制定和发布与个人信息保护相关的政策、指南和标准，以确保企业和公共机构遵守法律要求；②对涉嫌违反《个人信息保护法》的行为进行调查，并采取适当的执法行动，包括罚款和其他处罚；③参与国际数据保护组织活动，并与其他国家的数据保护机构合作，促进跨境数据保护标准的一致性。

在所有经济体中，韩国有关数据出境的政策与日本较为类似，均规定了“告知 – 同意”前提以及充分性认定规则，且关注点聚焦于个人信息跨境传输。按照 PIPA 的规定，个人信息处理者在将个人信息传输至境外第三方时需要首先告知个人信息主体并获得其同意，同时 PIPA 也规定了例外情形，即出于签订、履行合同所需，可以在未经同意的情况下进行跨境传输。PIPA 中规定了个人信息跨境传输的充分性认定框架，明确“个人信息可以跨境转移到 PIPC 认可的具有基本等同于 PIPA 要求的数据保护水平的国家或国际组织”，如韩国基于该规定与英国达成个人信息跨境传输的充分性认定。2022 年 7 月 5 日，英国和韩国就跨境数据传输原则上达成了充分性协议，该协议于 2022 年 11 月 21 日生效。

此外，PIPA 还规定了个人信息安全认证机制，包括个人信息保护认证和个人信息跨境传输认证。对于个人信息跨境传输认证，主要由个人信息保护认证机构和跨境转移专家委员会就境外数据接收者的个人信息保护水平以及对个人信息主体权利的保护是否充分进行评估和审查，并提交 PIPC 审查认定，一旦获得认定即可进行个人信息跨境传输。

8.3.5 新加坡数据出境法律规则体系

新加坡有关数据出境的法律规则主要集中在两部法案之中：第一部是《2012 年个人数据保护法》，第二部是《2021 年个人数据保护条例》。除《2021 年个人数据保护条例》外，在《2012 年个人数据保护法》之下，新加坡还出台了其他附属条例，主要包括《2021 个人数据保护（执行）条例》《2021 个人数据保护（上诉）条例》和《2021 个人数据保护（数据泄露通知）条例》等。此外，针对特定的行业领域，如金融、教育、医疗等，新加坡数据监管机构与行业监管部门共同制定了相关指引，共同构成新加坡数据安全和数据跨境流动的法律规则体系。

新加坡在 2012 年制定了《2012 年个人数据保护法》，在第 26 条中首先确定了新加坡数据出境的监管机构，明确个人数据保护委员会（Personal Data Protection Commission，PDPC）是负责监管数据跨境流动的主要部门。不过，按照目前的监管机制，新加坡信息通信部下属的信息通信和媒体发展局（Info-Communications Media Development Authority，IMDA）也是数据出境监管部门之一。第 26 条规定，对于需要跨境传输的数据，相关机构必须按照法律规定建立个人信息保护标准，确保传输的数据在新加坡法律框架内得到充分保护，否则不得进行跨境传输。同时，第 26 条还赋予 PDPC 豁免权，即根据机构申请，PDPC 可以通过书面通知豁免机构遵守前述跨境合规义务，并有权随时调整豁免的具体适用情形。不过，与其他国家相比，《2012 年个人数据保护法》没有规定数据本地化存储的要求，体现出较为宽松的监管态度。

随后，新加坡对《2012 年个人数据保护法》进行了修订，并在 2021 年颁布了《2021 年个人数据保护条例》，进一步完善了数据跨境传输的规定。该条例第三部分对《2012 年个人数据保护法》第 26 条进行了细化和补充。其中第 10 条明确规定了个人数据出境必须获得个人同意，即“告知 – 同意”规则，而且个人数据的跨境传输也必须出于必要目的。不仅传输者“必要”，接收者也应“必要”，这在一定程度上强化了数据传输者和境外数据接收者的合规义务。

由于新加坡加入了 APEC 框架下的隐私保护规则体系，《2021 年个人数据保护条例》第 12 条明确承认 APEC 的 CBPR 体系和 APEC 的 PRP 体系在新加坡的有效性，并强化了与 APEC 隐私框架下其他成员的规则对接。如果数据的境外接收方通过了 APEC CBPR 或 APEC PRP 认证，则被视为满足新加坡法律对数据传输接收方的合规要求。PDPC 同时建立了一项与 CBPR 和 PRP 认证对接的认证机制，企业可以向 IMDA 提交申请以获取这些认证。

8.4　本章小结

本章从国际机构规则、国际贸易协定规则以及主要经济体规则三个层面对全球范围内的数据跨境流动规则进行分析，为数据处理者在全球范围内进行数据跨境流动提供合规参考。国际机构规则和国际贸易协定规则主要是原则性规定，旨在促进各经济体之间在数据跨境流动规则方面达成共识，破除相关壁垒，推动不同法律体系间的协调一致。而在主要经济体方面，如欧盟、美国、日本、韩国、新加坡等，它们基于对国家安全与国家主权的考虑，制定了相应的数据出境规则，确立了相应的监管流程。因此，数据处理者在多个经济体之间进行数据跨境流动时应了解相关经济体的规则，积极履行合规义务，避免受到处罚。

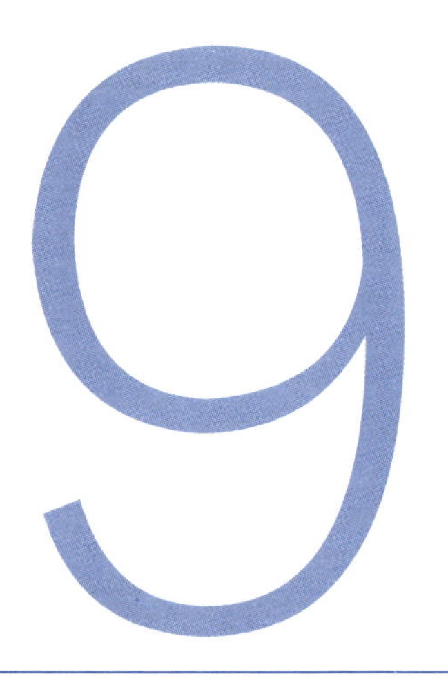

第9章 CHAPTER

数据跨境流动的趋势与展望

数据跨境流动在数字经济和数字贸易的发展过程中起着重要作用，数据已成为数字经济中的关键生产要素。未来，随着经济形态从数字贸易逐步向数据贸易转变，数据跨境流动的作用将更加突出。然而，数据在全球范围内流转速度的加快，及流转量级的提升必然会形成新的安全问题。因此，各国纷纷出台相应立法对数据出境活动进行监管，由此出现多部法律同时适用的情况，一定程度上容易产生法律规定的冲突。为解决安全问题及法律冲突问题，各国在全球层面和国际贸易协定方面开始制定相应规则，以打破数据跨境流动的壁垒。同时，各数据处理者，尤其是跨国企业，为确保安全开始探索使用数字技术手段进行数据处理。

鉴于数据跨境流动规则的发展态势以及新数字技术的涌现，本章将从经济形态、监管规则、应用以及底层技术四个方面对数据跨境流动的未来发展趋势进行研判。在经济形态方面，未来基于数据跨境流动而产生的经济形态将从数字贸易转向数据贸易；在监管规则方面，未来数据跨境流动的监管方式将发生改变；在应用层面，随着数据空间技术的出现，数据跨境流动将围绕数据空间开展；而在底层技术层面，监管规则以及应用的推广，将推动数字技术在数据跨境流动中的体系化应用。数据跨境流动的发展趋势如图 9-1 所示。

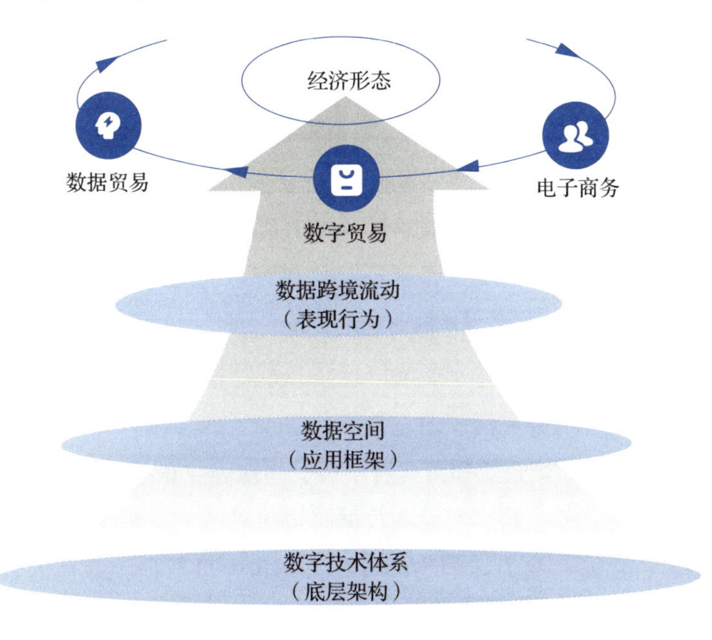

图 9-1　数据跨境流动的发展趋势

9.1　基于数据跨境流动的经济形态转变——从数字贸易到数据贸易

对于数据跨境流动的定义、数据跨境流动的表现形式，前文已经有过相应介绍。前文也提到，理解数据跨境流动的视角主要有数据主权视角和数字贸易视角。无论从哪种视角看，数据跨境流动都是一种表征行为，即数据跨境流动是一种具体的行为，描述的是数据传输的状态。数据主权视角强调对这种行为进行监管，而数字贸易视角则赋予这种行为进一步的形态，即经济形态。

基于数据跨境流动的经济形态转变，电子商务已经转变为数字贸易，未来随着人工智能训练语料需求的激增，以及全球数据价值链的塑造，数据贸易将从数字贸易领域逐步独立出来，成为数据跨境流动的主要经济形态。

电子商务的出现是数据跨境流动经济形态转变的起点。20 世纪 90 年代以来，互联网技术的普及推动了电子商务的快速发展。电子商务使企业和消费者能够在全球范围内进行交易，缩短地理距离，实现资源的高效配置。电子商务改变了传统购物方式，通过线上平台实现产品和服务的交易。消费者可以更方便地获得全球商品信息，企业也能更轻松地进入国际市场。为支撑电子商务的繁荣，全球物流和支付系统经历了大规模的创新和整合。跨境物流公司和国际支付解决方案的出现使跨境交易更加顺畅。

随着互联网基础设施和数字技术的不断升级，数字贸易逐渐在国际贸易中占据重要地位。数字贸易的特点是贸易对象和贸易手段的数字化，因此它不仅包含商品和服务的电子交易，还涉及数字产品。音乐、软件、影视作品等数字产品的无形交易成为可能。数字贸易降低了这些产品的流通成本，并创造了新的商业模式。许多传统服务行业通过数字化实现了国际化，如远程医疗、线上教育和跨境金融服务等。企业和消费者不再受到地理位置的限制，能够低成本、高效率地获取全球服务。数字贸易和数据跨境流动的关系在于，数字贸易不仅包含以数据集、数据产品为标的物的贸易，还包含以数据为载体的数字产品、数字服务的贸易。

进入21世纪20年代，随着人工智能大模型的出现以及人工智能训练对真实数据的需求不断增加，数据的商业价值进一步凸显。如第2章中所述，数据对全球经济发展和全球科技创新有着巨大的推动作用。因此，未来数据贸易将逐步从数字贸易形态中独立出来，成为新兴的经济形态。数据贸易涉及数据的加工利用、数据资产的交易、商业智能的构建等。数据贸易与数据跨境流动的关系在于，数据贸易是以数据集、数据产品、数据服务（如数据跨国存储、数据跨国计算、数据模型训练）等为标的物的贸易形式，这也是数据贸易与数字贸易的区别所在。

9.2 数据跨境流动监管方式的创新——数据监管沙盒机制

无论是《全面对接国际高标准经贸规则推进中国（上海）自由贸易试验区高水平制度型开放总体方案》，还是《浦东新区综合改革试点实施方案（2023—

2027 年)》，均提到了要创新数据监管方式，推动我国数据跨境流动。当前，在我国积极对接国际高标准经贸规则的背景下，国际高标准数字经贸规则中有关数据跨境流动监管的新型方式可为我国提供相应的参考，如 DEPA 中所提到的数据监管沙盒机制。

监管沙盒机制（Regulatory Sandbox）是一种创新性的管理方法，旨在通过创建一个受监管部门监督的实际环境，让企业能够在遵守法规的前提下，安全地测试新产品和服务。在数据跨境流动方面，这一方法相比传统的数据跨境流动监管措施，如安全评估、合同备案和保护认证，更能灵活应对法规的不明确性，为企业提供更多的创新空间。通过这种沙盒测试，即使在数据流动和创新方面存在风险，也能在保障国家利益和防止风险扩散的前提下，鼓励更多的创新实践，使企业更容易地进行数据跨境交易，进而促进国际数字贸易的繁荣。

目前，金融领域和人工智能领域已经有相关的监管沙盒实践，积累了大量的经验和案例。数据跨境流动监管也可以借鉴金融等领域的实践，形成数据跨境流动的监管沙盒机制方案，平衡数据的“安全与发展”问题。

2015 年，英国率先推出了监管沙盒计划，并将其应用于金融科技创新监管。英国的金融监管沙盒除了基于实际市场试验的授权沙盒外，还包括利用历史数据构建虚拟环境对金融产品进行测试的虚拟沙盒。在申请主体方面，英国并未局限于中小企业，传统大型金融机构也可以申请。入盒条件方面，英国金融监管局（Financial Conduct Authority，FCA）要求企业所申请的金融科技产品必须具备实际创新性，能够为消费者带来实质性利益，并且在其他渠道无法有效测试，以及需接受 FCA 的持续监管。在我国，自 2015 年以来，北京市房山区通过设立金融安全示范产业园，尝试探索金融监管沙盒的应用。这一举措的实施主体包括当地政府、行业协会及企业。2019 年 11 月，中国人民银行开始支持在北京市率先开展金融科技创新监管试点，随后在 2020 年将试点范围扩展到上海、广州、苏州等多个城市。截至 2021 年，全国已有 20 多个省市或自治区开展了金融监管沙盒试点，总计超过 160 个项目，涉及保险科技、数字信贷、创新银行等领域，这标志着中国的金融监管沙盒机制已经初步建立。

在人工智能领域，2021年欧盟就提出了《人工智能法案（草案）》(AI ACT，AIA)，并引入了“人工智能监管沙盒”的概念。该法案要求欧盟成员国在规定期限内建立国家级人工智能监管沙盒，以便在受控环境下进行人工智能系统的测试，推动可信人工智能（Trustworthy AI）发展。2024年5月，欧洲理事会正式批准《人工智能法案》并于2024年8月1日在整个欧盟范围内生效，确定了“人工智能监管沙盒”的最终版本。

“人工智能监管沙盒”的主要内容包括以下3点。①提供全面的风险监管机制，包括事前、事中和事后三个阶段。在事前阶段，各成员国可以设定准入门槛，以确保测试风险在可控范围内；在事中阶段，监管部门可以随时采取措施，如中止开发和测试或停止运行，以应对发现的任何风险；在事后阶段，测试者需要提交退出测试的评估报告，以确保产品推广不会带来不可控的风险。②设立“合规免责机制”。在沙盒内进行的实验如果对第三方造成损害，测试者仍需承担责任，但只要遵循监管部门的指导，监管部门不会对违反规定的行为处以行政罚款。③确定人工智能系统在沙盒测试期间的个人数据保护规则。根据AIA，个人数据只能用于人工智能系统的开发、训练和测试，且仅限于公共安全、公共健康等公共利益领域的应用。

随着监管沙盒机制在各个领域的应用，如金融领域的监管沙盒已有一定的实践经验积累，将监管沙盒拓展到数据跨境流动领域与我国现行法律有着一定的兼容性，有利于破除现有数据跨境流动监管机制的滞后性。为进一步建设数据跨境流动便利化机制，通过选择具有充分法律授权的上海自贸试验区开展区域性试点，可在一定程度上避免系统性风险且创新改革阻力小，容易形成数字贸易“先行先试”效应，为我国深度参与全球数据价值链的建设提供安全便捷的路径。

在平衡“安全与发展”的基本逻辑下，数据跨境流动的监管沙盒机制应当兼顾安全与发展两个层面，其中安全是发展的基础，而发展则促进创新。因此，这种机制通常由外层的安全层和内层的创新层构成，形成双层结构。

安全层的主要任务是确保监管沙盒的安全运行。它包括对外部环境的安全问题进行压力测试，如网络攻防（包括网络时延、分布式拒绝服务（DDoS）攻击等），以及对内部的数据安全、身份安全和网络环境进行测试，以防止大规模的数据泄露，从而保护国家安全、公共利益和个人隐私。这一层级的设计也符合当前的数据监管逻辑。

创新层则关注在确保数据出境安全的前提下，探索数据跨境流动过程中产生的新数据产品和服务形式，推动自贸区内国际数字贸易的发展。该层级的目标是促进数据跨境流动带来的创新和经济发展。

建立数据跨境流动监管沙盒的根本目的是促进数据产品和服务的创新，以支持全球数字经济的发展。因此，监管沙盒机制在本质上是一种创新容错机制。在沙盒测试期间，监管部门可以根据测试的规模和风险，对参与测试的企业部分免除规则适用，或在数据违规行为发生时免于追究部分行政责任，从而激发企业对数据流动和创新利用的动力。虽然数据跨境流动监管沙盒强调容错和豁免，偏向于事后监管，但这并不意味着只存在事后监管。按照平衡安全和发展的基本逻辑，自贸区的数据跨境流动监管沙盒机制应贯穿事前、事中和事后三个阶段，从而在保障安全的基础上促进数据创新。

9.3　围绕数据空间建设开展数据跨境流动

数据空间的概念最初于 2005 年由美国计算机科学领域提出，并于 2015 年前后在德国工业领域率先实践。2020 年 2 月，欧盟委员会发布了《欧洲数据战略》，旨在创建一个统一的市场，以在欧盟范围内高效、安全地共享和交换数据。为了实现“以符合欧洲自主、隐私、透明、安全和公平竞争价值观的方式推进欧洲数据经济”的目标，数据需要在全社会中共享、访问和使用，并且必须制定公平明确的规则，并配备切实可行的工具。为此，“共同数据空间”成为《欧洲数据战略》的核心概念，欧盟的单一数据市场建立在这一概念之上。

根据《欧洲数据战略》，欧盟围绕工业（制造业）、绿色协议（环保）、移动、卫生、金融、能源、农业、公共管理、技能等九个领域建立了数据空间，后来还新增了一个专注于科研的欧洲开放科学云数据空间。欧洲已有多个组织，如

IDSA、Gaia-X、Open DEI、FIWARE 等，致力于推动数据空间的发展。随着时间的推移，这些组织推动的应用程序将形成欧洲的数据基础设施。这一基础设施将促进跨领域的数据主权和平台互操作性，使用户能够在不同数据空间之间无缝切换。最终，十大行业和领域的数据空间将构成完整的欧洲共同数据空间。目前，IDSA（国际数据空间组织）在欧洲数据空间建设中发挥了重要作用，其成果也最为显著。截至 2023 年 7 月，IDSA 记录了 62 个使用其技术标准的案例和 40 个国际数据空间，总计 102 个应用场景。

根据 IDSA 的定义，数据空间是一个"基于共同约定原则进行数据共享流通的可信分布式数据生态系统基础设施"。数据空间的重点不在于集中存储所有数据，而在于确保应用程序（如深度学习算法）能够以正确方式获取和使用适当的数据。数据空间将提供实现数据互操作性的软基础设施，这些基础设施由技术中立的协议和标准构成，规定了组织和个人参与数字经济的方式，以及根据共同同意规则进行操作。由于所有参与者都遵循相同的最小功能、法律、技术和运营协议及标准，因此无论它们处于哪个数据空间，都能够以一致的方式进行交互。这些协议和标准具有互补性，因此从一开始就要全面设计，以确保数据空间的兼容性。为了建立符合特定行业需求的数据空间，还需补充行业特定的措施。

鉴于欧洲数据空间的实践，中国信息通信研究院等 ICT 智库正在积极推动国内可信数据空间的建设，参考了欧洲的数据空间建设经验。根据中国信息通信研究院的定义，可信数据空间是数据要素流通体系的技术保障，通过在现有信息网络上构建数据集聚、共享、流通和应用的分布式基础设施。可信数据空间通过系统化的技术安排，确保数据流通协议的履行和维护，解决数据供方、使用方、服务方、监管方等各方的安全和信任问题。因此，可信数据空间在平衡规模经济和竞争效益方面具有天然优势，能够创建安全可靠的数据流通环境，建立共同认可的规范和价值，实现数据集聚，发挥数据的乘数效应，推动全行业的发展。

按照当前的实践和普遍定义，数据空间提供了一种便于数据共享和流通的分布式数据管理架构。参与者无须将数据集中存储和处理，而是可以通过生态系统中的服务和技术组件进行分布式的数据清洗、格式转换等处理操作，发布与查找数据目录和元数据描述，并通过使用条件和智能合约等方式实现数据共享与交易。同时，数据空间能够为数据共享提供充分的信任保障，数据价值链上的各方可以通过获取数据空间的身份认证、遵守统一的数据使用规则和政策，并接入标准化接口，保留对数据流通的控制权，包括是否流通、流通给谁、如何流通、何时流通以及流通的价格等方面。此外，数据空间还充分考虑了国家/区域、行业及参与者之间的相关政策、法律和规则，并将这些规则转化为可由软件执行的策略。因此，数据空间可以应用于企业内部、企业之间、城市公共管理，甚至数据跨境流动等场景。

根据数据空间的技术理论架构与当前实践，未来随着欧盟和我国数据空间技术的发展，以及彼此之间在数据空间内节点的构建，我国可基于数据空间探索数据跨境流动的安全和便利路径。

在数据跨境流动时，为了实现数据交易或交互，数据需方和数据提供方需进行两个阶段的操作，分别为控制阶段和传输阶段。在控制阶段，双方通过数据空间特定的通信协议进行合同协商等准备工作，为数据传输做好准备。而在传输阶段，数据需方和数据提供方则利用它们的“数据连接器”执行数据操作，包括数据上传、下载、转换或查询等，开始实际的数据流动。而所谓的“数据连接器”是确保在数据空间中进行安全、可信的数据流通的关键技术组件。“数据连接器”可将数据提供方的数据放置在一个虚拟的“容器”中，确保数据只能按照相关方设定的策略和约定的方式进行使用，特别是数据提供方始终可以掌控其数据并设定使用条件。“数据连接器”技术以及数据空间的信任框架有利于保障数据在跨境流动时的安全，并确保事后的可追溯性。

当然，参考 TCP/IP 或者路由协议，全球范围内需要网络连接和网络跳转的相关节点，通过如 DNS（Domain Name System）根服务器等，实现全球网络的互联互通。数据空间的建设也类似，先建立相关的根节点，并从根节点分散出次级节点，再依靠根节点和次级节点衍生出不同层级的数据空间，最终实现全球数据空间的多层次链接，推动数据空间内数据的跨境流动。

9.4 数据跨境流动中数字技术的体系化、层次化应用

在数据跨境流动中，数字技术发挥了关键作用。为了保障数据的安全以及数据质量，一般可采用的技术包括隐私计算、区块链技术、数字身份技术、匿名化和去标识化技术以及数据压缩技术等。未来，随着数据跨境流动量级的不断增加，数字贸易的蓬勃发展，以及新技术应用的产生（如数据空间等），数字技术在数据跨境流动中的应用将呈现出体系化和层次化的特点。

数字技术的体系化应用指的是将不同的技术按照功能和需求进行整合，形成一个有序的技术架构，以支持数据跨境流动。这种体系化不仅包括技术本身的集成，还涉及技术应用的标准化和规范化，确保数据在跨境流动过程中得到一致和可靠的处理。数字技术的层次化应用是指根据技术的功能、数据的敏感性和业务需求，将技术和措施分层配置，以实现最优的保护效果和效率。关于数字技术的体系化和层次化应用的关系，体系化在层次化中具体体现，也就是说，数字技术在分层应用过程中，体现整个数字技术的应用体系，从而形成一个整体的技术系统。

在数据跨境流动过程中，数据处理者所形成的技术层次主要包括基础层、安全层、管理层和应用层。其中，基础层包含数据的存储、传输和处理基础设施；安全层包含数据加密、访问控制和身份认证等安全技术；管理层包含数据治理、合规性审查和监控等管理措施；应用层囊括特定应用场景下的技术和解决方案，如云计算、人工智能、区块链技术以及数据空间等。

在数字技术体系的基础层，这一层的技术应用包含分布式存储、内容分发网络（Content Delivery Network，CDN）以及边缘计算等数字技术。利用分布式文件系统和对象存储技术，可以实现数据的高可用性和可靠性，例如亚马逊 S3 和谷歌 Cloud Storage 提供了全球分布的存储解决方案，可以支持跨境数据的高效存储和访问。通过在全球范围内部署边缘节点，CDN 技术能够加速数据传输，减少延迟，提高用户访问速度。例如，Cloudflare 和 Akamai 提供的 CDN 服务可以优化数据在跨境传输过程中的性能。在边缘计算的使用方面，通过在数据源头附近进行计算和处理，可以减少数据传输的带宽和延迟。例如，

AWS Greengrass 和 Microsoft Azure IoT Edge 允许在边缘设备上运行应用程序，从而减少对中心化数据中心的依赖。

在数字技术体系的安全层，这一层的技术应用包含加密技术、匿名化和去标识化技术、访问控制技术等相关技术，可以理解为对此前数字技术的部分重构、拆分应用，如区块链技术架构、数字身份技术架构等。加密技术可对数据进行加密，以确保数据在传输和存储过程中的安全性，主要包括对称加密、非对称加密以及传输层安全协议等具体应用。匿名化和去标识化技术可以在共享和跨境传输过程中，对敏感数据进行脱敏处理，以保护隐私。访问控制技术则通过身份认证和访问权限管理，确保只有授权用户才能访问数据。

在数字技术体系的管理层，这一层的应用主要包含数据治理、合规性审查以及监控审计等。在数据治理方面，通过建立数据管理政策和流程，可以确保数据的质量、合规性和安全性。合规性审查用于确保数据跨境流动符合本国以及全球各国、地区的法律法规。在监控与审计方面，通过实时监控和审计，可以确保数据在跨境流动过程中的安全性和合规性。

在数字技术体系的应用层，这一层的技术应用主要包含人工智能、量子技术、云计算、区块链技术以及数据空间技术等。区块链和数据空间的应用在前文已经介绍过，这里重点介绍人工智能技术和量子技术未来在数据跨境流动中的应用。人工智能技术未来在数据跨境流动中将发挥越来越重要的作用，通过智能化的数据分析和处理，提升数据流动的效率和安全性。例如，利用人工智能技术进行数据分类、分级和标记，提高数据管理的自动化水平。而量子技术将在未来提升数据保护的能力，特别是量子加密技术可以提供无与伦比的数据安全保障。量子计算也将改变数据处理的方式，提高数据处理的速度和能力。

未来在数据跨境流动中，数字技术体系化和层次化的应用是确保数据安全、高效和合规的关键。通过基础层的技术配置、安全层的保护措施、管理层的治理和合规管理，以及应用层的特定技术应用，可以实现数据跨境流动的优化和提升。随着数字经济的发展和全球在数字领域合作的加强，数字技术将进一步推动数据跨境流动的创新和发展。

9.5 本章小结

未来在数据跨境流动方面，数据跨境流动监管方式的创新主要体现在监管机制上。通过“安全层＋创新层”的双层结构设置，可以平衡数据跨境流动过程中的“安全与发展”问题，并推动数据处理者加快数据跨境传输，促进数字贸易的发展。随着新技术的涌现和应用，代表性的如数据空间技术，未来将有可能围绕数据空间的建设开展数据跨境流动，利用“数据连接器”实现数据空间与数据空间之间的数据跨境传输。此外，数字技术在数据跨境流动中的应用将会呈现出体系化和层次化的特点。数字技术在分层应用的过程中，体现整个数字技术的应用体系，主要的数字技术层次包括基础层、安全层、管理层和应用层等。